SUPER-
FUERZA

BIBLIOTECA CIENTIFICA SALVAT

PAUL DAVIES

SUPER-FUERZA

SALVAT

Versión española de la obra original norteamericana:
Superforce de Paul Davies,
publicada por Simon and Schuster de Nueva York.

Traducción: Domingo Santos.

ISBN 0-671-47685-8 Edición original
ISBN 84-345-8246-5 (Obra completa)
ISBN 84-345-8376-3
Depósito legal NA-1061-85
Publicado por Salvat Editores, S.A., Mallorca 41-49, Barcelona
Impreso por Gráficas Estella. Estella (Navarra)
Printed in Spain

Índice de capítulos

1. El Universo en desarrollo

LA CREACIÓN Y LA BÚSQUEDA DE LA SUPERFUERZA

A todos nos gustan las historias de aventuras. Una de las más fascinantes aventuras de todos los tiempos está ocurriendo ahora, en el insustancial mundo de la física fundamental. Los personajes de la historia son científicos, y lo que buscan es un tesoro de inimaginable valor... nada menos que la clave del Universo.

El descubrimiento científico más importante de nuestra era es que el Universo físico no ha existido siempre. La ciencia no se ha enfrentado nunca a ningún desafío mayor que el de explicar cómo surgió el Universo y por qué está estructurado como lo está. Creo que en los últimos años este desafío ha sido aceptado. Por primera vez en la historia poseemos una teoría científica racional de todo lo que existe. Este descubrimiento revolucionario representa un avance de magnitud sin paralelo en nuestra comprensión del mundo y ha de tener profundas repercusiones en la concepción humana del Cosmos y el lugar que el hombre ocupa en él.

Estos espectaculares desarrollos surgen directamente de varios avances importantes efectuados en física fundamental durante la última década, especialmente en el área conocida como física de las partículas de alta energía. En el frente experimental, importantes descubrimientos nos revelan por primera vez profundas relaciones entre las partículas subnucleares y las fuerzas que yacen ocultas dentro de la materia. Pero los avances en la comprensión teórica son, por así decir, aún más espectaculares. Dos nuevos esquemas conceptuales se están abriendo paso, uno de ellos bajo el nombre de "teorías del centro unificado", o TCU, y el otro bajo el de "supersimetría". Las dos líneas de investigación apuntan hacia una idea apremiante, la de que toda la naturaleza está en último término controlada por la acción de una única *super-*

fuerza. La superfuerza debería tener el poder de originar el Universo y de proporcionarle luz, energía, materia, y estructura. Pero la superfuerza debería ser más que un simple agente creador. Debería constituir una amalgama de materia, espaciotiempo y fuerza, encuadrada en un marco integrado y armonioso que confiriera al Universo una unidad insospechada hasta la fecha.

Toda ciencia es esencialmente una búsqueda de unidad. El científico, relacionando distintos fenómenos en una teoría o descripción común, unifica parte de nuestro confuso y complejo mundo. Lo que hace tan excitantes los recientes descubrimientos es que, en teoría, *todos* los fenómenos naturales pueden ser ahora abarcados por un solo esquema descriptivo.

La búsqueda de una superfuerza puede ser rastreada hasta los primeros trabajos de Einstein y otros, que intentaron construir una *teoría del campo unificado*. Un siglo antes, Faraday y Maxwell habían mostrado que la electricidad y el magnetismo son fuerzas tan íntimamente relacionadas entre sí que pueden ser descritas por un campo electromagnético unificado. El éxito de esta descripción puede medirse por el tremendo impacto que la radio y la electrónica –que derivan del concepto de campo electromagnético– han tenido en nuestra sociedad. Siempre ha habido una gran motivación para extender el proceso unificador y fundir el campo electromagnético con otros campos de fuerza, como la gravedad. ¡Quién sabe qué extraordinarios resultados puede traer esta unificación!

El siguiente paso, sin embargo, resultó no ser tan fácil. La búsqueda de Einstein de una teoría unificada de los campos electromagnético y gravitatorio fue en vano, y sólo hacia finales de los años 60 se avanzó un tanto en el camino de la unificación al demostrarse que el electromagnetismo puede ser combinado matemáticamente con una de las fuerzas nucleares (conocida por los físicos como fuerza débil). La nueva teoría dio lugar a predicciones comprobables, entre las cuales la más espectacular fue la existencia de un nuevo tipo de luz, compuesta no por fotones ordinarios, sino por unas misteriosas partículas Z. En 1983, en una serie de experimentos de colisión a altas energías en un acelerador de partículas subatómicas cerca de Ginebra, las partículas Z fueron finalmente producidas y la teoría unificada fue confirmada triunfalmente.

Por aquel entonces, los teóricos habían ya forjado y formulado una teoría mucho más ambiciosa que unificaba el otro tipo de fuerza nuclear (la fuerte) con la fuerza electromagnética y la fuerza débil. Trabajos paralelos sobre la gravedad han empezado a mostrar cómo fundir esta fuerza con las demás en una teoría unificada. Los físicos creen que en la naturaleza actúan solamente estas cuatro fuerzas fundamentales, y así se abre el camino para una teoría completamente integrada en la cual todas las fuerzas se engloban en un solo esquema descriptivo. La teoría del campo unificado, buscada durante tantas décadas, parece hallarse finalmente al alcance de la mano.

En sus intentos de amalgamar las cuatro fuerzas de la naturaleza en una superfuerza común, los físicos han obtenido algunas primas excelentes. La moderna teoría de las fuerzas se ha desarrollado a partir de la física cuántica, en la cual los campos de fuerza actúan transportando partículas "mensajeras". Puesto que toda la materia está compuesta también de partículas, la física cuántica proporciona una descripción común de fuerza y materia. Por supuesto, es imposible desenmarañar la naturaleza de las fuerzas a partir de la estructura microscópica de la materia: las partículas actúan sobre otras partículas (y sobre sí mismas) a través del intercambio de más partículas. De ello se sigue que la teoría unificada de las fuerzas es también una teoría unificada de la materia. El asombroso conjunto de especies de partículas catalogadas por los experimentadores a lo largo de los últimos cincuenta años no es ya una mezcolanza carente de significado; pueden ser ordenadas en un esquema sistemático.

El concepto de simetría es fundamental para el programa de unificación. En su aspecto más básico, la simetría se halla presente donde existan lazos conectores entre distintas partes de un objeto o sistema. Si las partículas subatómicas con propiedades estrechamente relacionadas se agrupan en familias, el esquema que se obtiene sugiere la labor de profundas simetrías. El análisis matemático de las fuerzas que modelan la materia revela también ocultas simetrías de una naturaleza sutil y abstracta. Basándose en él, los físicos han descubierto que las fuerzas pueden ser concebidas de una forma muy curiosa: son simplemente el intento por parte de la naturaleza de mantener varias simetrías abstractas en el mundo.

De estas intuiciones sobre la relación entre campos de fuerza, partículas y simetría ha surgido quizá la más notable de todas las conjeturas: la de que vivimos en un Universo de once dimensiones. Según esa teoría, el espacio tridimensional de nuestras percepciones se ve aumentado por siete dimensiones espaciales invisibles que, junto con el tiempo, suman en total once dimensiones. Aunque las siete dimensiones nuevas son invisibles para nosotros, manifiestan su existencia como *fuerzas*. Así, por ejemplo, una fuerza electromagnética es en realidad una dimensión espacial invisible en acción. La geometría de las siete dimensiones adicionales refleja las simetrías inherentes en las fuerzas. En realidad no hay campos de fuerza en absoluto, tan sólo un espaciotiempo de once dimensiones enrollado de distintos modos. El mundo, al parecer, puede ser construido más o menos a partir de una nada estructurada. Fuerza y materia son manifestaciones del espacio y del tiempo. Si esto es cierto, posee implicaciones muy profundas.

De estos apasionantes avances en nuestra comprensión de las fuerzas básicas que conforman el mundo físico surge la idea de que la estructura esencial del Universo actual fue determinada en las más remotas épocas cósmicas, cuando el Universo tenía mucho menos de un segundo de edad. En la actualidad, los astrónomos aceptan que el Cosmos surgió bruscamente en el famoso *big bang*, una violenta explosión en la cual las condiciones físicas excedieron en mucho los límites más extremos de temperatura y compresión presentes en el Universo actual. Por un brevísimo instante, el espacio se llenó de exóticas formas de materia controladas por fuerzas que desde entonces han permanecido reprimidas. En este primer y breve relámpago de existencia la superfuerza reinó de forma suprema.

Al principio, el Universo era un informe fermento de energía cuántica, un estado de simetría excepcionalmente grande. Por supuesto, el estado inicial del Universo pudo ser muy bien algo muy simple. Tan sólo cuando el Universo fue expandiéndose y enfriándose rápidamente las estructuras familiares de nuestro mundo empezaron a "solidificar". Una a una, las cuatro fuerzas fundamentales se separaron de la superfuerza. Paso a paso, las partículas que iban a constituir toda la materia del mundo adquirieron sus actuales identidades. También en este primitivo estadio se generaron los inicios de las galaxias. Podría decirse que el ordenado e intrincado Cosmos que vemos hoy "cuajó" a partir de la uniformidad sin estructura del *big bang*. Toda la estructura fundamental que nos rodea es una reliquia o fósil de esa fase inicial. Cuanto más primitivo el objeto, más antigua la época en que fue forjado en el horno primigenio.

El mayor misterio cósmico ha sido siempre la causa del *big bang*. Hasta ahora, sólo se han dado respuestas metafísicas a esta pregunta. Hoy podemos atisbar una explicación adecuadamente científica basada en las actividades de la superfuerza. Según estas ideas, el Universo adquirió su existencia física de forma espontánea, literalmente a partir de la nada. Incluso el espacio y el tiempo nacieron entonces. El secreto de este acontecimiento cósmico sin causa alguna es la física cuántica, un tema que será discutido en profundidad en los siguientes capítulos.

Una vez surgido, el Universo evolucionó vertiginosamente bajo el control de la superfuerza. Algunos teóricos creen que la estructura a gran escala del Universo que observamos normalmente fue establecida en los primeros 10^{-32} segundos, y que este rapidísimo desarrollo del orden cósmico incluyó la transformación de las diez dimensiones espaciales a las tres que sobreviven hoy. Quizá también durante ese lapso de tiempo el Universo se vio atrapado en un "tensor cósmico" que le permitió generar enormes cantidades de energía a partir de la nada. De ser así, de esta energía primigenia se originó toda la materia que más tarde constituiría el Cosmos y toda la energía que sigue fluyendo en el Universo actual.

Los propios científicos están divididos en dos campos. Unos creen que, en principio, la ciencia puede explicar el Universo en su totalidad; otros insisten en que hay en la existencia un elemento irreducible, sobrenatural o metafísico, que no puede ser aprehendido por la investigación racional. Los científicos optimistas, si podemos llamarlos así, no llegan a proclamar que un día obtendremos una completa comprensión operativa de todos los detalles del Cosmos, pero sí mantienen que cada proceso y cada acontecimiento se conforman estrictamente a las reglas de la ley natural. Sus oponentes lo niegan.

De todas las ciencias, la física es la que se enfrenta más agudamente a esta alternativa, en parte debido a que es una ciencia "fundamental". Porque el trabajo del físico es comprender la naturaleza del espacio y del tiempo, la estructura básica de la materia y la forma de actuar de las fuerzas que gobiernan los objetos que colectivamente llamamos el Universo. La meta final de los físicos es explicar de qué está hecho el mundo, cómo ha sido ensamblado, y cómo funciona. Si alguna parte del mundo, pasado, presente o futuro, no puede acomodarse a este programa, es el físico quien más probablemente se sentirá alarmado.

A mediados de los años 70, algunos de los logros descritos en este libro hubieran sido impensables. La mayor parte de los cosmólogos sostenían que, si bien la física podía explicar el desarrollo del Universo desde su creación, el origen mismo del Universo se hallaba más allá del alcance de la ciencia. En particular, parecía necesario suponer que el Universo había sido dispuesto inicialmente en un estado muy especial para que pudiera evolucionar hasta adquirir su actual aspecto. Así, había que dar por supuesto que todas las estructuras físicas importantes, toda la materia y energía y su distribución a gran escala eran un don de Dios, que habían sido fijadas "a mano".bajo unas condiciones iniciales inexplicadas. Gracias a los recientes avances, todos esos rasgos son ahora una consecuencia natural de las leyes de la física. Las condiciones iniciales –si hay lugar para ellas en un contexto cuántico– ya no ejercen ninguna influencia sobre la estructura del Universo ulterior. El Universo, pues, es un producto de la *ley*, no del *azar*.

El hecho de que la naturaleza actual del Universo esté determinada por el *big bang* original –se halla escrito en las leyes de la física– parece sugerir que esas leyes no son en sí mismas accidentales o caprichosas, sino que contienen un elemento intencional. Pese al declive de la religión tradicional, los hombres y mujeres siguen buscando un significado detrás de la existencia. La nueva física y la nueva cosmología revelan que nuestro ordenado Universo es mucho más que un gigantesco accidente. El estudio de la reciente revolución en esos temas puede ser una fuente de gran inspiración en la búsqueda del significado de la vida.

Como siempre ocurre en la ciencia, las teorías y modelos son tentativos y están sujetos a refutación a medida que se realizan nuevos descubrimientos. Muchos de los temas discutidos en este libro se hallan en la misma vanguardia de la investigación, y no dudo que futuros desarrollos darán como resultado una reconsideración de su importancia. Hay que ser, pues, precavido ante algunos de los resultados que voy a presentar. Sin embargo, no creo que futuros avances pongan en entredicho el tema esencial del libro, a saber: que por primera vez en la historia tenemos al alcance de la mano una teoría científica de todo el Universo en la que cada objeto, cada sistema físico, se rige por el mismo pequeño conjunto de principios básicos. La teoría del Universo que expondré aquí puede resultar falsa, pero al menos nos ofrecerá un atisbo de cómo es una teoría completa de todo lo que existe. Una teoría así es, por lo tanto, posible. Al fin podemos concebir un Universo libre de toda injerencia sobrenatural, un Universo que es producto solamente de leyes naturales accesibles a la ciencia, pero que sin embargo posee una unidad y una armonía que manifiestan insistentemente un profundo sentido de finalidad.

¿DÓNDE ESTAMOS?

Uno de mis primeros recuerdos infantiles es el de preguntar a mi padre dónde termina el Universo. «¿Cómo puede terminar?», respondió. «Si el espacio tuviera un límite, habría algo más al otro lado.» Fue mi primer encuentro con el concepto de infinito, y aún recuerdo la mezcla de desconcierto, maravilla y fascinación que me produjo. Sin embargo, la pregunta no admite una respuesta tan sencilla como la que mi padre me dio a entender.

Para hablar de los límites del Universo, debemos saber primero cuál es nuestra situación dentro de él. El planeta Tierra, junto con los otros ocho planetas que giran en torno al Sol, forman el Sistema Solar. El Sol es una estrella típica, y las demás estrellas que vemos en el cielo nocturno son soles relativamente cercanos (quizá un poco más grandes y brillantes que nuestro Sol), probablemente también con sus propios sistemas planetarios. Las estrellas no se hallan distribuidas en el espacio al azar, sino que se organizan en una colosal estructura circular llamada la galaxia. La amplia franja de luz conocida con el nombre de Vía Láctea se revela a través del telescopio como una enorme colección de estrellas, gas y polvo, y representa la porción más brillante de nuestra galaxia. La Vía Láctea se nos aparece como una franja de luz debido a que la galaxia tiene forma de disco: vemos la mayor parte de las estrellas cuando miramos a lo largo del plano galáctico. El Sol se halla situado en este plano aproximadamente a unos dos tercios de distancia del centro. La galaxia no tiene un borde brusco; su estructura se encuentra inmersa en un halo distendido de estrellas muy espaciadas entre sí.

Si miramos más allá de los confines de la galaxia, veremos otras galaxias de forma muy similar a la nuestra, agrupadas en distintos racimos. Una de estas galaxias es Andrómeda, visible a simple vista como una neblinosa mancha de luz. Este grupo local forma a su vez parte de un conglomerado mayor de racimos galácticos, y así sucesivamente. Los telescopios modernos revelan un Universo lleno de racimos de galaxias, miles y miles de millones de ellos, repartidos más o menos por todo el espacio. Las galaxias son los ladrillos del edificio cósmico.

Las distancias astronómicas son asombrosas por su magnitud. Si las expresamos en kilómetros, no tardaremos en perdernos en un laberinto de ceros. Una unidad más conveniente es el año luz, que es la distancia recorrida por la luz (el ente más rápido) en un año. Un año luz corresponde aproximadamente 9,5 billones de kilómetros, pero su magnitud puede apreciarse mucho más fácilmente recordando que la luz necesita tan sólo 8,5 minutos para alcanzar la Tierra desde el Sol, que se halla a 150 millones de kilómetros de distancia. La Luna está aproximadamente a un segundo luz de la Tierra. Con estas unidades, el Sistema Solar tiene unas pocas horas luz de diámetro, y la estrella más próxima se halla a un poco más de 4 años luz de distancia. El radio de la galaxia es, en cifras redondas, de 100.000 años luz, y este enorme espacio alberga al menos 100.000 millones de estrellas. Las distancias a las otras galaxias se miden en millones de años luz. La cercana Andrómeda se halla a unos 2,5 millones de años luz, y los mayores telescopios del mundo pueden detectar galaxias que se hallan a 10.000 millones de años luz.

Esta imagen del Universo es relativamente reciente. Las antiguas culturas daban por sentado que la Tierra ocupaba el centro del Cosmos. Si bien la astronomía estuvo muy desarrollada en gran número de sociedades primitivas, la comprensión adecuada de la naturaleza de las estrellas y la macroestructura del universo tuvo que aguardar a la moderna era científica.

En la Europa precientífica, las ideas cosmológicas tendían a reflejar las ideas de los antiguos filósofos griegos. Pitágoras, en el siglo VI antes de Cristo, había concebido una Tierra esférica en el centro de un Universo esférico. Los cuerpos cósmicos eran divinos, y sus movimientos circulares eran regulados con suma perfección. Los griegos desarrollaron este tema básico a lo largo de los siglos, culminando con el complejo modelo de Claudio Tolomeo en el siglo II después de Cristo. El Universo de Tolomeo incluía un conjunto de esferas interconectadas, diseñadas para reconstruir los complicados movimientos de la Luna y los planetas.

En casi todos estos modelos primitivos, el Universo era finito en tamaño, pero había mucha expectación acerca de la naturaleza del límite cósmico. El poeta romano Lucrecio llamó la atención sobre el tema al preguntar qué ocurriría si alguien se abriera camino hasta el "límite exterior" y arrojara una lanza. ¿Sería bloqueada su trayectoria? En algunos modelos la respuesta era afirmativa, puesto que se consideraba que el Cosmos estaba rodeado por una especie de muro o superficie impenetrable, una extraña idea que sobrevivió hasta los tiempos de Kepler en el siglo XVII.

En contraste con la idea de un límite definido, Aristóteles abogaba por un desvanecimiento gradual de los dominios físicos en el mundo de los espíritus y sustancias etéreas. Todavía hay personas que se aferran a esta idea e imaginan un "cielo" más allá del espacio. Además, buena parte de nuestras supersticiones y simbolismos religiosos se basan en nociones similares. De hecho, la palabra "celeste" hace referencia tanto al ámbito astronómico como al espiritual. Una tradición cosmológica alternativa era la del "vacío". En este modelo, el universo material era finito, pero sus límites exteriores no señalaban el fin de lo existente. Más allá se extendía el espacio vacío, prolongándose hasta el infinito. Pero fuera cual fuere la naturaleza del borde cósmico, la Tierra ocupaba siempre el centro del Universo.

Esas ideas se derrumbaron en la Edad Media, cuando Nicolás Copérnico proclamó que era el Sol, y no la Tierra, el que se hallaba en el centro del Universo, centro en torno al cual giraban los planetas. El modelo del Universo de Copérnico seguía siendo finito en tamaño y poseía un borde exterior: una esfera que albergaba las estrellas fijas. Poco después Thomas Digges propuso abolir el borde exterior de Copérnico en favor de otro esquema en el cual las estrellas estaban esparcidas por un espacio sin límites. El concepto de un universo infinito había sido expuesto hacía ya mil años por Lucrecio y la llamada escuela atomista, pero los aspectos místicos y religiosos del infinito se interponían frecuentemente en el camino. Giordano Bruno, por ejemplo, fue quemado por la Iglesia por sugerir que había un número infinito de mundos.

La expansión de la astronomía científica, y en particular el desarrollo de los grandes telescopios y el invento del espectroscopio, cambiaron espectacularmente la concepción del Universo. La Vía Láctea fue considerada un "universo isla", con una discreta identidad. A finales del siglo pasado se discutía aún si la Vía Láctea se hallaba sola en un vacío infinito o si existían otros "universos isla" además del nuestro. Para algunos astrónomos al menos, parecía concebible viajar a un lugar remoto del espacio y desde allí contemplar toda la creación, ya que la totalidad del Universo estelar se hallaba concentrado en una única región espacial, más allá de la cual se extendía un vacío sin límites.

La verdadera naturaleza del Universo no llegó a conocerse hasta los años 20 de este siglo, después de los trabajos de los astrónomos americanos Harlow Shapley y Edwin Hubble. Ellos llegaron a establecer que muchas de las llamadas nebulosas –borrosas manchas de luz que los astrónomos conocían desde hacía mucho tiempo– eran otras galaxias situadas más allá de la nuestra. Hasta el alcance máximo de nuestros telescopios hay galaxias. No se ha hallado ningún indicio de que su densidad disminuya en algún punto, ni de que desaparezcan más allá de un límite. Los cosmólogos prefieren creer que no hay fronteras para el conjunto de galaxias, y que éstas existen dondequiera que hay espacio. Pese a ello, muchas personas (incluidos algunos astrónomos) siguen considerando el Universo como un cúmulo de galaxias rodeado de un vacío infinito. Los artículos de divulgación hablan a menudo del "límite del universo", dando a entender una frontera más allá de la cual solamente hay vacío. La postura oficial, sin embargo, es que no hay límite cósmico; pero tampoco centro cósmico. El Universo no es una colección de galaxias contenidas en el espacio; más bien el espacio está contenido en el Universo.

Paradójicamente, no es necesario asumir que un universo sin límites es infinito en volumen y alberga una infinidad de galaxias. Una de las curiosidades de la cosmología moderna es que el Cosmos puede ser finito y, sin embargo, ilimitado. Si esto nos parece contradictorio, pensemos en las propiedades de una circunferencia. En cierto sentido, una circunferencia "se extiende indefinidamente". No tiene límite o fin, como tampoco tiene un centro (al menos no uno que se halle en la circunferencia misma). Pese a esto, una circunferencia es finita. Podríamos decir que una circunferencia es una línea que se curva hasta unirse a sí misma. Es posible generalizar esta idea a tres dimensiones e imaginar que el Universo se curva hasta unirse a sí mismo, dando lugar así a un espacio finito pero sin límites. A muchas personas les es difícil imaginar un Universo cerrado y finito: siempre tienden a pensar que hay algo fuera de él. Sin embargo, este concepto es coherente y puede recibir una descripción matemática apropiada. De todos modos, no hay acuerdo entre los cosmólogos respecto a si el Universo es realmente así.

Si no hay límite exterior al reino de las galaxias, la pregunta "¿Dónde estamos?" pierde gran parte de su significado. El espacio en sí no posee señalizaciones, e incluso en las más remotas regiones el aspecto general del Cosmos es en buena parte el mismo que en las inmediaciones de nuestra propia galaxia. A menor escala, el concepto de "Dónde" tiene sentido, porque podemos medir nuestra localización en relación a algún objeto cercano conspicuo, como el Sol o el centro de la galaxia. Pero en el Universo como un todo no hay ningún lugar privilegiado respecto al cual determinar la localización de los objetos. Es como permanecer de pie en un tablero de ajedrez infinito: podemos decir cuán lejos estamos del vértice más próximo de un cuadrado dado, pero no tiene sentido hablar de nuestra posición general en el tablero.

¿CUÁNDO ESTAMOS?

Aunque no podemos dar un sentido general a la pregunta "¿Cuándo?", los cosmólogos hablan a menudo de la edad del Universo. La situación respecto al tiempo es muy parecida a la del espacio, y hay una larga historia de polémicas y confusión en torno al tema. Platón creía que el mundo creado por Dios era perfecto y, en consecuencia, inmutable en sus rasgos generales. Sostenía que, aunque las cosas cambian día a día, continúan siendo más o menos las mismas a lo largo de los eones. Si la creencia de Platón fuera correcta, el mundo no podría haber sido creado en el tiempo, sino que existiría desde toda la eternidad. La pregunta "¿Cuándo estamos?" carecería de sentido, puesto que el tiempo no tendría principio.

Una tradición alternativa es la de un Universo creado, que posee una edad finita y experimenta un cambio constante e irreversible. Obviamente, si la creación original fuera perfecta no seguiría siéndolo, aunque bien podría haber empezado con algunos fallos y evolucionar hacia (o tender a) la perfección.

Los relatos míticos del génesis forman legión, y normalmente son muy imaginativos. La versión científica de la creación no ha sido desarrollada en detalle hasta los tiempos modernos. Sus orígenes se remontan a los trabajos de Hubble sobre los objetos extragalácticos en la tercera década de nuestro siglo. Con sus cuidadosas investigaciones sobre los espectros de las galaxias distantes, Hubble hizo un trascendental descubrimiento sobre el que se iba a basar toda la cosmología científica moderna. Al analizar la distorsión sufrida por la luz –el "corrimiento al rojo"–, descubrió que las galaxias se alejan de nosotros a una enorme velocidad. Un estudio sistemático de su movimiento y su variación con la distancia mostró que las demás galaxias se alejan también unas de otras. De hecho, todo el Universo se halla en estado de expansión por todas partes.

El tema de la expansión del Universo puede conducir también a problemas de imaginación, y a menudo exacerba la confusión acerca del "Cuándo". Es tentador pensar en la expansión como en la explosión de una masa concentrada de materia cuyos fragmentos son lanzados en todas direcciones en un ilimitado vacío preexistente. Según esta imagen errónea, el tamaño del Universo crece constantemente a medida que los miembros más exteriores del conjunto de fragmentos se alejan más y más en el vacío. Sin embargo, hemos visto que este cuadro general del Universo está terriblemente mal concebido, puesto que supone la existencia de un límite cósmico. Más exacto es pensar que lo que se expande es el espacio *entre* las galaxias. Puede sernos útil la analogía con un globo que se hincha lentamente. Imaginemos la superficie del globo cubierta de puntos que representan las galaxias. A medida que el globo se expande, la goma se distiende y los puntos se alejan cada vez más de sus vecinos (fig. 1). Observemos que los puntos en sí no se mueven hacia o desde ningún lugar de la superficie. La separación de los puntos es debida a la expansión de la propia superficie.

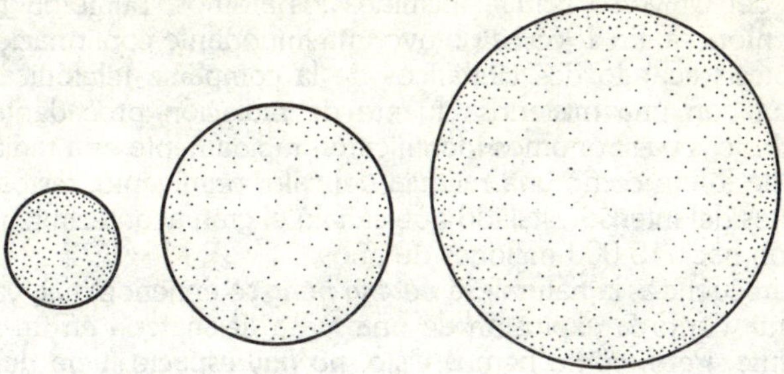

Figura 1. El Universo en expansión es análogo a un globo que se hincha. Los puntos, que representan las galaxias, se hallan distribuidos más o menos equitativamente por toda la superficie. A medida que el globo se hincha, el espacio entre las "galaxias" aumenta. Desde el punto de vista de cualquier punto dado, los puntos vecinos parece que se van alejando, pero en realidad los puntos en sí no se mueven en la superficie. El conjunto de "galaxias" *no* se expande desde ningún punto del espacio. Por supuesto, la superficie bidimensional del globo sólo es una analogía del espacio tridimensional; en el auténtico universo no hay ninguna región física que corresponda al interior o exterior del globo.

El Universo en expansión se parece bastante a una versión tridimensional del globo que se hincha. De todos modos, es erróneo pensar que las galaxias se precipitan *a través* del espacio, alejándose de un centro común de expansión. Es el efecto del espacio intergaláctico, que se hincha o que se tensa, lo que aleja unas galaxias de otras. La facultad que posee el espacio de tensarse es una consecuencia de la teoría general de la relatividad de Einstein, que será explicada en los próximos capítulos. El hecho de que veamos que las galaxias distantes se alejan de nosotros no implica que nosotros seamos el centro del Universo en expansión, del mismo modo que ninguno de sus puntos puede ser considerado el centro de la superficie del globo. (La *superficie* no tiene centro.) Así pues, el Universo no se expande *hacia* nada; simplemente su escala aumenta por todas partes.

Si el Universo se hincha continuamente, entonces su tamaño ha sido menor en el pasado y, extrapolando en el tiempo, podemos deducir que hace unos 15.000 millones de años la materia cósmica se hallaba altamente comprimida. Esto nos lleva a la teoría del *big bang* (*gran estallido*) sobre el origen del Universo, según la cual el Cosmos surgió en una enorme explosión.

De acuerdo con la última versión de esta teoría, los primeros estadios de la gran explosión se caracterizaron por su enorme calor y densidad; las condiciones eran tan extremas que ninguna de las estructuras del Universo actual, incluidos los átomos, pudieron haber existido entonces. En 1965 se obtuvo una importante confirmación de esta hipótesis cuando dos científicos de la compañía telefónica Bell tropezaron con una misteriosa fuente de radiación procedente del espacio. Físicos y astrónomos identificaron rápidamente esta radiación cósmica de fondo como una reliquia del calor primigenio, restos desvanecientes del intenso estallido que señaló el gran acontecimiento de la creación hace 15.000 millones de años.

Con frecuencia, la naturaleza del *big bang* se entiende mal, ya que se presenta como la explosión de una masa de materia en un vacío preexistente. Pero, como hemos visto, *no hay* espacio fuera del universo. Es más exacto considerar el *big bang* como un acontecimiento en el cual surgió el espacio mismo. De hecho, el cuadro científico de la creación es, en este aspecto, más profundo que el bíblico, puesto que representa el origen no sólo de la materia, sino también del espacio. El espacio procede del *big bang*, y no al revés. El *big bang*, pues, no fue un acontecimiento que ocurrió en el Universo; fue el nacimiento del Universo, en su totalidad, literalmente de la nada.

Otro rasgo importante del *big bang* hace referencia al tiempo. Muchos cosmólogos creen que el tiempo no existía antes del *big bang*, es decir, que no hubo un "antes". Una de las lecciones de la nueva física es que el espacio y el tiempo no están simplemente ahí, sino que forman parte del Universo físico. Así pues, si el *big bang* marcó el origen del Universo físico, lo fue también del espacio y del tiempo. En realidad, identificar la creación del Universo con el inicio del tiempo no es una idea nueva. En el siglo IV San Agustín escribió: «El mundo fue creado con el tiempo y no en el tiempo.»

La repentina aparición del Universo en medio de una gran explosión significa que tiene sentido el preguntar "¿Cuándo estamos?" Todas las épocas cósmicas pueden referirse a este único y profundo acontecimiento que ocurrió hace unos 15.000 millones de años. Podemos cartografiar la historia del Universo en su evolución a través de los eones y fechar todos los acontecimientos a partir de este cero absoluto de tiempo.

¿QUÉ SOMOS?

La respuesta más simple a esta pregunta es que somos materia. Pero, ¿qué es la materia? y ¿cómo empezó a existir? Es tal el maravilloso abanico de formas, colores, densidades y texturas de las cosas materiales, que puede parecer una tarea inútil intentar comprender la naturaleza de la materia. Sin embargo, hace dos milenios y medio, los filósofos griegos sentaron los cimientos de nuestra comprensión al explicar la complejidad del mundo reduciéndolo a la interacción de sus constituyentes primarios. En el siglo VI antes de Cristo, Tales afirmó que el elemento básico de todas las cosas era el agua, pero pensadores posteriores concibieron cuatro elementos: tierra, aire, fuego y agua. Esos cuatro elementos, decían, se conservaban –su cantidad total permanecía estable– pero podían combinarse entre sí en una gran variedad de formas y composiciones. Los cuerpos celestes estaban compuestos de una quinta sustancia, llamada éter o quintaesencia. Los filósofos griegos dieron un paso importante al rechazar las argumentaciones mágicas y tomar en cuenta la observación: la esencia del método científico. Anaxágoras (500-428 a. de C.) mejoró enormemente las teorías anteriores al considerar un Universo infinito habitado por un número infinito de partículas o "átomos". Más aún, Anaxágoras afirmó que los cielos estaban hechos de las mismas sustancias que la Tierra, una herejía que casi le costó la vida. Leucipo también propuso una teoría atómica de la materia, que fue luego desarrollada por su estudiante Demócrito, pero la teoría cayó en el desfavor al ser rechazada por grandes filósofos como Aristóteles, Platón y Sócrates. Sin embargo, las ideas atomistas fueron resucitadas más tarde por Epicuro (341-270 a. de C.).

El rasgo esencial del atomismo es que el mundo consta sólo de dos cosas: los átomos indestructibles y el vacío. Los átomos se presentan en diversas formas y pueden unirse entre sí de muchas maneras distintas para formar sistemas compuestos. Los átomos son indivisibles y se mueven libremente a través del vacío. Se hallan en un estado de actividad continua, colisionando y uniéndose constantemente en nuevas formas, sometidos siempre a las leyes racionales de causa y efecto.

Durante siglos, la teoría atómica de la materia fue una mera especulación, puesto que los átomos eran demasiado pequeños para ser directamente observables. Las ideas opuestas del continuo, según las cuales la materia es infinitamente divisible y no contiene vacío, permanecieron vivas hasta el siglo XX. Con el auge de la química sistemática, la teoría atómica se introdujo en el moderno pensamiento científico. El químico inglés John Dalton (1766-1844) mostró que los átomos poseen distintos pesos y se combinan en ciertas proporciones fijas para formar compuestos, pero seguía faltando la prueba física directa de su existencia. Hasta finales del siglo XIX, con el descubrimiento del electrón y la radiactividad, los átomos no fueron finalmente percibidos. Pronto resultó claro que hay muchos tipos distintos de átomos, cada uno de los cuales corresponde a la versión moderna de un elemento químico. En la actualidad se han identificado unos noventa elementos naturales, y se han producido artificialmente una docena o más.

En 1909, en Nueva Zelanda, el físico Ernest Rutherford descubrió la arquitectura básica del átomo. Rutherford bombardeó una serie de átomos con partículas alfa procedentes de emisiones radiactivas, y determinó por el esquema de su dispersión que los átomos no son masas duras de materia indivisible, como habían creído algunos físicos, sino cuerpos compuestos con la mayor parte de su masa concentrada en un núcleo central rodeado por un enjambre de electrones ligeros y móviles (fig. 2). Esta estructura nos recuerda un sistema planetario. La fuerza de atracción que mantiene a los electrones en sus órbitas es producida por la carga eléctrica del núcleo.

La naturaleza del núcleo no fue debidamente comprendida hasta principios de los años 30. También el núcleo resultó ser un sistema compuesto, consistente en una esfera de protones y partículas eléctricamente neutras llamadas neutrones. Actualmente se cree que tanto protones como neutrones constan a su vez de entidades aún más pequeñas conocidas como *quarks*. Muchos físicos creen que electrones y quarks son partículas realmente elementales, en el sentido griego de la palabra. No parecen poseer estructura interna, y juntos constituyen todas las formas conocidas de la materia ordinaria.

Evidentemente, la materia es una jerarquía de estructura. Los quarks forman los protones y neutrones, los cuales a su vez constituyen el núcleo que forma los átomos. Los átomos se combinan en moléculas y cristales, materiales que dan forma a todos los objetos sólidos que nos rodean. Ascendiendo en la escala, llegamos a los sistemas planetarios, cúmulos estelares y galaxias; e incluso las galaxias se reúnen a su vez formando grupos y supergrupos más grandes. Los seres humanos ocupan un lugar intermedio en esta jerarquía. Medida por medida, somos a un átomo lo que una estrella es a nosotros.

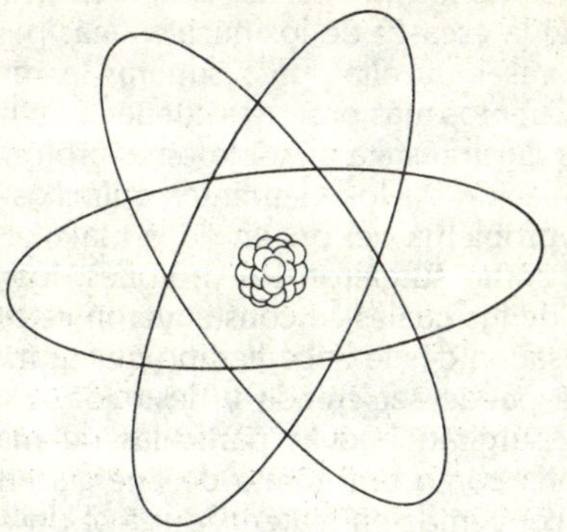

Figura 2. Representación esquemática del átomo. El núcleo central, consistente en una esfera de protones y neutrones fuertemente unidos entre sí, está rodeado por un enjambre de electrones que giran a su alrededor. La mayor parte de la masa se halla contenida en el núcleo. Debido a los efectos cuánticos, las órbitas de los electrones no son en realidad trayectorias bien definidas como las aquí representadas.

Sabemos que algunos elementos, como el oxígeno y el hierro, son muy abundantes, mientras que otros, como el uranio y el oro, son tan raros que a veces los pueblos van a la guerra para asegurarse su suministro. Si hacemos una estimación de la abundancia relativa de los elementos en todo el Universo, descubriremos un hecho sorprendente. Aproximadamente el 90% de la materia cósmica es hidrógeno, la sustancia más simple y ligera: Los átomos de hidrógeno están formados por un solo protón y un solo electrón. En cuanto al 10% restante, la mayor parte es helio, el siguiente elemento en orden de complejidad: Los núcleos de helio contienen dos protones y dos neutrones. Los elementos restantes constituyen menos del 1% del total. Con la excepción del hierro, la tendencia general es que los elementos más pesados, como el oro, el plomo y el uranio, sean mucho menos abundantes que los elementos más ligeros, como el carbono, el nitrógeno y el oxígeno.

Esta pauta de abundancias relativas es muy sugerente. Los núcleos pesados contienen muchos protones y neutrones; los núcleos ligeros contienen pocos. Si los núcleos ligeros pudieran fusionarse, se obtendrían núcleos más pesados. En consecuencia, resulta tentador pensar que el Universo empezó con sólo el elemento más simple, el hidrógeno, y que los elementos más pesados se han ido creando, paso a paso, en estadios sucesivos de fusión nuclear. Esta teoría explica inmediatamente el porqué de la escasez de los núcleos más pesados. La fusión requiere temperaturas muy altas para superar la repulsión eléctrica entre los núcleos. Cuantos más protones contiene un núcleo, mayor es la repulsión, y más difícil resulta añadirle otros protones.

Explicar la formación de los elementos químicos es tan sólo una solución parcial al problema del origen de la materia. También debemos preguntarnos cómo surgieron los protones, los neutrones y los electrones a partir de los cuales se constituyeron estos elementos.

Los científicos saben desde hace tiempo que la materia no es permanente, sino que puede ser creada y destruida. Si se concentra la suficiente energía, surgirán nuevas partículas de materia. Podemos considerar la materia como una forma de energía encadenada. Si la energía puede ser convertida en materia, quizá el Universo empezó sin materia en absoluto y toda la que ahora nos rodea se creó con la energía del *big bang*. Pero esta atractiva teoría se enfrenta con un serio obstáculo. La creación de materia en el laboratorio es hoy algo rutinario, pero cada nueva partícula creada viene acompañada por una especie de "imagen en negativo" suya, conocida como *antipartícula*. Por ejemplo, el electrón (que posee carga eléctrica negativa) se crea siempre con un antielectrón –el positrón–, de la misma masa que el electrón pero de carga eléctrica opuesta (positiva). Del mismo modo, cada protón creado viene acompañado de un antiprotón. Colectivamente, las antipartículas son conocidas como antimateria.

Cuando una partícula se encuentra con una antipartícula, ambas se aniquilan mutuamente, liberando toda la energía que retienen. Así pues, toda mezcla de materia y antimateria es violentamente inestable. Por esta razón parece improbable que el Universo albergue más que una pequeña fracción de antimateria. Pero entonces, ¿cómo llegó a surgir la materia sin una cantidad equivalente de antimateria? Veremos como recientes descubrimientos nos llevan a una solución de este problema.

La creación de materia a partir de la energía no se halla restringida a las partículas familiares como electrones, protones y neutrones. También pueden crearse otras formas más exóticas de materia. De hecho, en el laboratorio, y con la ayuda de aceleradores, se han obtenido centenares de fragmentos subatómicos haciendo colisionar partículas que se mueven a gran velocidad. Todas estas partículas son inestables y se desintegran rápidamente dando lugar a formas de materia más comunes. Con una vida tan corta, no juegan ningún papel directo en el Universo.

¿CÓMO ESTAMOS CONSTITUIDOS?

Si no hubiera fuerzas, las partículas de materia vagarían independientemente, ignorantes de la existencia de las demás. La presencia de fuerzas permite a las partículas reconocer a otras partículas y reaccionar ante ellas, desarrollando así un comportamiento colectivo.

Cuando un ingeniero habla de fuerzas, normalmente piensa en algo que tira o empuja, como una cuerda o un cable. Podemos visualizar rápidamente este tipo de fuerzas y comprender con facilidad, gracias a la experiencia directa, cómo actúan. Hay, sin embargo, otras manifestaciones de fuerzas que son menos familiares, como la degradación radiactiva de un núcleo atómico o la explosión de una estrella. Puesto que toda la materia está formada por partículas, deberemos recurrir en última instancia a la física de partículas para pedir una explicación de las fuerzas. Al hacerlo, descubriremos que todas las fuerzas, sean cuales fueren sus manifestaciones a gran escala, pueden reducirse a cuatro variedades básicas: gravedad, electromagnetismo, y dos tipos de fuerza nuclear. En capítulos posteriores veremos cómo las fuerzas se comunican de una partícula a otra. Veremos también que fuerzas y partículas se hallan íntimamente relacionadas, de tal modo que no podemos comprender las unas sin comprender las otras.

Con el aumento del tamaño de las cosas, cambia la importancia relativa de las cuatro fuerzas. En el ámbito de los quarks y de los núcleos dominan las dos fuerzas nucleares. La fuerza nuclear fuerte es responsable de mantener unidos los quarks en protones y neutrones y de asegurar la cohesión de los núcleos atómicos. En el nivel atómico, la fuerza dominante es el electromagnetismo, que retiene a los electrones junto al núcleo y permite que los átomos se combinen entre sí para formar moléculas. La mayor parte de las fuerzas "cotidianas", como la tensión de un cable o la presión de un objeto contra otro, son ejemplos de la acción a gran escala de las fuerzas electromagnéticas. En lo que respecta a los sistemas astronómicos, la fuerza dominante es la gravedad. Así, pues, cada fuerza desempeña su papel particular a una escala determinada de tamaño, y cada una de ellas tiene una misión importante que cumplir en el modelado de los rasgos del mundo físico.

En años recientes los físicos han empezado a preguntarse por las relaciones entre las cuatro fuerzas que controlan el Universo. ¿Hay alguna conexión entre ellas? ¿Son simplemente cuatro manifestaciones distintas de una única *superfuerza* subyacente? Si esta superfuerza existe, será en última instancia la responsable de toda la actividad del Universo, desde la creación de las partículas subatómicas hasta el colapso de una estrella. La liberación de esta superfuerza nos dara un poder inimaginable. Nos permitirá, quizá, explicar incluso cómo empezó a existir el Universo.

2. La nueva física y el desplome del sentido común

CUIDADO: LA FÍSICA PUEDE EXPANDIR SU MENTE

«La ciencia no es más que sentido común adiestrado y organizado», escribió T. H. Huxley, el gran biólogo del siglo XIX. En tiempos de Huxley esto era probablemente cierto. Aunque la ciencia del siglo XIX abarcaba muchos temas, todos sus conceptos estaban firmemente arraigados en el sentido común del mundo de la experiencia cotidiana.

La física se había apuntado muchos éxitos a finales del siglo. La electricidad y el magnetismo se comprendían a la perfección, se habían descubierto las ondas de radio, y la teoría atómica de la materia se asentaba sobre cimientos firmes. Pero aunque con ello la ciencia traspasara el reino de la percepción humana directa, se expresaba aún con conceptos que eran simples extensiones de objetos e ideas familiares. Los átomos no eran más que versiones a menor escala de bolas de billar. Los campos electromagnéticos se concebían como tensiones en un medio efímero llamado éter, mientras que las ondas de luz se interpretaban como las vibraciones de este éter. Así, aunque los átomos eran demasiado pequeños para ser discernidos individualmente, y aunque el misterioso éter era a la vez invisible e intangible, estas entidades podían ser representadas pese a todo mediante analogías con objetos conocidos. Más aún, se suponía que las leyes que gobernaban estas invisibles construcciones tenían la misma forma que aquellas que habían sido aplicadas con éxito a sistemas físicos más concretos y familiares.

Entonces llegó la nueva física. El amanecer de un nuevo siglo fue el heraldo de una explosión de ideas que despedazó las cómodas nociones sobre la realidad que habían resistido el paso de los siglos. Muchas mimadas creencias e incuestionadas suposiciones fueron barridas de un solo golpe. El mundo pasó a ser un lugar extraño e inseguro, el sentido común un guía poco de fiar. Los físicos se vieron obligados a reedificar su modelo de la realidad, incorporándole rasgos que no tenían una contrapartida directa en la experiencia humana. Para acomodarlos al flujo de los nuevos descubrimientos, introdujeron conceptos abstractos y extraños, para los cuales sólo las matemáticas podían proporcionar una descripción adecuada.

Fue una época de revoluciones; no una revolución sino dos, directamente una tras otra. Primero fue la teoría de los cuantos, que proporcionó nuevos atisbos del extraño comportamiento del micromundo, y luego fue la teoría de la relatividad, que arrojó al crisol espacio y tiempo para su fusión. La visión antigua de un Universo racional y mecánico, regulado por leyes rígidas de causa y efecto, se hundió en el olvido, para ser reemplazado por un mundo místico de paradojas y surrealismo.

La primera baja de las revoluciones gemelas fue la intuición. Los físicos del siglo XIX podían hacerse una buena representación mental de la materia que estudiaban, pero la física de los cuantos y de la relatividad exigía una gimnasia mental sin precedentes. Algunos fenómenos parecían tan difíciles de imaginar que los mismos físicos profesionales se sentían frustrados. Max Plank, por ejemplo, el creador de la teoría de los cuantos, nunca llegó a aceptar completamente sus peculiaridades, mientras que Einstein la consideraba tan descabellada que se resistió a ella hasta el día de su muerte.

La nueva física nos sigue señalando nuevos modos de acción del Universo, y cada nueva generación de estudiantes encuentra sus ideas extrañas e incluso ilógicas. En la entrada del departamento de Física de una famosa universidad inglesa había un letrero que advertía: "Cuidado: la física puede expandir su mente."

Tomemos, por ejemplo, el mundo de las partículas cuánticas subatómicas, donde la intuición fracasa por completo y la naturaleza parece estar jugándonos sucios trucos. Uno de ellos es el de la barrera. Supongamos, por ejemplo, que arrojamos una piedra contra una ventana. Si la piedra se mueve lentamente rebotará, dejando la ventana intacta. Con mayor energía, la piedra romperá los cristales y pasará a través de la ventana. Podemos realizar un ejercicio similar en el mundo atómico, donde el papel de la piedra lo representa una partícula, como un electrón, y la ventana es una especie de frágil barrera, como la que nos proporciona un conjunto de átomos o un voltaje eléctrico. A menudo el electrón actuará del mismo modo que la piedra, rebotando cuando se acerca lentamente a la barrera y rompiéndola y pasando a su través cuando posee más energía. Pero a veces esta simple regla se viola flagrantemente: el electrón rebota aunque posea energía más que suficiente para abrirse paso a través de la barrera.

Más extrañas aún son las situaciones en que un electrón que no posee la energía suficiente para atravesar la barrera aparece milagrosamente al otro lado. Supongamos que al arrojar suavemente una piedra a una ventana ¡vemos como atraviesa el cristal y, sin romperlo, aparece al otro lado! Este tipo de truco es exactamente el que hacen los electrones. En efecto, excavan un "túnel" a través de una barrera impenetrable. Otro truco puede producirse cuando un electrón se aproxima a un precipicio al cual está a punto de caer. Al llegar al borde del abismo puede cambiar bruscamente de dirección. Este comportamiento no es en absoluto predecible. A veces el electrón dará media vuelta; otras se despeñará.

Esos extraños fenómenos hacen parecer que el electrón es capaz de sentir su entorno. Cuando llega a una barrera parece "ver" más allá de ella y razonar: «La barrera es delgada, de modo que desapareceré y me materializaré al otro lado.» Aunque la idea de que un electrón pueda estar aquí en un determinado momento y allí en el siguiente parece absolutamente extraña, esto es lo que ocurre. De hecho, los electrones se comportan en ciertos aspectos como si se hallaran en muchos lugares distintos a la vez. Es importante darse cuenta de que estas extravagantes travesuras no son simplemente ciencia especulativa. El "efecto túnel", por ejemplo, es explotado en un cierto número de dispositivos microelectrónicos comerciales, como el diodo a túnel. De hecho, incluso el flujo ordinario de electricidad en un hilo de cobre posee un elemento de túnel.

Muchas de las extravagancias de los electrones se deben a que en algunos aspectos se comportan como ondas. De hecho, es posible demostrar las ondulaciones de las ondas del electrón en diversos experimentos controlados. La idea de que algo puede ser a la vez una onda y una partícula desafía a la imaginación, pero la existencia de esta "dualidad" onda-partícula está fuera de toda duda. Ocurre también que lo que normalmente identificamos como onda puede tomar aspectos de partícula en el micromundo. Las ondas de luz, por ejemplo, se comportan como un haz de partículas cuando arrancan electrones de las superficies metálicas (efecto fotoeléctrico). Las partículas de luz son conocidas como *fotones*, y los físicos los sitúan al lado de los electrones y los quarks en la lista de partículas fundamentales. Es imposible imaginarse una onda-partícula. No hay nada en el mundo cotidiano que se parezca ni remotamente a tamaña monstruosidad. Si nos topáramos con una onda-partícula seríamos incapaces de reconocer nada.

Gran parte de las dificultades que se hallan en la comprensión de la física moderna se deben a los futiles intentos de hacer encajar los conceptos abstractos en el esquema "cotidiano" del sentido común. Parece que se sufre una profunda necesidad psicológica de reducir toda realidad a imágenes simples y fácilmente digeribles. Cuando aparece algo, como una onda-partícula, que no tiene contrapartida en la experiencia directa, el resultado es el asombro, o incluso el escepticismo absoluto. Es posible que los estudiantes de física tengan la impresión de no haber comprendido correctamente al no poseer una imagen mental sencilla de lo que ocurre. Frecuentemente recibo cartas o manuscritos de científicos aficionados que afirman que han desarrollado una nueva teoría de la física de partículas basada en nociones de sentido común. Sus motivaciones –las de los autores– se apoyan en el hecho de que los físicos profesionales tienen que estar equivocados si ellos –los autores– no pueden comprender los conceptos implicados. Ningún principio de la naturaleza, declaran, puede ser abstracto e insólito. Curiosamente, nadie parece denunciar el arte abstracto con términos tan infamantes.

Los electrones no son las únicas partículas sujetas a los caprichos de los fenómenos cuánticos. Sus propiedades son compartidas por todas las partículas microscópicas, incluidos los quarks. Los efectos descritos más arriba ocurren todos a una energíarelativamente baja. Más peculiares aún son algunos de los efectos de las altas energías, como la brusca aparición de una partícula donde antes no existía ninguna, o la descomposición de una partícula inestable en una lluvia de otras partículas. Hay incluso partículas "Jekyll y Hyde", en las que dos entidades separadas parecen fundirse en una estructura híbrida de identidad esquizofrénica.

Entre las más extrañas partículas subatómicas se hallan los neutrinos. Esos objetos fantasmales no tienen probablemente masa y viajan a la velocidad de la luz. No poseen carga eléctrica y prescinden casi completamente de la materia sólida. Los neutrinos son tan insustanciales que pueden pasar fácilmente a través de la Tierra, ¡e incluso pueden atravesar una capa de plomo de varios años luz de espesor! Incontables millones de neutrinos nos están atravesando en el breve tiempo necesario para leer estas palabras. Los neutrinos están muy cerca de ser una pura nada, excepto por una propiedad vital llamada spin. A veces se dice que giran, literalmente, como la Tierra gira sobre su eje, pero de hecho la analogía es errónea. El spin de un neutrino tiene rasgos decididamente extraños, como vamos a ver.

La astrofísica es otro tema donde las nociones del sentido común se han visto despedazadas. Las ondas gravitatorias nos ofrecen una buena ilustración del caso. Estas escurridizas alteraciones no son más que agitaciones del espacio en sí, una especie de curvatura espacial viajera. Son generadas dondequiera que los cuerpos materiales o la energía producen violentos movimientos. Aunque las ondas gravitatorias arrastran consigo energía e impulso, no son propiamente sustanciales; son simplemente ondulaciones de la nada. Igualmente extraordinario es su intenso poder de penetración, que supera incluso el de los efímeros neutrinos. Virtualmente nada puede detener las ondas gravitatorias, lo cual las hace terriblemente difíciles de detectar, ya que simplemente siguen su camino e ignoran el detector.

Para captar estas extravagantes nociones hay que llevar la imaginación al límite. Sería imposible un progreso sistemático de no ser por las matemáticas. Las fórmulas abstractas no necesitan imaginación, y pueden describir fielmente los más extraños fenómenos siempre que las ecuaciones utilizadas sean consistentes desde el punto de vista de la lógica. El uso general de las matemáticas superiores en la física hace que los trabajos más teóricos parezcan un laberinto de símbolos incomprensibles. Las crípticas matemáticas, emparejadas con el fuerte aroma místico de la nueva física, impregna el tema de una atracción casi religiosa, y el físico profesional hace de sumo sacerdote. Indudablemente esto tiene mucho que ver con la enorme popularidad de la nueva física entre las personas de una profunda convicción religiosa o filosófica. Sin embargo, hay que recordar siempre que la física es un tema eminentemente práctico, y que pese a que algunos de sus conceptos parezcan sacados de Alicia en el País de las Maravillas, gran parte de la tecnología moderna depende de nuestra comprensión de estas ideas abstractas.

LAS CURVATURAS ESPACIALES

En el caleidoscopio de extrañas imágenes que emergen de la nueva física, las que pertenecen a la teoría de los cuantos y a la teoría de la relatividad son las que despiertan el mayor interés. En su forma más desarrollada, la teoría de los cuantos se conoce como mecánica cuántica y en esencia trata de toda actividad a escala microscópica. La mecánica cuántica es el fundamento de nuestra comprensión de los reinos molecular, atómico, nuclear y subnuclear. La teoría de la relatividad trata de la naturaleza del espacio, del tiempo y del movimiento. Adquiere gran importancia cuando el sistema bajo estudio se aproxima a la velocidad de la luz o penetra en un campo gravitatorio intenso.

La física de los cuantos y la teoría de la relatividad atacan el sentido común de muchas maneras. Entre las bajas que han causado se encuentra nuestra simple noción de la geometría. En la vida cotidiana un metro es un metro. Una vez definido éste, cualquier unidad de longitud se considera fija y absoluta. Pocas personas piensan en la posibilidad de que lo que hoy es un metro pueda mañana ser dos metros, o de que un metro de uno pueda ser medio metro de otro. Sin embargo, la teoría de la relatividad no solamente exige que las distancias no posean un significado fijo y absoluto, sino que incluso sugiere experimentos con los que comprobar esas discrepancias. Si dos observadores se mueven uno respecto al otro –señala la teoría– podrán medir el *mismo* objeto y obtener *distintas* longitudes. Y ello pese al hecho de que ambos observadores, en reposo, estén completamente de acuerdo respecto a la longitud del objeto en cuestión.

La reducción de las distancias con la velocidad se conoce como efecto de contracción Lorentz-Fitzgerald, en honor a sus descubridores George Fitzgerald y Hendrik Lorentz, y es uno de los resultados fundamentales de la teoría de la relatividad. El efecto sólo adquiere importancia a velocidades cercanas a la de la luz, pero su existencia se halla fuera de toda duda. El acelerador lineal de partículas de Stanford, en California, es un tubo recto de unos tres kilómetros de longitud en nuestro marco de referencia. Sin embargo, los electrones que se mueven en su interior lo hacen tan cerca de la velocidad de la luz, que la longitud del tubo en su marco de referencia es de apenas treinta centímetros. Los ingenieros que diseñaron y operan el acelerador deben tener en cuenta esta contracción a efectos prácticos.

La relatividad convierte la distancia en algo sin sentido; pero la situación es aún peor cuando interviene la mecánica cuántica, puesto que ésta cuestiona también la idea de "lugar". Todos damos por sentado que las cosas materiales se hallan en algún lugar. Cada una de las partículas subatómicas que componen, digamos, el cuerpo humano, ocupa un lugar bien definido. Después de todo, ¿cómo puede existir una partícula si no se halla en algún lugar?

Cuando los físicos empezaron a investigar el concepto de localización a la luz de la física de los cuantos, descubrieron, ante su profundo asombro, que en general esta noción carece de sentido. La fuente de todos los problemas reside en una regla fundamental de la mecánica cuántica: el principio de incertidumbre de Heisenberg, debido al físico alemán Werner Heisenberg que fue cofundador de la mecánica cuántica en la década de 1920. Según este principio, es imposible determinar la posición y el movimiento de una partícula al mismo tiempo. Podemos ciertamente discutir la velocidad (estrictamente, el momento) de una partícula como el electrón y realizar un experimento para medirla. El experimento nos dará un valor bien definido. Puede seguirse una estrategia similar para determinar la posición del electrón: lo encontraremos en algún lugar. Lo que no puede hacerse –lo que en principio es una imposibilidad– es determinar *a la vez* ambos atributos. Sea cual fuere nuestra estrategia de medición, el acto mismo de localizar el electrón altera de un modo impredecible el movimiento de la partícula. Análogamente, toda medición de su movimiento confunde su posición. Los dos tipos de medición son simplemente incompatibles.

El hecho de que no podamos determinar la posición y el movimiento de una partícula en un momento dado no debe considerarse como un simple resultado de torpeza experimental o falta de resolución en los instrumentos: es algo inherente a la naturaleza de las cosas. La noción misma de un "electrón-en-un-lugar-determinado" carece de sentido si decidimos averiguar su momento.

Es, pues, inútil todo intento de imaginar el mundo atómico poblado por pequeñas esferas que giran unas en torno a otras. Si una partícula no puede poseer un lugar y un movimiento, no hay forma de atribuirle una trayectoria en el espacio. Es posible saber que en un instante un electrón se halla en el punto *A*, y un instante más tarde se halla en el punto *B*. Pero no podemos saber cómo ha ido de *A* a *B*. La idea de una trayectoria o de una órbita que conecte continuamente los puntos de partida y de llegada se evapora. Ya hemos visto cómo en algunos dispositivos prácticos los electrones son capaces de "abrir un túnel" a través de una barrera, desapareciendo ante ella y reapareciendo repentinamente al otro lado. Este es un efecto cuántico típico.

La única forma de dar algún sentido a este comportamiento errático es suponer que al ir de *A* a *B* la partícula sigue *todos los caminos posibles* a la vez. Esta extraña propiedad puede ponerse de manifiesto adaptando un famoso experimento realizado por primera vez por el físico inglés Thomas Young en el siglo XIX. Young estaba interesado en demostrar la naturaleza ondulatoria de la luz, y lo hizo utilizando un fenómeno conocido como interferencia. La interferencia se produce cuando se sobreponen dos ondas. Si las crestas de una coinciden con las crestas de la otra, se produce un refuerzo y los movimientos ondulatorios resultan ampliados. En caso contrario, si las crestas de una quedan alineadas con los valles de la otra, el resultado es una cancelación y los efectos de la onda se reducen.

En el experimento de Young (ilustrado en la fig. 3) una pequeña fuente de luz ilumina dos ranuras cercanas entre sí en una pantalla opaca. La imagen de esas aberturas se proyecta sobre una segunda pantalla. Las ondas de luz de cada ranura llegan juntas a la pantalla de proyección y se interfieren. El resultado depende de que los dos juegos de ondas lleguen o no sincronizados, lo cual depende, a su vez, de los ángulos implicados, que variarán de un lugar a otro de la pantalla. El resultado global es una serie de franjas luminosas y oscuras que se producen a medida que las ondas de luz se refuerzan o anulan alternativamente.

El experimento adquiere extrañas connotaciones si tenemos en cuenta la naturaleza cuántica de la luz. Un cuanto de luz, o fotón, se comporta como una partícula hasta el momento en que llega a la pantalla. (Si la pantalla es reemplazada por una placa fotográfica, cada

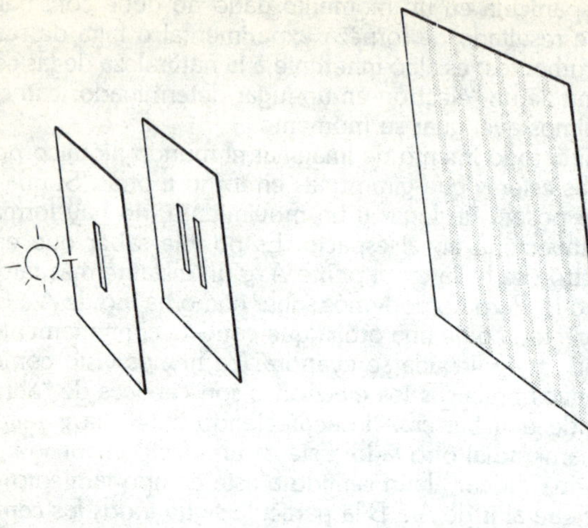

Figura 3. El experimento de interferencia de Young. Una fuente de luz ilumina dos ranuras paralelas en una pantalla opaca. La imagen proyectada no consiste en dos franjas de luz, sino en toda una serie de franjas luminosas y oscuras, o "franjas de interferencia". El experimento ilustra gráficamente la naturaleza ondulatoria de la luz, pero adquiere extrañas connotaciones cuando pensamos en el aspecto corpuscular de la luz.

fotón alterará químicamente un solo grano de emulsión fotográfica en un punto bien localizado.) Por otra parte, el esquema de interferencias depende claramente de la presencia de dos ranuras para producir *dos* juegos de ondas que puedan superponerse. Si se bloquea una de las dos ranuras, el esquema desaparece. No es que algunos fotones pasen a través de una ranura y otros a través de la otra, porque el esquema aparece igualmente, de forma punteada, si la luz se proyecta fotón a fotón. La única explicación es que, de alguna manera, cada fotón pasa a través de *ambas* ranuras y lleva una impronta de su paso al llegar a la pantalla de proyección. Esta impronta sirve para dirigir al fotón con mayor probabilidad hacia una franja iluminada (donde acaban la mayor parte de los fotones) y alejarlo de las franjas oscuras. Así, pues, en la luz coexisten ambos aspectos: onda y partícula. Aunque el experimento se realizó inicialmente con la luz, se obtienen resultados semejantes con electrones o cualquier otra "onda-partícula" cuántica.

La noción de una partícula que se encuentra "en todas partes a la vez" es algo imposible de imaginar. Podemos tal vez suponer que se trata de incontables partículas "fantasma" que exploran todos los senderos disponibles y se funden finalmente en una partícula "real" en el punto de observación; pero incluso esta imagen es inadecuada. Sólo las matemáticas pueden encerrar todas las sutilezas implicadas.

La incapacidad de encajar a una partícula en un lugar determinado conduce a algunos efectos peculiares en el caso de más de una partícula. Si tenemos un grupo de partículas idénticas y no podemos decir en ningún caso si una partícula determinada está aquí o está allí, ¿cómo podemos saber cuál es cuál? De hecho, no podemos. La identidad individual de las partículas es algo completamente confuso.

Esta ambigüedad tiene importantes efectos físicos. Cuando dos átomos se unen para formar una molécula, la actividad de los electrones de cada átomo se ve distorsionada por la presencia del otro, produciendo una fuerza de atracción entre los átomos. En parte, esta fuerza se debe a que un electrón determinado de uno de los átomos es indistinguible de los electrones del otro átomo; de hecho, dado lo incierto de sus localizaciones, no hay nada que impida a dos electrones trocar ocasionalmente sus lugares. En otras palabras, dos electrones en átomos distintos pueden intercambiar su identidad. Estas fuerzas de intercambio son muy conocidas en química y poseen consecuencias experimentales.

Todo esto hace que el concepto de distancia parezca muy incierto. Pero aún falta lo peor. Un escrutinio más detallado muestra que, del mismo modo que una partícula no adquiere contornos fijos sobre el fondo del espacio, el propio espacio es borroso. Ya es bastante grave que no se sepa dónde está una partícula, pero si los mismos lugares no se sabe dónde están, la geometría se hace incomprensible.

Esta nueva perplejidad procede de las propiedades peculiares de la gravedad. La teoría de la relatividad, que predice que las distancias pueden aumentar o reducirse según el movimiento del observador, fue generalizada por Einstein en 1915 para incluir los efectos de la gravitación. Según la teoría general de la relatividad, la gravedad es simplemente la geometría del espacio y el tiempo vacíos. Pero no es el tipo de geometría que aprendemos en la escuela. La gravedad es el espaciotiempo *curvado* o deformado. El espacio no solamente puede tensarse y encogerse, también puede curvarse y distorsionarse. Son precisamente estas distorsiones, según la teoría de Einstein, las que explican la gravedad.

Einstein indicó varios casos donde observar las curvaturas del espacio y del tiempo. Uno de ellos es el efecto de la gravedad del Sol en sus inmediaciones. Durante un eclipse total, cuando el brillo del Sol se oscurece, es posible discernir un ligero desplazamiento en la posición de las estrellas cercanas al astro con respecto a la posición registrada en los mapas celestes (fig. 4). Los rayos de las estrellas se desvían visiblemente por la curvatura espacial del Sol.

Estas observaciones, y otras relativas a la más poderosa gravedad de las estrellas de neutrones, han convencido a los físicos de que la gravedad curva realmente el espacio. Una consecuencia de ello es que el espacio (estrictamente el espaciotiempo) debe ser considerado como algo elástico, capaz de cambiar su forma geométrica. En otras palabras, podemos hablar de *actividad* espacial. Por ejemplo, cuando una estrella se colapsa para formar un agujero negro, la curvatura espacial relativamente suave en sus inmediaciones aumenta rápidamente hasta formar una prisión espacial de la que nada puede escapar. Otro ejemplo es el Universo en expansión discutido en el Capítulo 1, en el que el espacio entre las galaxias se tensa constantemente.

El hecho que el espacio pueda cambiar y moverse tiene profundas implicaciones en la física cuántica. Del mismo modo que difumina la actividad de las partículas, el principio de incertidumbre de Heisenberg difumina también la actividad del espacio. El modelo matemático sugiere que, a una escala de por lo menos 10^{20} veces menor que el núcleo atómico, el espacio adquiere una estructura "espumosa", con violentos y espontáneos crecimientos y deterioros de curvatura. Del mismo modo que una partícula explora todas las trayectorias disponibles, el espacio, a una escala ultramicroscópica, explora también todos sus posibles movimientos. En el caso de las partículas, podemos interpretar este fenómeno en términos de un ejército de partículas "fantasma", cada una de las cuales sigue un sendero distinto. Aquí podemos hablar de una infinidad de espacios "fantasma" coexistentes, cada uno de los cuales representa la realización de alguna forma geométrica particular.

Esta nebulosa actividad del espacio implica que el concepto mismo de "lugar" se tambalea a distancias extremadamente pequeñas. La ordenada disposición de puntos, la fluida continuidad del espacio de la geometría clásica, desaparece en la espuma del espaciotiempo y deja paso a un revoltijo de semiexistentes lugares fantasma. En este caótico y cambiante mar, la noción común de "lugar" desaparece por completo.

SPIN

Si ya no hay lugares bien definidos en el reino de los cuantos, no será ninguna sorpresa que lo mismo ocurra con los ángulos. En la vida cotidiana damos por sentado que los objetos poseen una orientación. Un jarrón sobre una mesa se mantiene de pie, la aguja de una brújula señala al norte, un reflector barre el cielo. El concepto de *dirección* es

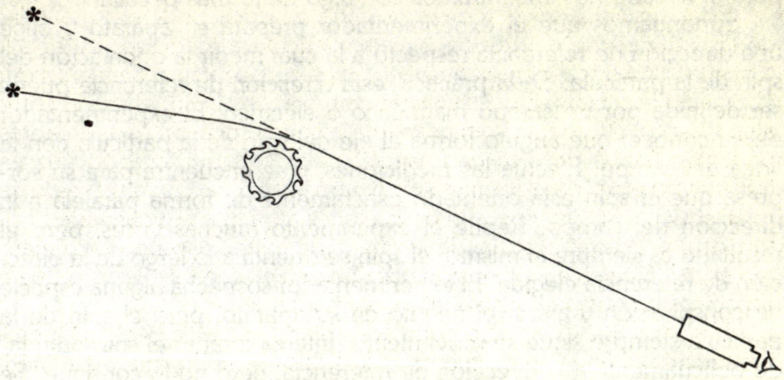

Figura 4. Los rayos de una estrella son desviados al pasar cerca del Sol por la curvatura espacial solar. El efecto es un ligero desplazamiento de la posición aparente de la estrella en el cielo.

central en nuestro modelo mental del mundo. Sin él, la realidad externa no tendría sentido.

En el mundo de los cuantos, sin embargo, en el ámbito de los átomos y sus elementos constitutivos, ya no es posible hablar ingenuamente de dirección y orientación. Un electrón que gira en torno a un núcleo no se orienta en ningún momento determinado en una dirección en particular respecto al núcleo, ya que su posición es nebulosa. Un haz de protones u otras partículas no puede servirnos para señalar la dirección, ya que las partículas no siguen senderos bien definidos; vagan de forma indisciplinada.

Pese a esto, parece existir en principio un prometedor candidato para una definición no ambigua de dirección. Hemos mencionado ya que los neutrinos poseen una especie de rotación interna o "spin". De hecho, el spin es una propiedad que poseen casi todas las partículas subatómicas, muy notablemente los electrones y los quarks. Es tentador imaginar que estas partículas, por ejemplo el electrón, son como una pequeña esfera que gira en torno a un eje, una versión a escala reducida de la rotación de la Tierra. Para que una imagen así tenga sentido el eje del spin debe estar orientado en alguna dirección. Si esta dirección puede medirse experimentalmente, tendremos a mano un medio para definir sin ambigüedades la dirección, incluso en el nivel cuántico. De hecho, las mediciones experimentales pueden efectuarse, pero al hacerlo nos encontramos con algo de lo más peculiar.

Supongamos que el experimentador prepara su aparato y elige una dirección de referencia respecto a la cual medir la orientación del spin de la partícula. En la práctica, esta dirección de referencia puede ser definida por un campo magnético o eléctrico. El experimentador desea conocer qué ángulo forma el eje del spin de la partícula con la línea del campo. Efectúa las mediciones, y se encuentra para su sorpresa que el spin está orientado exactamente de forma paralela a la dirección del campo. Repite el experimento muchas veces, pero el resultado es siempre el mismo: el spin se orienta a lo largo de la dirección de referencia elegida. El experimentador sospecha alguna especie de conspiración y ajusta el ángulo de su aparato, pero el spin de la partícula siempre sigue su movimiento. Intenta atrapar el spin orientado oblicuamente a la dirección de referencia, pero no lo consigue. Se siente perplejo ante el hecho de que la partícula parece leer su mente, porque siempre adivina la dirección que él ha elegido libremente como referencia.

Frustrado, el experimentador idea una tortuosa estratagema. Fijará dos direcciones de referencia distintas, *A* y *B*, y medirá el ángulo del spin con relación a ambas. Puesto que el spin de la partícula no puede orientarse a la vez hacia dos direcciones, al menos en una de las dos mediciones el spin exhibirá un ángulo intermedio. Con este supuesto, el experimentador efectúa su primera medición. Ya no se siente sorprendido al descubrir que el spin es paralelo a la dirección *A*. Efectúa rápidamente la siguiente medición, antes de que algo pueda hacer que el spin se reoriente. La dirección *B* elegida forma un ángulo de 25° con la dirección *A*, de modo que, naturalmente, el experimentador, que acaba de determinar a su satisfacción que el spin está orientado según el eje *A*, espera descubrirlo formando un ángulo de 25° con respecto al eje *B*. Para su consternación, descubre que la naturaleza ha sido más lista que él: la partícula ha dado un salto hacia delante y su spin se ha realineado milagrosamente hasta coincidir exactamente con el eje *B*. Furioso, el experimentador vuelve a medir el ángulo con relación al eje *A* y ve que de nuevo el spin ha vuelto a su ángulo original.

Extraños efectos como éste forman ya parte de la física establecida, y los físicos han aceptado desde hace mucho que el spin de una partícula siempre se orientará paralelamente a cualquier eje que el experimentador elija como referencia. Es una propiedad que sabotea completamente cualquier intento de dar un sentido al concepto de dirección en el dominio de los cuantos. Introduce también un extraño elemento subjetivo en el mundo físico. Si el spin de una partícula está destinado a seguir siempre la elección arbitraria de la dirección de referencia del experimentador, entonces, de algún modo, el libre albedrío del experimentador se inmiscuye en el micromundo. El extraño servilismo que obliga a todas las partículas dotadas de spin a adoptar el ángulo fijado por el experimentador parece sugerir un dominio de la mente sobre la materia. En el Capítulo 3 veremos que esos elementos subjetivos de la física cuántica exigen una completa revaluación del concepto tradicional de realidad y del papel de la consciencia en el Universo físico.

El tema del spin de las partículas nos depara muchas otras sorpresas. Una de ellas afecta a la superficialmente simple, incluso trivial, noción de rotación. En la vida cotidiana estamos familiarizados con el proceso de girar. Imaginémonos de pie en una habitación mirando hacia la puerta. A medida que giramos, vemos distintas partes de la habitación hasta que, tras una rotación de 180°, nos encontramos de espaldas a la puerta. Si giramos otros 180°, volveremos finalmente a nuestra orientación original, ante la puerta. El mundo tiene ahora exactamente la misma apariencia que si no hubiéramos efectuado esa rotación. ¿Qué puede ser más simple y obvio?

Este acto elemental de rotación produce sin embargo un resultado sorprendente en el caso de las partículas subatómicas. Si hacemos pasar un electrón a través de un campo magnético especialmente diseñado, el eje de su spin puede inclinarse progresivamente hasta efectuar un giro completo de 360°. Basándonos en el sentido común, esperaremos encontrar el electrón en su configuración original. Pero no es así. Si comparamos las propiedades del electrón que ha dado una vuelta completa sobre sí mismo con las de un electrón que no ha sido alterado en absoluto, veremos que difieren notoriamente. Para que el electrón adquiera sus condiciones anteriores, el eje de su spin debe girar *otros* 360°, efectuando *dos* revoluciones completas en total. Entonces no se hallará ninguna diferencia apreciable entre un electrón que ha girado y uno que ha permanecido inmóvil.

¿Qué significa esto? Significa que hace falta una rotación de 720° para efectuar una revolución completa, es decir, para restaurar el mundo a su configuración original. Una partícula elemental, como el electrón, percibe el giro total de 720°. En los seres humanos y otros objetos macroscópicos, esta facultad se ha perdido: no podemos distinguir una rotación de 360° de la siguiente. En un cierto sentido, pues, percibimos tan sólo la mitad del mundo que se halla disponible al electrón.

La figura 5, que nos muestra una cuenta ensartada en un doble círculo de cable, nos ofrece una analogía simple de esta situación. Desde una cierta distancia las dos vueltas son indistinguibles y el cable aparece como un solo círculo. Si deslizamos la cuenta a lo largo de 360°, supondremos que ha regresado a su punto de partida. Un escrutinio a

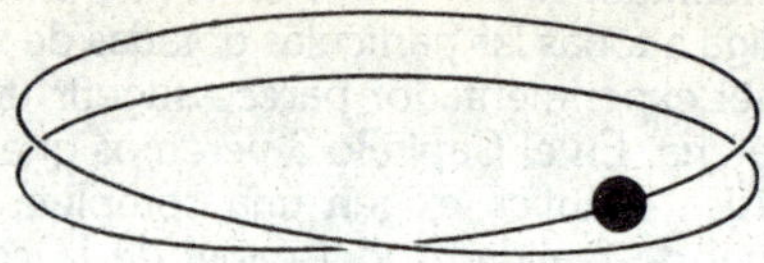

Figura 5. Un doble círculo ofrece una burda representación de las propiedades de rotación inherentes al spin. Si deslizamos la cuenta a lo largo de 360°, no regresa a su configuración del principio. Esto requiere otra revolución de 360°. Desde una cierta distancia, sin embargo, esta sutileza no resulta aparente.

más corta distancia, sin embargo, nos mostrará que no es así. La cuenta debe deslizarse otros 360° para completar todo el circuito y regresar realmente a su punto de origen.

La curiosa visión en "doble imagen" del mundo que poseen los electrones y otras partículas cuánticas se considera una propiedad fundamental de la naturaleza. Conduce a una gran cantidad de inesperados y observables efectos. Por ejemplo, el campo magnético producido por el spin del electrón es dos veces mayor que el generado al hacer girar una esfera cargada eléctricamente. En capítulos posteriores veremos cómo la curiosa naturaleza geométrica del spin resulta ser la clave de la unificación de la física.

CURVATURAS DEL TIEMPO

Si la nueva física ataca nuestra intuición geométrica, no es menos brutal con la idea popular del tiempo. El sentido común nos lleva a pensar en términos de *el* tiempo, algo universal y absoluto con que calibrar todos los acontecimientos. No distinguimos entre "mi" tiempo y "tu" tiempo; solamente existe el *tiempo*. La teoría de la relatividad no permite este ingenuo estado de cosas. Si el espacio puede tensarse o encogerse según el movimiento del observador, lo mismo ocurre con el tiempo. Un observador puede considerar que dos acontecimientos dados ocurren a una hora de distancia, otro a sólo un minuto.

No se trata simplemente de un efecto psicológico. El tiempo puede tensarse, o "curvarse", incluso en el laboratorio, y hay relojes de precisión para registrar las curvaturas del tiempo. Para producir una curvatura temporal es necesario mover un reloj a una velocidad muy alta, cercana a la de la luz. La luz viaja a 300.000 kilómetros por segundo, una velocidad muchísimo mayor que la de la más rápida nave espacial. Sin embargo, la precisión de los modernos relojes atómicos es tal que pueden registrar pequeñísimas curvaturas temporales incluso a bordo de un avión a reacción.

Pueden observarse curvaturas temporales realmente espectaculares utilizando partículas subatómicas, que son tan insustanciales que pueden ser aceleradas hasta alcanzar casi la velocidad de la luz. En un reciente experimento en el CERN, el Centro Europeo para la Investigación Nuclear, se aceleraron unas partículas llamadas muones hasta tan cerca de la velocidad de la luz que su escala temporal se dilató más de veinte veces. Es muy conveniente utilizar muones, ya que son inestables y se desintegran produciendo electrones y otras partículas tras una pequeña fracción de segundo. Su vida media es muy constante, lo cual los convierte en una especie de relojes. En el marco de referencia de los muones, la desintegración se produce por término medio al cabo de dos millonésimas de segundo, pero en el marco del laboratorio su vida se dilata enormemente.

La dilatación del tiempo con el movimiento es uno de los efectos que algunos científicos aficionados odian. Parece ofender su sensibilidad más que cualquier otra rareza de la física moderna. Cerca de la mitad de los artículos escritos por legos que reciben las revistas profesionales hablan del tiempo y la relatividad, buscando hallar un fallo en las ideas de Einstein o alguna contradicción en la teoría. No pueden aceptar que el tiempo es elástico y se dilata o se encoge con respecto a otros observadores. Se despliega una gran ingeniosidad en intentar derribar el famoso "efecto de los gemelos", según el cual un gemelo que emprende un viaje en un cohete de alta velocidad tiene al regresar a la Tierra diez años menos que su hermano. Un fenómeno que los físicos profesionales contemplan como una divertida curiosidad puede producir en otros una profunda revulsión. Quizá sea debido a que el tiempo es una experiencia personal y algunas personas contemplan el trastear con el tiempo como un asalto a su propia identidad. Pero les guste o no, las curvaturas del tiempo son reales.

Una de las mayores curvaturas temporales obtenidas experimentalmente es la producida en una máquina en los laboratorios Daresbury, en Cheshire, Inglaterra. El dispositivo, un sincrotón de electrones, ha sido diseñado para acelerar un haz de electrones alrededor de un circuito de 30 metros de diámetro tres millones de veces por segundo. Enormes imanes desvían los electrones de su movimiento lineal natural, y con cada desviación se produce un estallido de radiación electromagnética, llamada radiación sincrotónica. Los electrones viajan en él a una velocidad que difiere sólo una diezmilésima del 1% de la velocidad de la luz, tan cerca de ella que su escala del tiempo se distancia de la nuestra en un factor de aproximadamente diez mil. Esta discrepancia es explotada por los ingenieros; de hecho, ésta fue la razón por la que se construyó el aparato. Aunque la frecuencia de la radiación emergente es tan sólo de unos cuantos kilohertzios (más o menos la frecuencia de las radioondas) en el marco de referencia de los electrones, la curvatura temporal eleva esa frecuencia varios miles de veces en el marco de referencia del laboratorio. La radiación emergente se percibe en la región ultravioleta o de rayos X del espectro. De este modo el sincrotón utiliza la curvatura temporal para generar prolíficas cantidades de radiaciones de onda corta en un amplio abanico de frecuencias. Es algo poco común que posee un variado número de aplicaciones prácticas. En Daresbury, el misticismo de la curvatura temporal se ha convertido en un artilugio comercial.

La dilatación del tiempo va de la mano con la contracción de la distancia –de hecho, la teoría de la relatividad nos obliga a ligar espacio y tiempo en un *espaciotiempo* unificado– y ambos efectos de curvatura aumentan sin límite a medida que nos aproximamos a la velocidad de la luz. Por esta razón es imposible superar la barrera de la luz y viajar a velocidad superlumínica, puesto que hacerlo equivaldría a volver el espaciotiempo "del revés", a retorcer el espacio dentro del tiempo y el tiempo dentro del espacio, permitiendo a los objetos viajar hacia el pasado. En consecuencia, la velocidad de la luz se considera la mayor del Universo para la propagación de objetos o efectos físicos.

Las curvaturas del tiempo pueden producirse también a causa de la gravedad. El tiempo fluye un poco más aprisa en la parte superior de un edificio que en el sótano, y aunque el efecto es con mucho demasiado pequeño para ser apreciado por los seres humanos, hay relojes nucleares especiales capaces de detectarlo. También se han instalado relojes a bordo de aviones estratosféricos y de cohetes para comprobar el efecto de la gravedad sobre el tiempo. No hay la menor duda acerca de la realidad de las curvaturas temporales; el tiempo avanza más aprisa en el espacio que sobre la Tierra, y la diferencia se puede medir.

La gravedad de la Tierra es modesta según los cánones astronómicos, y hay objetos cósmicos que curvan el tiempo con una enorme intensidad. En la superficie de una estrella de neutrones, por ejemplo, donde una cucharadita de materia neutrónica pesa más que todos los continentes de la Tierra, la gravedad puede llegar a dilatar el tiempo hasta fluir dos veces más despacio que en la Tierra. Si la gravedad asciende muy por encima del nivel de una estrella de neutrones, se produce un agujero negro. En este caso, la estrella implosiona y se envuelve a sí misma en una curvatura temporal infinita, formando como una prisión de espacio curvo. En la superficie de un agujero negro, el tiempo permanece completamente inmóvil respecto a nuestra escala temporal.

El hecho de que el tiempo no sea fijo y universal, sino elástico y flexible, socava muchas creencias del sentido común. Si mi tiempo puede desacompasarse con respecto a tu tiempo debido a nuestros distintos movimientos o condiciones gravitatorias, entonces ¿qué sentido tiene hablar del "tiempo" o del "ahora"? La noción de "este momento" en, digamos, Marte, es desesperadamente ambigua si consideramos la posibilidad de observadores que se mueven a gran velocidad. Del mismo modo, preguntar "¿Qué hora es en una estrella de neutrones?" es algo que carece por completo de sentido. El tiempo es puramente relativo. En nuestro propio marco de referencia avanza a un ritmo ordenado. Independientemente de cómo nos movamos o cambiemos nuestras experiencias gravitatorias, siempre nos parecerá normal. Pero sus efectos peculiares aparecen cuando comparamos los tiempos de dos sistemas distintos. Entonces descubrimos que cada marco de referencia posee su propia escala temporal, escala que será normalmente distinta de la de cualquier otro.

LO NORMAL ES ANORMAL

Los extraños efectos de la física de los cuantos y de la relatividad en nuestras ideas tradicionales del espacio y del tiempo impregnan el mundo de una vaguedad y una subjetividad que ponen en duda su normalidad cotidiana. La normalidad es una consecuencia del número excesivamente limitado de experiencias con las que estamos familiarizados. En nuestra vida cotidiana nunca viajamos a velocidades lo suficientemente grandes para que las curvaturas del espacio y del tiempo sean apreciables, y la mayor parte de nosotros no nos sumergimos nunca en el incierto y nebuloso reino del átomo. Sin embargo, el mundo de la experiencia racional, ordenado y lleno de sentido común, es una impostura. Tras él yace un mundo tenebroso y paradójico de sombría existencia y cambiantes perspectivas.

El nebuloso surrealismo puesto al descubierto por la nueva física se vuelve particularmente agudo cuando alcanza a la materia. La sólida confianza que nos ofrece una roca nos habla a favor de la existencia concreta de los objetos del mundo externo. Sin embargo, aquí también un más profundo escrutinio socava las impresiones del sentido común. Bajo un microscopio, el material de la roca se revela un amasijo de cristales entrelazados. Un microscopio electrónico pone al descubierto los átomos individuales, espaciados en una disposición regular con enormes vacíos entre ellos. Sondeando en los propios atomos, descubrimos que son casi enteramente espacio vacío. El pequeño núcleo ocupa una simple billonésima parte (10^{-12}) del volumen del átomo. El resto está poblado por una nube de efímeros electrones que no están ni aquí ni allí, alfilerazos de solidez girando al azar en océanos de vacío. Incluso el núcleo, tras una inspección más detenida, resulta no ser más que una pulsante aglomeración de evanescentes partículas. La materia en apariencia concreta de los sentidos se disuelve en vibrantes esquemas de energía cuántica.

Hay sin duda un fuerte elemento místico subyacente en gran parte de la nueva física. La antigua visión del Universo como un mecanismo de relojería que se despliega servilmente a lo largo de un sendero predeterminado, situado en un marco espaciotemporal absoluto, ha sido desterrada por completo. En su lugar hay una colección de imágenes, cada una de las cuales refleja un aspecto de la experiencia del sentido común, pero que no consiguen conectarse entre sí de una forma ordenada. Un electrón, ¿es onda o es partícula? Las dos formas conjuran una clara imagen mental, pero no podemos ensamblarlas en una única entidad para la cual la respuesta sea "ambas cosas". Ni podemos imaginarnos fácilmente el espacio siendo curvado o sometido a expansión. Asociamos el espacio con el vacío, y el vacío curvado es un obstáculo mental que muy pocos pueden superar.

El atractivo místico de la nueva física ha cautivado a mucha gente de mente religiosa o filosófica que ve en los recientes descubrimientos una liberación del mundo materialista e impersonal producto de la moderna sociedad tecnológica. Las curvaturas temporales y lo extraño de los cuantos abren nuevos caminos a la creencia de que hay más cosas en el mundo de las que los ojos pueden ver. Especialmente atractivo es el fuerte aroma holístico de la nueva física. Gran parte de la reciente desilusión con la ciencia surge como reacción al tradicional reduccionismo científico, que analiza fríamente el mundo en sus componentes más simples.

La idea de que todo puede ser comprendido si se reduce a sus partes constituyentes ha ejercido una poderosa influencia sobre el pensamiento científico durante varios siglos. Newton se dio cuenta de que es posible comprender las complejidades del movimiento considerando cuerpos simples y pequeños que ejercen fuerzas sobre otros cuerpos simples y pequeños. Aunque el comportamiento de una hoja que cae puede parecer muy complicado, los movimientos de las partículas individuales deben conformarse en principio a simples principios matemáticos.

La cúspide del reduccionismo newtoniano fue una famosa afirmación de Pierre Laplace:

«Una inteligencia que conociera, en cualquier momento dado, todas las fuerzas que actúan sobre la naturaleza, así como las posiciones momentáneas de todas las cosas que componen el Universo, debería ser capaz de encerrar en una sola fórmula los movimientos de los cuerpos más grandes del mundo y los de los más pequeños átomos, a condición de que fuera lo suficientemente poderosa para someter todos los datos a análisis; para ella, nada sería incierto, futuro y pasado estarían presentes ante sus ojos.»

Así pues, si alguien conociera las posiciones exactas y los movimientos de todas las partículas de materia del Universo, podría, en principio, determinar el comportamiento pasado y futuro de todas las cosas. La idea de que todo comportamiento está determinado de esta manera rígida destruye la noción de libre albedrío y conjura una imagen de un Cosmos estéril y sin inteligencia. La situación se hace aún más ofensiva cuando pensamos en los sistemas vivos: el intento de reducir todas las cosas vivas a simples montones de átomos móviles que evolucionan de acuerdo con un ciego azar ha creado, más que ninguna otra cosa, la impresión de que la ciencia es una búsqueda desalmada y deshumanizadora.

La nueva física se yergue en agudo contraste contra este trasfondo de reduccionismo tradicional. El factor cuántico echa por la borda el determinismo de Laplace, y niega que el mundo pueda ser comprendido únicamente en términos de sus componentes. En el próximo capítulo veremos cómo dos partículas aparentemente aisladas por una gran separación siguen unidas en un esquema coherente de comportamiento. De modo general, cuando se realiza cualquier tipo de medición u observación en física cuántica, la realidad de la partícula subatómica no puede aislarse de su entorno. En el experimento de las dos rendijas de Young vimos cómo el comportamiento del electrón dependía de que se hallaran disponibles una o dos ranuras para cruzarlas en dirección a la pantalla. De una forma en cierto modo misteriosa, el electrón recoge información sobre una estructura comparativamente vasta de su entorno y responde de acuerdo con ella. De modo semejante, la dirección del spin de una partícula es inseparable de la estrategia de medición adoptada por el experimentador. Evidentemente, los mundos macroscópico y microscópico se hallan íntimamente entrelazados. No hay ninguna esperanza de comprender por completo la materia sólo a partir de sus partículas constituyentes. Únicamente el sistema *en conjunto* da expresión concreta a la realidad microscópica. Lo grande y lo pequeño coexisten. Uno no se incluye completamente en el otro, ni el otro "explica" completamente al primero.

Una de las víctimas principales de la ciencia reduccionista fue la mente. Al intentar reducir todos los sistemas a las actividades de componentes simples, algunos científicos llegaron a creer que la mente no es más que la actividad del cerebro, el cual no es más que un conjunto de impulsos electroquímicos, que a su vez no son más que el movimiento de electrones e iones. Esta extrema filosofía materialista reduce el mundo de los pensamientos, sentimientos y sensaciones humanos a una mera fachada.

La nueva física, en contraste, da a la mente una posición central en la naturaleza. La teoría de los cuantos, tal como se interpreta normalmente, carece de sentido sin la introducción del observador. El acto de la observación en física cuántica no es simplemente un rasgo incidental, un medio de acceder a una información ya existente en el mundo externo; el observador entra en la realidad subatómica de un modo fundamental, y las ecuaciones de la física cuántica codifican explícitamente el acto de la observación. Cada observación trae consigo una transformación apreciable de la situación física. Al observar un átomo, éste salta de una forma característica que ninguna interacción física normal puede imitar. Quizá el sentido común se desplomó con el advenimiento de la nueva física, pero en el Universo que estos adelantos ponen de manifiesto vuelve a haber un lugar para el hombre en el gran esquema de las cosas.

3. La realidad y el cuanto

UN LABERINTO DE PARADOJAS

En el verano de 1982 se realizó un experimento histórico en la Universidad de París. El físico francés Alain Aspect y sus colaboradores lo habían preparado todo para engañar al cuanto. Estaba en juego no sólo la más próspera teoría de la ciencia, sino los propios cimientos de lo que creemos que es la "realidad".

Como muchas contrastaciones cruciales en física, el experimento de París partía de una paradoja, una que ha dejado perplejos e intrigados tanto a los científicos como a los filósofos durante cerca de cincuenta años. Se trata del rasgo central de la física cuántica, la incertidumbre. El famoso principio de incertidumbre de Heisenberg parecía haber dado el golpe de gracia a la simple e intuitiva imagen del mundo atómico según la cual las partículas se mueven a lo largo de senderos bien definidos bajo la acción de fuerzas. Una partícula como el electrón zigzagueará de forma impredecible, con un movimiento que, en detalle, es imposible seguir, o siquiera describir.

Antes del advenimiento de la teoría de los cuantos, el Universo físico parecía ser un enorme mecanismo de relojería cuyo comportamiento estaba fijado en todos sus detalles por la inexpugnable lógica de la causa y el efecto encarnada en las leyes del movimiento de Newton. Las leyes de Newton siguen siendo, por supuesto, válidas para la mayor parte de los fenómenos cotidianos. Dirigen la bala hasta su blanco y supervisan los planetas en sus órbitas con precisión geométrica. Pero sabemos ahora que, a escala atómica, las cosas son muy distintas. El comportamiento familiar y ordenado de los cuerpos macroscópicos deja paso a la rebelión y al caos. Lo que acostumbrábamos a considerar objetos sólidos no es más que un fantasmal mosaico de vibrante energía. La incertidumbre cuántica nos dice que no podemos saberlo todo de una partícula todo el tiempo. Si (metafóricamente hablando) intentamos ensartar una partícula con un alfiler, ésta se deslizará irrevocablemente.

Esta intangible cualidad de las partículas cuánticas ha sido una fuente de gran preocupación para los físicos teóricos. En los años 20 la nueva mecánica cuántica parecía un laberinto de paradojas. Aunque Werner Heisenberg y Erwin Schrödinger fueron los arquitectos jefes de la estructura técnica de la teoría, la interpretación de la teoría recayó en Max Born y, especialmente, en Niels Bohr. Bohr, un físico danés, fue el primero en darse cuenta de que la teoría de los cuantos se aplica tanto a la materia como a las radiaciones, y en años sucesivos se convirtió en la gran autoridad y el portavoz de la comunidad física sobre los fundamentos conceptuales de la mecánica cuántica. Su instituto en Copenhague fue el foco de las investigaciones en física cuántica durante toda una década. En una ocasión, Bohr señaló a sus colegas: «Si uno no se siente aturdido cuando estudia por primera vez el cuanto... es que no ha comprendido ni una sola palabra.» En su libro *Física y Filosofía*, Heisenberg recuerda sus primeras dudas sobre el sentido de la nueva mecánica cuántica:

> «Recuerdo las discusiones con Bohr, que duraban hasta la madrugada y terminaban casi en desesperación; y cuando al final de la discusión salía a solas a pasear por el parque vecino, me repetía a mí mismo una y otra vez la pregunta: ¿Es posible que la naturaleza sea tan absurda como parecen indicar esos experimentos atómicos?»

El más notorio descontento era Einstein. Aunque había contribuido a la formulación de la teoría de los cuantos, Einstein nunca se sintió feliz con ella; de hecho, creía que era falsa o, en el mejor de los casos, verdadera sólo a medias. «Dios no juega a los dados» es una de sus frases más famosas. Sostenía que detrás del mundo cuántico, con su inseguridad y desorden impredecibles, hay un mundo familiar y clásico de concreta realidad en el cual los objetos poseen propiedades bien definidas –incluidas la localización y la velocidad– y se mueven de acuerdo con leyes deterministas de causa y efecto. La casa de locos de los dominios atómicos, declaró Einstein, no es fundamental. Es una fachada. A un nivel más profundo de descripción, reina la cordura.

Einstein intentó descubrir este nivel más profundo en un largo debate con Bohr, el más claro expositor de la "línea ideológica" que sostiene que la confusión cuántica es algo inherente a la naturaleza e irreductible. Einstein atacó fuerte e imaginativamente la incertidumbre de los cuantos, inventando hipotéticos experimentos –"experimentos imaginarios", se les llama–, con la idea de poner al descubierto fallos lógicos en el punto de vista oficial. Bohr contraatacó una y otra vez, derribando los argumentos de Einstein.

En una memorable ocasión, en una conferencia donde se había reunido la mayor parte de los físicos más importantes de Europa para oír los últimos avances en la por aquel entonces nueva teoría de los cuantos, Einstein dirigió su ataque contra una variante del principio de incertidumbre que hace referencia al grado de exactitud con que pueden determinarse la energía de una partícula y el instante temporal en que posee tal energía. Einstein había ideado un esquema particularmente ingenioso para dar un rodeo a la incertidumbre energía-tiempo. El punto básico era determinar con precisión la energía a partir de su peso. La famosa relación $E = mc^2$ de Einstein asigna una masa m a una cantidad de energía E, y la masa puede ser medida pesándola.

Esta vez Bohr se mostró visiblemente desconcertado, y los testigos cuentan que acompañó a Einstein de vuelta al hotel presa de una apreciable agitación. Tras una noche de insomnio en la cual Bohr analizó con detalle la argumentación de Einstein, se dirigió triunfante a la concurrencia al día siguiente. Al desarrollar su argumentación contra la incertidumbre cuántica, Einstein, irónicamente, había pasado por alto un aspecto de su propia teoría de la relatividad. Según esta teoría, el tiempo se curva por la acción de la gravedad. Puesto que la gravedad debe estar presente para poder medir el peso, el efecto de curvatura no puede ser ignorado. Bohr demostró que cuando se tiene en cuenta este efecto, la incertidumbre vuelve a ser la de siempre.

EL EXPERIMENTO DE EINSTEIN-PODOLSKY-ROSEN

El más contumaz de los experimentos imaginarios de Einstein no vio la luz hasta 1935 cuando, junto con sus colegas Boris Podolsky y Nathan Rosen, publicó un trascendental artículo en la *Physical Review*, artículo que aún sigue siendo la más convincente formulación de la naturaleza paradójica de la física cuántica. En esencia, el experimento de Einstein-Podolsky-Rosen pretendía decidir si una partícula puede tener a la vez posición y momento. Einstein y sus colegas querían dar forma a un proyecto con el cual ambas cantidades pudieran, en principio al menos, ser medidas con el grado deseado de exactitud.

Por aquel entonces se aceptaba ya que cualquier intento directo de determinar al mismo tiempo la posición y el momento de una partícula estaba condenado al fracaso. La razón es simple: al medir la posición, el efecto mismo de la medición actúa sobre el momento de una forma indeterminable. Y toda medición del momento destruye cualquier información previa acerca de la posición. Cada uno de los dos tipos de medición es incompatible con el otro y altera su resultado. Para determinar simultáneamente ambas propiedades, Einstein debía recurrir a una estrategia más sutil.

Esencialmente, lo que Einstein, Podolsky y Rosen pretendían era lo siguiente: Puesto que es imposible determinar *directamente* la posición y el momento de una partícula al mismo tiempo, lo que necesitamos es una segunda partícula cómplice. Con *dos* partículas, podemos medir más cantidades a la vez. Si logramos relacionar de algún modo el movimiento de las dos partículas, las mediciones realizadas simultáneamente en cada una de ellas nos permitirán echar una ojeada por debajo del velo de la incertidumbre cuántica que, según Bohr, nunca podía ser levantado.

El principio aplicado es bastante familiar. En una mesa de billar, cuando una bola choca contra otra, las dos se mueven en direcciones diferentes. Su movimiento, sin embargo, no se produce al azar, sino que está determinado exactamente por la ley de la acción y la reacción. Si medimos el momento de una bola podemos deducir el de la otra (que puede hallarse ya muy alejada) sin siquiera observarla. Pues bien, la ley de la acción y la reacción se aplica también a las partículas cuánticas. Básicamente, lo que necesitamos hacer, entonces, es que dos partículas cuánticas, la 1 y la 2, se acerquen, interaccionen y se separen a una gran distancia. Entonces podemos medir el momento de la partícula 1. Así, por la ley de la acción y la reacción, podremos deducir exactamente el momento de la partícula 2. La medición, por supuesto, habrá afectado la posición de la partícula 1, pero esto no importa. No puede haber afectado la posición de la partícula 2, porque la partícula 2 está ahora muy lejos; en principio, puede hallarse a años luz de distancia. Ahora bien, si medimos simultáneamente de forma directa la posición de la partícula 2, entonces sabremos la posición y el momento de la partícula 2 en un mismo instante. ¡Habremos logrado vencer el principio de incertidumbre!

El argumento de Einstein-Podolsky-Rosen se fundamenta en dos suposiciones cruciales. La primera es que una medición realizada en un lugar no puede afectar instantáneamente a una partícula en otro lugar muy distante. Esto se justifica porque, en primer lugar, las interacciones entre sistemas tienden a disminuir con la distancia. Es difícil imaginar que un electrón afecte el movimiento y la posición de otro electrón situado a varios metros, y no digamos a años luz, de distancia. Einstein desechó tal idea, a la que llamó "una acción fantasmal a distancia".

Una importante razón para este rechazo era la creencia de Einstein de que ninguna señal o influencia puede viajar más rápidamente que la luz. Este es un resultado clave de la teoría de la relatividad y no debe ser abandonado a la ligera. Entre otras cosas, la ausencia de señales más rápidas que la luz es un elemento vital en el establecimiento de una misma definición de pasado y futuro para todo el Universo. Romper la barrera de la luz es equivalente a enviar señales al pasado, una perspectiva repleta de paradojas.

La segunda suposición fundamental hecha por Einstein y sus colegas es la de la "realidad objetiva". Suponían que una propiedad como la posición o el momento de una partícula existe objetivamente, incluso si la partícula se halla en un lugar distante y la propiedad en cuestión no se observa directamente. Ahí es donde el punto de vista de Einstein se apartaba del de Bohr. Según Bohr, no se pueden adscribir atributos como posición y momento a una partícula a menos que se efectúe una observación de la partícula. Las mediciones hechas por delegación no son aceptables. Utilizar una partícula cómplice es hacer trampa.

En aquel tiempo, tanto Bohr como Einstein podían mantener sus atrincheradas posiciones. Lo que se necesitaba era una variante del experimento imaginario que permitiera determinar si el principio de incerditumbre resultaba violado o no en un experimento real. En los años 60, John Bell, del CERN, vio cómo hacerlo. Partió de las dos suposiciones básicas de Einstein, Podolsky y Rosen –ausencia de señales más rápidas que la luz y existencia de la realidad objetiva– y con su ayuda determinó las relaciones más generales que deben darse entre las mediciones de la partícula 1 y las mediciones de la partícula 2; no solamente la posición y el momento, sino también otras propiedades como la dirección o el spin. Descubrió que había ciertos tipos de mediciones capaces de distinguir entre las posiciones de Einstein y Bohr. Es decir, las dos suposiciones mencionadas tenían consecuencias experimentales que no podían obtenerse si la mecánica cuántica al modo de Bohr, con su incertidumbre inherente, era correcta. Era posible, pues, llevar a cabo un experimento real para obtener una prueba directa de la incertidumbre cuántica.

Bell expresó la diferencia esencial entre las dos teorías rivales en un enunciado matemático conocido, muy apropiadamente, como la desigualdad de Bell. En palabras simples, si Einstein tenía razón, la desigualdad de Bell encajaría con el resultado del experimento real. Si era Bohr quien la tenía, la desigualdad sería violada. La pelota se hallaba ahora en el campo experimental.

EL COLAPSO DE LA INGENUA REALIDAD

Fue imposible llevar a cabo una prueba experimental de la desigualdad de Bell en los años 60. El problema principal era la precisión de la tecnología disponible. Para estar seguros de que dos partículas distantes no se comunican de modo convencional, es necesario operar sobre ambas partículas en un intervalo de tiempo tan corto que ninguna señal que viaje a la velocidad de la luz (o menor) pueda pasar entre ellas. Para partículas situadas a unos pocos metros de distancia, esto significa que las operaciones requeridas deben hacerse en unas escasas milmillonésimas de segundo.

Durante los años 70 varios grupos experimentales llevaron a cabo diversos tipos de experimentos con dos partículas, pero ninguno consiguió la exactitud requerida. Finalmente, Alain Aspect, en París, introdujo algunos refinamientos y en 1981 inició una serie de experimentos en los que examinaba simultáneamente los ángulos de polarización de dos fotones emitidos por un mismo átomo y que se movían en direcciones opuestas. El programa culminó con un experimento realizado en el verano de 1982 que por primera vez parecía conclusivo. Los resultados eran inequívocos. Einstein estaba equivocado. La incertidumbre cuántica no puede ser eludida. Es intrínseca e irreducible. La ingenua realidad –la realidad de las partículas poseedoras de propiedades bien definidas en ausencia de toda observación– no podía ser sostenida. Aspect había clavado el último clavo en el ataúd de la física basada en el sentido común.

La manera como el experimento pone de manifiesto la diferencia entre la teoría cuántica y una teoría "realista" cualquiera es de un cierto interés. Los experimentadores deseaban comprobar hasta qué punto los resultados de las mediciones en el primer protón estaban correlacionadas con las del otro. Según la desigualdad de Bell, las teorías de tipo "realista" predicen una cierta correlación máxima. La mecánica cuántica, en cambio, predice un grado mayor de correlación, como si las dos partículas cooperaran telepáticamente de un modo innatural. Los resultados mostraron una correlación por encima del máximo permitido por la desigualdad de Bell, confirmando así que la incertidumbre es intrínseca en la física cuántica.

Podemos comparar la situación con dos individuos que, sentados espalda contra espalda, echan simultáneamente monedas al aire. Si lo hacen completamente al azar, no cabe esperar correlaciones entre las caídas de las dos monedas. La probabilidad de que al caer una moneda muestre cara es la misma tanto si la otra moneda muestra cara como si muestra cruz. Supongamos, sin embargo, que las monedas no se echen totalmente al azar, de modo que si sale cara en una moneda sea más probable que salga también cara en la otra, y lo mismo para las cruces. Las observaciones mostrarán una definida correlación positiva entre los resultados de las dos monedas. En los experimentos con las dos partículas, éstas no actúan independientemente al azar, ya que ambas poseen un origen común. En consecuencia, es de esperar alguna correlación. El grado preciso de esta correlación proporciona la prueba crucial.

A primera vista puede parecer que el experimento de Aspect nos da un medio de mandar señales más rápido que la luz. En términos de monedas, diríamos que la mayor probabilidad de que al sacar yo cara tú también saques cara se debe a que te envío un mensaje secreto mediante un simple código, por ejemplo cara igual a punto, cruz igual a coma. Si la correlación no alcanza el 100%, habrá "ruido" en el mensaje, pero practicando lo suficiente podremos transmitirlo con exactitud.

Ahora bien, si pensamos más detenidamente nos daremos cuenta de que esta posibilidad es ilusoria. El resultado de cada una de mis operaciones de echar mi moneda, aunque correlacionado con tus operaciones de echar la tuya, sigue siendo completamente impredecible, puesto que yo no puedo hacer que mi moneda caiga mostrando cara o cruz según mi voluntad. *Si* cae mostrando cara sabré que es muy probable que la tuya muestre cara también, pero esto no me sirve de nada. No poseo ningún control sobre la secuencia de puntos y comas que se establece y el mensaje degenera en ruido blanco.

LA EXTRAÑA NATURALEZA DE LA REALIDAD CUÁNTICA

Algunos meses después de que Aspect publicara los resultados de su experimento, tuve el privilegio de realizar un programa documental de radio para la BBC acerca de las paradojas conceptuales de la física cuántica. Entre los participantes se encontraban el propio Aspect, John Bell, David Bohm, John Wheeler, John Taylor y Sir Rudolph Peierls. Les pregunté a todos ellos qué opinaban de los resultados de Aspect y si creían que la realidad según el sentido común estaba definitivamente muerta. La variedad de respuestas fue sorprendente.

Uno o dos de los participantes no mostraron sorpresa. Su fe en la versión oficial de la teoría de los cuantos, tal como fue enunciada hacía mucho tiempo por Bohr, era tan fuerte que creían que el experimento de Aspect no era más que una confirmación (bienvenida, por supuesto) de lo que nunca había sido puesto seriamente en duda. Otros, por otra parte, no estaban preparados para aceptar esta salida. Su creencia en la realidad que nos impone el sentido común –la realidad objetiva perseguida por Einstein– permanecía inalterable. Lo que había que poner en duda, argumentaban, era el supuesto de que las señales no pueden viajar más aprisa que la luz. Debía existir alguna "acción fantasma a distancia", después de todo. Bohm dispone ya de una teoría que incorpora esos efectos "no locales".

¿Y qué hacemos entonces con las paradojas de mandar señales a través del tiempo? ¿Hay algo que impide que estas señales sean enviadas de una forma controlada? La respuesta quedó en un terreno vago.

Aunque no todos los físicos parecen aceptar el desmoronamiento de la ingenua realidad, la posición de Bohr sigue siendo el punto de vista oficial, que indudablemente ha quedado reforzado por los resultados de Aspect. Esta posición, si es adoptada, tiene consecuencias muy profundas en lo que respecta a la naturaleza del mundo físico.

En primer lugar, el experimento de las dos partículas descrito anteriormente revela que la realidad de una partícula situada "allí" se halla indisolublemente ligada a la realidad de una partícula situada "aquí". La suposición simplista de que por el hecho de que dos partículas se han alejado lo suficiente una de otra podemos considerarlas como entidades físicas separadas e independientes es completamente errónea. A menos que se efectúen mediciones separadas en ambas partículas, siguen formando parte de un conjunto unificado. Lo que entendemos por realidad está determinado solamente por la situación experimental total, que puede ocupar una amplia zona. Más aún, aunque en el experimento de Aspect el sistema "holístico" de las dos partículas se ha dispuesto deliberadamente de una forma controlada, las partículas interactúan y se separan constantemente como resultado de su actividad natural. El aspecto no local de los sistemas cuánticos es pues una propiedad general de la naturaleza, y no simplemente una situación caprichosa manufacturada en el laboratorio.

Se ha dicho que, según la física de los cuantos, las partículas individuales de materia no existen realmente por derecho propio como entidades primarias. Sólo el conjunto de todas las partículas considerado como una totalidad, incluidas aquellas que dejarán su huella en los aparatos de medida, posee el status de "realidad".

El punto de vista más tradicional de realidad basado en la física clásica newtoniana es completamente distinto. Según la filosofía newtoniana, la materia consta de partículas, pero estas partículas no son más que piezas que pueden ensamblarse para formar unidades más grandes. Esta imagen es atractiva, ya que podemos visualizar fácilmente miríadas de esas partículas elementales como sólidas esferas, unidas entre sí para formar un objeto familiar como puede ser una roca. Todas las propiedades que posee la roca pueden atribuirse entonces a los átomos, o a cualesquiera partículas que se consideren básicas. La roca *está hecha* de partículas elementales, y las partículas son simplemente fragmentos de la roca. Nada más. El físico alemán Otto Frisch, el descubridor de la fisión nuclear, describe así la imagen clásica:

«Hay que admitir que existe un mundo exterior que consta de partículas que poseen localización, tamaño, consistencia y todo lo demás. Es algo más dudoso que posean color y olor; de todos modos, son partículas genuinas que están ahí, las estemos observando o no.»

Podemos llamar a esta filosofía clásica "realismo ingenuo".

En la física de los cuantos, esta simplista relación clásica entre el todo y sus partes es totalmente inadecuada. El factor cuántico nos obliga a considerar las partículas sólo en relación con la totalidad. Es erróneo considerar que las partículas elementales de la materia son *cosas* que se unen colectivamente para formar cosas más grandes. Es más exacto decir que el mundo es un entretejido de *relaciones*.

Para el realista ingenuo el Universo es una colección de objetos. Para el físico cuántico es una inseparable red de vibrantes esquemas de energía en la cual ningún componente posee realidad independientemente de la totalidad; y en la totalidad se incluye al observador.

El físico americano H. P. Stapp ha expresado el concepto cuántico de partícula con estas palabras:

«Una partícula elemental no es una entidad inanalizable con existencia independiente. Es, en esencia, un conjunto de relaciones que se extienden hacia fuera, hacia otras cosas.»

Esto nos recuerda las palabras de William Blake: «Ver un mundo en un grano de arena...»

Otra consecuencia de la física cuántica se refiere al papel del observador, la persona que efectúa las mediciones. La incertidumbre cuántica no se aplica a las observaciones que efectuamos, de modo que en algún estadio de la cadena que se inicia con el sistema cuántico en cuestión, continúa con el equipo experimental, los diales y medidores, sigue con nuestros propios órganos de los sentidos y cerebro, y acaba finalmente en nuestra consciencia, tiene que ocurrir algo capaz de disipar la incertidumbre. Las reglas de la física cuántica son absolutamente precisas en este punto. En ausencia de toda observación, un sistema cuántico evolucionará de una manera determinada. Al efectuar una observación, la evolución es de un tipo completamente distinto. No está claro qué produce esta diferencia de comportamiento, pero algunos físicos insisten en que la causa es la propia mente.

Con esta nota mística abandonamos los problemas y paradojas de la física cuántica. A pesar de las controversias acerca de sus fundamentos conceptuales, todos los físicos están de acuerdo en que, en sus aplicaciones, la teoría cuántica funciona brillantemente. En particular, es la base de nuestra descripción del mundo de la física de partículas, el mundo donde se oculta la superfuerza.

4. Simetría y belleza

«La belleza es la verdad, la verdad es la belleza»
JOHN KEATS

EL LENGUAJE MATEMÁTICO DE LA NATURALEZA

Cuando hablo a los alumnos de primero sobre los conceptos de la física moderna, siempre les digo que la física es hermosa porque está formulada en leyes matemáticas muy simples. Normalmente, la observación produce aullidos de mofa. La razón, por supuesto, estriba en que, para un estudiante que lucha con los cursos de matemáticas, las ecuaciones de la física parecen horriblemente complicadas y opacas. Todavía no han descubierto que las matemáticas son, entre otras cosas, un lenguaje. Cuando se conoce este lenguaje, cosas inmensamente complicadas pueden ser resumidas elegantemente en el equivalente matemático de una línea.

A este respecto, las matemáticas difieren poco de otros lenguajes técnicos (aunque son inconmensurablemente más poderosas y amplias). Intentemos, por ejemplo, explicar a alguien un plan de inversiones en castellano normal, sin utilizar las palabras capital, interés o inflación. O pensemos cómo describir el funcionamiento de un motor de automóvil sin mencionar nunca los pistones, el árbol de levas, las válvulas o el carburador.

Quien haya oído conversar alguna vez a dos matemáticos, podrá llegar a creer que están hablando en clave, y en cierto sentido así es. Ahora bien, una vez conocida la clave, la información más compleja se vuelve instantáneamente simple. Si interceptamos un mensaje cifrado, reconoceremos que es una disposición ordenada de información, pero el contenido real de la información se halla oculto en un batiburrillo de cifras sin significado. Una fórmula matemática es como un mensaje cifrado. Tomemos, por ejemplo, la fórmula n^2, donde n es cualquier número natural: 1, 2, 3, 4... Insertando sucesivamente los valores de n se obtienen los resultados: 1, 4, 9, 16... En este caso la clave es fácil de hallar, y la mayor parte de nosotros podemos efectuar la operación inversa a partir de los valores 1, 4, 9, 16... y deducir la fórmula n^2 y los argumentos 1, 2, 3, 4... Pero por poco que compliquemos la fórmula, descubrir la clave se convierte en una difícil tarea. Les invito a encontrar una fórmula que describa la secuencia 2, 4, 6, 9, 12, 17, 20, 25, 28, 31, 34...

Quizá el mayor descubrimiento científico de todos los tiempos sea que la naturaleza está escrita en clave matemática. No sabemos cuál es la razón, pero es el hecho más importante que nos permite comprender, controlar y predecir el resultado de los procesos físicos. Una vez hemos descubierto la clave de un sistema físico, podemos leer la naturaleza como si fuera un libro.

La evidencia de que a un nivel fundamental las leyes de la naturaleza se hallan escritas en lenguaje matemático surgió muy lentamente. Los primeros astrólogos dedujeron las relaciones numéricas simples que gobiernan los movimientos del Sol, la Luna y las estrellas y que les ayudaron en la predicción de los eclipses. Pitágoras descubrió que el tono musical de una cuerda pulsada guarda una exacta relación numérica con su longitud. Sin embargo, hasta la Edad Media no se efectuaron los primeros intentos de desentrañar la clave matemática de la naturaleza. En el siglo XIV los eruditos de Oxford dedujeron el interesante hecho de que la distancia vertical recorrida por un cuerpo que cae desde un estado de reposo es proporcional al cuadrado del tiempo transcurrido, t^2. Pero la aceptación general de este hecho tuvo que aguardar al siglo XVII y a los trabajos de Galileo y Newton. Otros hechos relacionados con éste eran que el período de la oscilación de un péndulo es independiente de la amplitud de la oscilación, pero proporcional a la raíz cuadrada de su longitud, y que un proyectil sigue siempre una precisa curva geométrica conocida como parábola. Kepler dedujo algunas de las relaciones matemáticas que gobiernan los movimientos de los planetas, como es el hecho de que los cuadrados de los períodos orbitales son proporcionales a los cubos de sus distancias medias al Sol.

Todo ello culminó con el establecimiento por parte de Newton de las leyes de la mecánica y de la gravedad. Newton descubrió que la gravedad satisface una fórmula matemática particularmente simple conocida como la ley de la inversa del cuadrado. Esta ley relaciona la fuerza de la gravedad con la distancia r al centro de un cuerpo esférico mediante la relación $1/r^2$. Experimentos posteriores con fuerzas eléctricas y magnéticas revelaron que ellas también obedecen las leyes de la inversa del cuadrado.

En los siglos XVIII y XIX los fundamentos matemáticos de la física se expandieron enormemente. En muchos casos se crearon nuevas áreas matemáticas para responder a las nacientes demandas de los físicos. En nuestro siglo, el desarrollo matemático de la física ha ido mucho más lejos y ha incorporado muchas ramas abstractas de las matemáticas, como la geometría no euclidiana, los espacios vectoriales de infinitas dimensiones, y la teoría de grupos.

Cosas que parecen muy complicadas o poco sistemáticas superficialmente pueden convertirse en las expresiones de relaciones matemáticas muy simples una vez descifradas. Cuando el físico explora el mundo de la naturaleza, al principio puede parecerle muy complicado e incluso que se comporta totalmente al azar. Más tarde, con la ayuda de una teoría matemática adecuada, este comportamiento resulta ser una manifestación de una cautivadora simplicidad matemática.

No hay mejor ejemplo histórico que el de los movimientos planetarios en el sistema solar. El hecho de que los planetas se mueven en el cielo de una forma relativamente ordenada es algo familiar a cualquiera que sienta algún interés por la astronomía. Un estudio detallado, sin embargo, revela que los movimientos de los distintos planetas difieren grandemente entre sí. Marte, por ejemplo, se mueve normalmente de este a oeste cruzando el fondo fijo de las estrellas distantes, pero en ocasiones da media vuelta y se dirige temporalmente hacia el este. Además, los planetas exteriores se mueven mucho más lentamente que los interiores. Un análisis más profundo revela otros rasgos más complicados.

Un famoso modelo del sistema solar fue propuesto por Claudio Tolomeo en el siglo II. Este modelo se basa en la suposición de que la Tierra ocupa una posición fija en el centro del Universo y los planetas están engastados a rígidas esferas concéntricas que giran a distintas velocidades. A medida que observaciones más precisas exigían movimientos más intrincados, se hacía necesario ampliar el sistema original de esferas con otras esferas más pequeñas que giraban en su interior, de tal modo que el movimiento combinado de dos o más rotaciones reprodujera la actividad planetaria observada. Cuando Copérnico descubrió la auténtica organización del sistema solar en el siglo XVI, el sistema tolemaico de esferas se había vuelto extremadamente artificial y complicado.

La revolución científica que acompañó los trabajos de Galileo y Newton es un ejemplo clásico de cómo lo que parece ser un complicado lío adquiere, con la ayuda de un modelo matemático más sofisticado, una elegante simplicidad. El paso principal que dio Newton fue tratar a los planetas como cuerpos materiales que se mueven a través del espacio sujetos a las leyes físicas del movimiento y la gravedad, leyes que él mismo había ya deducido. Gracias a ello, fue capaz de describir tanto los tamaños como las formas de las órbitas planetarias, así como sus períodos. Todo encajaba perfectamente con las observaciones. El punto fundamental es que las leyes newtonianas de la gravedad y el movimiento poseen una estructura matemática muy simple. Sin embargo, al combinarlas dan lugar a una enorme y compleja variedad de movimientos.

El ejemplo de los movimientos planetarios sirve también para ilustrar un punto importante acerca del mundo físico. A menudo se me pregunta por qué, si las leyes de la física son tan simples, el Universo es tan complicado. La respuesta surge de una adecuada comprensión de lo que se entiende por una ley. Cuando un físico habla de una ley quiere dar a entender alguna especie de restricción en el comportamiento de una clase de sistemas. Por ejemplo, una ley muy simple afirma que todas las pelotas de béisbol que se lanzan siguen trayectorias parabólicas. La ley puede ser comprobada examinando muchos casos distintos de lanzamientos de pelotas de béisbol. La ley no dice que todas las trayectorias sean iguales. De ser así, el juego sería tremendamente aburrido. Algunas parábolas son bajas y aplanadas, otras altas y curvadas, etc. Todas las trayectorias pertenecen a la clase de curvas llamadas parábolas, pero hay un número infinito de curvas parabólicas entre las que elegir.

¿Qué es entonces lo que determina la trayectoria parabólica concreta que seguirá una pelota de béisbol determinada? Aquí es donde interviene la habilidad del lanzador, puesto que la forma de la trayectoria dependerá de la velocidad y del ángulo del lanzamiento. Estos dos parámetros adicionales, conocidos como "condiciones iniciales", deben ser especificados para poder determinar la trayectoria.

Una ley sería inútil si fuera tan restrictiva que permitiera un único esquema de comportamiento. En ese caso sería más bien una *descripción* del mundo y no una auténtica ley. La riqueza y complejidad del mundo real pueden basarse en leyes simples ya que hay una interminable variedad de condiciones iniciales posibles. En el sistema solar las leyes exigen que todas las órbitas planetarias sean elípticas, pero el tamaño exacto y la elongación de cada elipse no pueden ser deducidos de las leyes. Se determinan a partir de las condiciones iniciales, que en este caso no conocemos porque dependen de cómo se formó el sistema solar. Las mismas leyes describen también la trayectoria hiperbólica de los cometas, e incluso las complicadas trayectorias de una nave espacial. Así pues, los simples principios matemáticos descubiertos por Newton pueden sostener un enorme abanico de compleja actividad.

LA BELLEZA COMO GUÍA A LA VERDAD

La belleza es un concepto nebuloso, pero no hay la menor duda de que es una fuente de inspiración para los científicos profesionales. En algunos casos, cuando el camino a seguir es poco claro, la belleza y la elegancia matemáticas sirven de guía. Es algo que el físico siente intuitivamente, una especie de fe irracional en que la naturaleza prefiere lo hermoso a lo feo. Hasta ahora, esta creencia ha sido un poderoso compañero de viaje en quien confiar, pese a su cualidad subjetiva.

En una ocasión, Heisenberg hizo la siguiente observación a Einstein:

> «Si la naturaleza nos conduce a formas matemáticas de gran simplicidad y belleza... que nadie ha encontrado previamente, no podemos dejar de pensar que son "verdaderas", que revelan un rasgo genuino de la naturaleza.»

Habló luego de «la casi aterradora simplicidad y cohesión de las relaciones que la naturaleza exhibe de pronto ante nosotros», un tema que tuvo eco en muchos de sus contemporáneos. Paul Dirac llegó a declarar que «Es más importante que una ecuación sea hermosa que el que encaje con la experimentación.» Lo que quería señalar Dirac es que un salto de la imaginación creativa puede producir una teoría que sea tan apremiante en su belleza que los físicos puedan sentirse convencidos de su verdad antes de someterla a pruebas experimentales, e incluso frente a lo que puede parecer un resultado experimental en contra.

En su delicioso libro *Dismantling the Universe* (Desarmando el Universo), Richard Morris vuelve a este extremo:

> «Hay más paralelismos entre la ciencia y las artes de lo que parece a primera vista. Como los artistas, los científicos poseen a menudo estilos únicos. Más aún, sus ideas de lo que debe ser una buena teoría científica recuerdan sorprendentemente las convicciones artísticas... Una teoría correcta es aquella que puede ser verificada por medio de la experimentación. Sin embargo, en algunos casos la intuición científica puede ser tan precisa que una teoría resulte convincente incluso antes de haberse realizado ningún experimento significativo. Einstein –y también muchos otros científicos– seguía convencido de la verdad de la relatividad especial incluso cuando... los experimentos parecían contradecirla.»

Morris nos cuenta cómo reaccionó Einstein ante la noticia de que una predicción crucial de su teoría general de la relatividad había sido confirmada en un experimento astronómico. Einstein pareció no emocionarse. Al serle preguntado cómo hubiera reaccionado si el experimento hubiera contradicho la teoría, respondió: «Lo hubiera lamentado por el buen Dios: la teoría es correcta.»

La elegancia matemática es difícil de comunicar a aquellos que no poseen conocimientos matemáticos, pero lo intentaré. Observemos la curva de la figura 6. Aunque sea básicamente uniforme y carente de rasgos notables, no parece corresponder a nada de lo que encontramos en nuestra vida cotidiana. Si se nos pide recordar esta curva y reproducirla *exactamente* en alguna futura ocasión, lo más probable es que no lo consigamos. Podemos recordar un círculo, e incluso una forma algo máscomplicada, como una elipse (que es un círculo visto oblicuamente), pero la curva de la figura 6 posee mucha más estructura que un círculo. Tanto la inclinación como la curvatura cambian a lo largo de su trazado de una forma sistemática, algo que, sin embargo, resulta difícil de definir con exactitud.

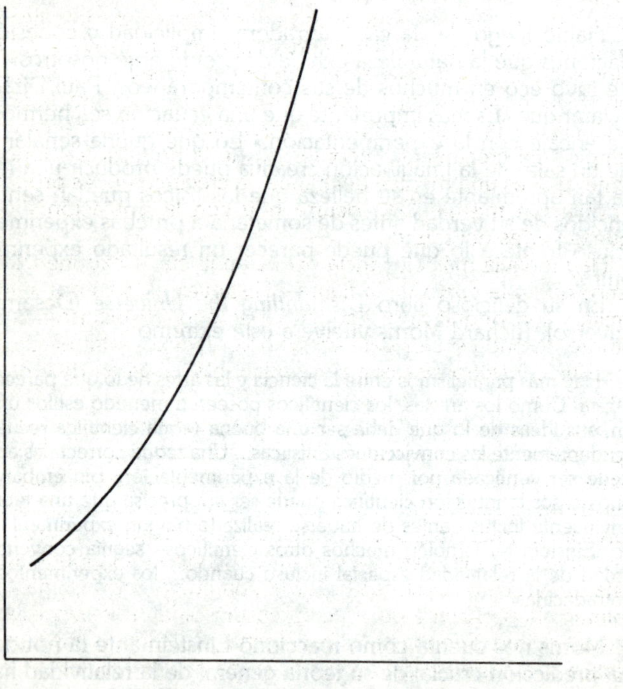

Figura 6. La curva exponencial. Esta curva encubre algunas profundas propiedades matemáticas que aparecen en un amplio abanico de situaciones físicas. Puede representar, por ejemplo, el crecimiento incontenido de la población humana.

Un matemático, sin embargo, reconocerá esta curva, sabrá ver en ella todo un abanico de propiedades y podrá recordarla fácilmente y reproducirla con cualquier grado deseado de exactitud en futuras ocasiones. La curva es, de hecho, una representación gráfica de la llamada función "exponencial", denotada por e^x, que reaparece una y otra vez en diversos problemas científicos. El matemático sabrá que esta función puede derivarse de la fórmula: $(1 + x/n)^n$ cuando n crece sin límite, y así, armado con una calculadora, podrá calcular cada punto de la gráfica con la exactitud deseada.

«La función exponencial es una de las relaciones más elegantes que conoce el hombre», dice el matemático. ¿Por qué?

Consideremos la pendiente de la curva en cada uno de sus puntos. Se inicia con una inclinación suave en su extremo inferior y va creciendo más y más. Tracemos una gráfica, no de la función exponencial, sino de su pendiente. ¿Qué forma tiene? Resulta ser idéntica a la misma función exponencial. Una curva exponencial es aquella que es en todos sus puntos igual (o al menos proporcional) a su propia inclinación. Esto hace que la función exponencial adquiera una gran importancia en la descripción de formas simples de crecimiento –por ejemplo, del crecimiento incontenido de la población– donde el gradiente, que es una medida del índice de crecimiento, es proporcional a la población misma. Esto ocurre hoy con la población humana en algunas partes del mundo.

Hay todavía más elegancia oculta en la curva exponencial. Observemos ahora la curva de la figura 7. Esta vez el trazo nos sugiere algo familiar: una ondulación. Esta curva se conoce técnicamente con el nombre de onda sinusoidal –en símbolos, sen x– y también puede ser reproducida algebraicamente calculándola a partir de una fórmula matemática.

Superficialmente, la onda sinusoidal se parece muy poco a la curva exponencial. La onda sinusoidal es periódica –sube y baja regularmente–, mientras que la curva exponencial siempre asciende, cada vez más aprisa. La conexión entre ambas curvas se pone de manifiesto al representar gráficamente la pendiente de la curva sinusoidal. Obtenemos otra sinusoide, pero desplazada un cuarto de la longitud de onda hacia la derecha. A esto se le llama una curva cosinusoidal. Si representamos la pendiente de la curva cosinusoidal, nos desplazamos otra media longitud de onda hacia la derecha, obteniendo una curva que es idéntica a la cosinusoidal vuelta de arriba abajo. Tras otras dos operaciones de este tipo, volvemos finalmente a la curva original. Las curvas exponencial y sinusoidal (o cosinusoidal) comparten así una importante propiedad de simetría que relaciona la forma de la curva a la forma de la pendiente de la curva.

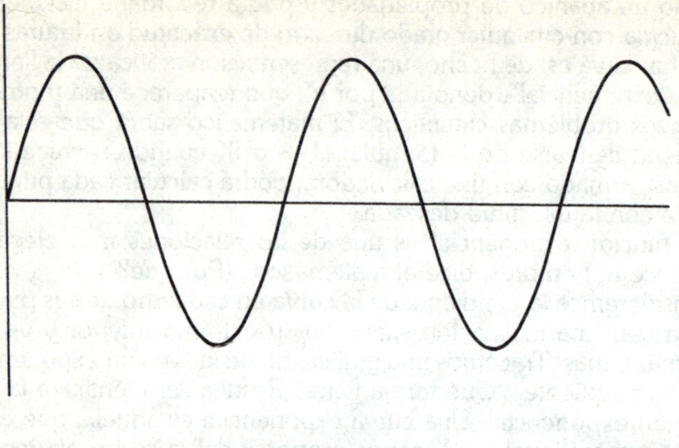

Figura 7. La curva sinusoidal. Esta forma característica posee propiedades matemáticas muy relacionadas con la curva exponencial de la figura 6. Describe un gran número de fenómenos físicos, entre ellos los movimientos ondulatorios y las oscilaciones periódicas.

Esta profunda conexión entre e^x y sen x se explica totalmente en la teoría de los números complejos, que constituyen una extensión del sistema numérico habitual, ampliado para incluir las raíces cuadradas de los números negativos. Sucede que si x es la raíz cuadrada de un número negativo, e^x se convierte en una mezcla de curvas sinusoidales y cosinusoidales. No es, pues, ninguna sorpresa descubrir que, si un sistema físico que exhibe un comportamiento exponencial, es muy probable que exhiba también un comportamiento "sinusoidal" periódico. Un ejemplo de ello es el denominado oscilador armónico. Puede tratarse de un péndulo o simplemente de una masa unida a un muelle. Si la masa se desplaza ligeramente, oscilará de un lado a otro, arrastrada por la fuerza periódica del muelle. La posición de la masa variará del modo descrito por la función sinusoidal de la figura 7. La razón de este hecho hay que buscarla en la ley de la fuerza para muelles, según la cual la fuerza ejercida por el muelle sobre la masa es directamente proporcional al desplazamiento de la masa con respecto a la posición de equilibrio. La dirección de la fuerza es siempre hacia la posición de equilibrio. Así, si el muelle está extendido, es una fuerza de atracción; si se halla comprimido es una fuerza de repulsión.

Supongamos ahora que la ley de la fuerza fuera la misma, pero la fuerza actuara en dirección opuesta a la posición de equilibrio. El resultado sería muy distinto. La masa seguiría una curva exponencial, acelerándose más y más y alejándose en la misma dirección. Los muelles no hacen esto, por supuesto, pero otros sistemas sí. A veces un sistema oscilará como una onda sinusoidal bajo determinadas condiciones y luego se disparará exponencialmente bajo otras condiciones distintas.

Descubrir relaciones y simetrías de este tipo con ayuda del análisis matemático es algo que entra dentro de las habilidades de todo físico profesional. A menudo las simetrías más sutiles sólo se ponen de manifiesto tras un cambio revolucionario en la formulación matemática de la situación. Esto ocurrió en el paso de la cosmología tolemaica a la mecánica newtoniana, y también le ocurrió mucho más tarde a la propia mecánica newtoniana.

Las leyes de Newton fueron completamente reformuladas en el siglo XIX por el físico francés Joseph-Louis Lagrange y el físico irlandés William Rowan Hamilton. En ambos casos se modificó la descripción matemática para aprovechar las ventajas de simplicidad y elegancia de la mecánica de Newton. En el trabajo de Hamilton, en particular, había un inesperado indicador que señalaba el camino de la revolución cuántica que iba a acabar con toda la física clásica. Pero no era la hora todavía.

El problema central de la mecánica es comprender, describir y predecir las trayectorias seguidas por las partículas de materia bajo la acción de distintas fuerzas. Las trayectorias tendrán obviamente una infinita variedad de formas, dependientes de la naturaleza de las fuerzas que actúen. Un problema en apariencia completamente distinto es el referente a la trayectoria seguida por un rayo de luz a través de un medio transparente. La luz no se halla sujeta a las leyes de la mecánica de Newton, aunque es un hecho familiar que los rayos de luz pueden doblarse al pasar a través de materiales de distinta densidad. Por ejemplo, un palo nos parece torcido cuando lo sumergimos parcialmente en un estanque. Esto se debe a que los materiales más densos frenan las ondas de luz, de modo que, por así decir, las ondas en puntos distintos se desalinean unas respecto a otras a medida que encuentran medios de diferentes densidades. El resultado final es que, en la mayoría de los casos, un determinado rayo de luz seguirá el camino que minimice el tiempo que tarda en llegar de un lugar a otro. Así, la configuración de un rayo de luz puede explicarse en términos de ondas que viajan a distintas velocidades según la naturaleza del medio que atraviesan.

Cuando Hamilton reformuló la mecánica de Newton, descubrió que la expresión más sucinta de las leyes del movimiento estaba contenida en un enunciado matemático idéntico al principio del tiempo mínimo para las ondas de luz. En líneas generales, las partículas intentan ir de un lado a otro siguiendo el camino más fácil (que en la mayoría de los casos es también el más rápido). Se descubrió además que tanto las partículas materiales como las ondas de luz, pese a su carácter y comportamiento totalmente distintos, se mueven de un modo que es más o menos idéntico en un cierto sentido matemático.

Este sorprendente resultado, producto enteramente del intento de dar a las leyes de la mecánica una nueva forma matemática, revela una profunda armonía en la naturaleza que sugiere la labor de ocultos principios. Con la perspectiva que nos dan más de 100 años de distancia, ahora podemos ver cuáles son esos principios. La íntima relación entre el movimiento de las partículas y el movimiento de las ondas de luz nos sugiere la existencia de una cualidad ondulatoria asociada a las partículas materiales. Estas "ondas de partículas", de las que hablamos en los Capítulos 2 y 3, forman el punto de partida de la teoría cuántica. Así pues, los juegos malabares matemáticos de Hamilton pueden ser vistos como un indicio de la nueva teoría ondulatoria de la materia.

SIMETRÍA

El concepto de simetría es familiar e importante en la vida cotidiana. Muchos productos humanos se construyen deliberadamente de forma simétrica, ya sea por razones estéticas o prácticas. Una pelota es simétrica, ya que no cambia de aspecto al hacerla girar en torno a su centro en cualquier dirección. Una chimenea tampoco cambia al ser sometida a un tipo más restringido de rotaciones, concretamente aquellas en torno al eje vertical que pasa por el centro de la chimenea.

En la naturaleza también abunda la simetría. Un copo de nieve despliega una notable simetría hexagonal. Los cristales presentan formas geométricas características, por ejemplo la forma cúbica de los cristales de sal, que reflejan la regularidad subyacente de la estructura atómica. La gota de lluvia que cae es una esfera perfecta, y si se hiela puede transformarse en la esférica bola de hielo que constituye el granizo.

Otra simetía que se encuentra con frecuencia en la naturaleza y en el diseño humano es la simetría por reflexión. El cuerpo humano es aproximadamente simétrico por reflexión respecto a una línea central vertical. En un espejo, las manos derecha e izquierda y otros rasgos se intercambian, pero la imagen que vemos sigue siendo reconocible. Muchos diseños arquitectónicos son simétricos por reflexión, como los arcos y las catedrales.

Hay una íntima conexión entre la simetría geométrica y lo que en física se conoce como leyes de conservación. Las leyes de conservación nos dicen que algunas cosas permanecen intactas a lo largo del tiempo. En el fútbol, el número de jugadores en el campo se conserva.

Los jugadores pueden entrar y salir, pero el número total permanece fijo. En física hay una ley que dice que en todo sistema aislado la energía se conserva, al igual que el momento y el momento angular. Esas restricciones no dicen que el sistema no puede cambiar, dicen simplemente que sólo son posibles aquellos cambios en los cuales estas tres cantidades permanecen fijas. En el juego del billar, donde las bolas casi constituyen un sistema mecánicamente aislado debido a la lisa textura de la mesa, las leyes de la conservación de la energía y el momento determinan las direcciones y velocidades de las bolas.

Las leyes de la conservación derivan directamente de las leyes del movimiento de Newton, pero su posterior reformulación por Lagrange y Hamilton les dio un aspecto mucho más sugestivo. Lo que revelan es una profunda y poderosa conexión entre la conservación de una magnitud y la presencia de simetría en el sistema en cuestión. Por ejemplo, si el sistema es simétrico cuando gira, las ecuaciones de Hamilton o Lagrange nos dicen que el momento angular se conserva. Una buena ilustración de ello la proporciona la gravedad del Sol. Si hiciéramos girar al esférico Sol en torno a su centro, la órbita de la Tierra no se vería afectada en absoluto. El campo gravitatorio del Sol es simétrico en su orientación, y así una simple rotación no produce ningún cambio en él. Su simetría geométrica se traduce en el resutado físico de que el momento angular de un planeta que gira a su alrededor es siempre constante. (Este hecho fue descubierto por Kepler en el siglo XVII, pero él no apreció su auténtico significado.) Ideas similares pueden aplicarse al momento y la energía.

Simetrías tales como rotaciones y reflexiones son fáciles de imaginar y agradables a la vista, pero no agotan la variedad de simetrías presentes en la naturaleza. A veces los físicos descubren nuevas e inesperadas simetrías al explorar la descripción matemática de un sistema físico. Las simetrías se hallan presentes en las matemáticas de una forma críptica y sutil, y no se hacen fácilmente evidentes a quien observa el sistema físico en sí. Manipulando los símbolos en sus ecuaciones, los físicos intentan descubrir todas las simetrías, incluidas aquellas que no pueden ser imaginadas.

Un ejemplo clásico, que ocurrió alrededor de 1800, se refiere a las leyes del movimiento del campo electromagnético. Décadas atrás, Michael Faraday y otros habían establecido que la electricidad y el magnetismo estaban fuertemente relacionados, y que cada uno se alimentaba del otro. Los efectos de las fuerzas eléctricas y magnéticas se comprendían mejor en términos de un *campo*, una especie de invisible halo de influencia que emana de la materia y se extiende por el espacio y es capaz de actuar sobre las partículas cargadas eléctricamente, las corrientes eléctricas y los imanes. Podemos apreciar este campo cuando acercamos dos imanes y sentimos que se atraen o se repelen mutuamente, aunque no lleguen a tocarse.

Más tarde, alrededor de 1850, James Clerk Maxwell unificó los campos eléctrico y magnético en un sistema de ecuaciones. Maxwell vio que las ecuaciones parecían desequilibradas: las partes eléctrica y magnética no eran del todo simétricas. En consecuencia, añadió un nuevo término para dar a las ecuaciones un aspecto más agradable y simétrico. El nuevo término podía interpretarse como un efecto que había sido pasado por alto –la creación de magnetismo por un campo eléctrico variable–, y resultó que existía realmente. ¡La naturaleza estaba de acuerdo con el sentido estético de Maxwell!

La introducción por parte de Maxwell del nuevo término tuvo profundas consecuencias. En primer lugar, unificó completamente electricidad y magnetismo en un solo campo, el campo electromagnético. Las ecuaciones de Maxwell fueron la primera teoría del campo unificado y el primer paso en el largo camino hacia la superfuerza. Demostraron que dos fuerzas aparentemente distintas de la naturaleza son de hecho tan sólo dos facetas de una misma fuerza unificada.

En segundo lugar, entre las soluciones de las ecuaciones de Maxwell había algunas inesperadas y excitantes posibilidades. Se descubrió que las ecuaciones eran satisfechas por varias funciones sinusoidales (de nuevo simetría) que, como dijimos en este mismo capítulo, representan ondas u ondulaciones periódicas. Esas *ondas electromagnéticas*, concluyó Maxwell, viajan por sí mismas a través del campo y se propagan por lo que al parecer es espacio vacío. Sus ecuaciones dieron una fórmula para la velocidad de las ondas en términos de valores eléctricos y magnéticos. Tras los cálculos, la velocidad era de unos 300.000 kilómetros por segundo, es decir, la velocidad de la luz. La conclusión era inescapable: la luz tiene que ser una onda electromagnética. De hecho, puede viajar a través del espacio vacío, ya que gracias a ello vemos el Sol.

Maxwell fue aún más lejos y predijo la existencia de ondas electromagnéticas de otras longitudes de onda, predicción que varios años más tarde fue confirmada cuando Heinrich Hertz produjo las primeras ondas de radio en el laboratorio. Hoy sabemos que los rayos gamma, los rayos X, los infrarrojos, los ultravioleta y las microondas son también ondas electromagnéticas. La ligera chispa de simetría de Maxwell llegó muy lejos.

El descubrimiento de las ondas electromagnéticas, con sus ramificaciones que condujeron a la revolución de la radio y, más tarde, a la electrónica, es un espléndido ejemplo no sólo de la capacidad de las matemáticas para describir el mundo y ampliar nuestro conocimiento acerca de él, sino también del uso de la simetría y la belleza como guía.

Pero se necesitaron cincuenta años para apreciar todas las implicaciones de la simetría de las ecuaciones de Maxwell.

A finales del siglo pasado, Henri Poincaré y Heinrich Lorentz investigaron la estructura matemática de las ecuaciones de Maxwell, con un ojo puesto en las simetrías que se ocultan bajo los símbolos, simetrías que por aquel entonces eran desconocidas. El celebrado "nuevo término" que Maxwell había introducido para equilibrar sus ecuaciones proporcionaba al campo electromagnético una poderosa pero sutil forma de simetría que no emergió más que después de un cuidadoso análisis matemático. Parece ser que sólo Einstein, con su intuición sobrehumana, sospechó una simetría de esta naturaleza en el terreno físico.

La simetría de Lorentz-Poincaré es similar en espíritu a las simetrías geométricas tales como rotaciones y reflexiones, pero difiere en un aspecto crucial: nadie más había pensado en mezclar el espacio y el tiempo de una manera física. El espacio es el espacio y el tiempo es el tiempo. Su aparición conjunta en la simetría de Lorentz-Poincaré resultaba extraña e inesperada.

En esencia, la nueva simetría se parece a una rotación, pero no sólo en el espacio; también implica al tiempo. Si a las tres dimensiones del espacio añadimos la dimensión temporal para formar un *espaciotiempo* tetradimensional, entonces la simetría de Lorentz-Poincaré es una especie de rotación en el espaciotiempo. El efecto de la rotación en el espaciotiempo es proyectar alguna longitud espacial en el tiempo y viceversa. Que las ecuaciones de Maxwell sean simétricas bajo una operación de unión del espacio y el tiempo tan peculiar como ésta resulta altamente sugestivo.

Fue necesario el genio de Einstein para sacar a la luz todas las implicaciones. Espacio y tiempo no son entidades independientes, se hallan interconectadas. Las sutiles "rotaciones" de Lorentz y Poincaré no son simplemente matemática abstracta, sino que *pueden darse* en el mundo real mediante el *movimiento*. La clave de las sorprendentes "proyecciones" o distorsiones del espaciotiempo reside en la velocidad de la luz y de las ondas electromagnéticas en general, velocidad que también se obtiene de las ecuaciones de Maxwell. Hay pues una profunda relación entre el movimiento ondulatorio electromagnético y la estructura del espacio y del tiempo. Cuando un observador se mueve a una velocidad próxima a la de la luz, espacio y tiempo se distorsionan fuertemente de una forma simétrica, tal como se describe en las operaciones matemáticas de Lorentz y Poincaré. Este era el efecto peculiar, tan contrario al sistema común, del que hablábamos en el Capítulo 2. La teoría de la relatividad de Einstein nació de esta nueva e importante intuición de una sutil simetría en la naturaleza, y con ella nació también la nueva física que debía sacudir la comunidad científica y cambiar la faz del siglo XX.

MÁS SIMETRÍAS ABSTRACTAS

La lección de Lorentz y Poincaré es que pueden efectuarse formidables avances en física a través de la exploración matemática, particularmente cuando se explota el concepto de simetría. Pese a que puede resultar difícil, o incluso imposible, representar físicamente las simetrías matemáticas, éstas pueden señalar, sin embargo, el camino hacia nuevos y potentes principios de la naturaleza. La búsqueda de nuevas simetrías se ha convertido en una importante herramienta que el físico utiliza para ampliar su comprensión del mundo. Veremos que la superfuerza es el ejemplo supremo de la simetría en la naturaleza.

Hasta ahora, las simetrías que hemos discutido atañen al espacio, o al espaciotiempo. Pero el concepto de simetría puede ampliarse a otras nociones abstractas. Como ya hemos explicado, hay una estrecha conexión entre simetría y leyes de conservación. Una de las leyes de conservación mejor establecidas es la de la carga eléctrica. La carga puede ser positiva o negativa, y la ley de la conservación de la carga dice que la cantidad total de carga positiva menos la cantidad total de carga negativa no puede variar. Si una cantidad de carga positiva se encuentra con una cantidad igual de carga negativa, las dos cargas pueden neutralizarse mutuamente para dar una carga neta de cero. Del mismo modo, puede crearse carga positiva si se crea también una cantidad igual de carga negativa. Pero la aparición o desaparición de una cantidad neta de carga es algo estrictamente prohibido.

Si la carga eléctrica se conserva, ¿cuál es la simetría que se halla asociada a ella? En vano buscaremos una simetría geométrica que encaje con la ley de la conservación de la carga eléctrica. Pero no todas las simetrías son de naturaleza geométrica. Tomemos, por ejemplo, el fenómeno de la inflación en economía. A medida que declina el valor real de la moneda, el poder adquisitivo de algunas personas con rentas fijas declina con él. Si, en cambio, una persona tiene unos ingresos ajustados al índice de inflación, su poder adquisitivo real es independiente del valor de la moneda. Podemos decir que los ingresos ajustados al índice de inflación son siméticos con respecto a los cambios inflacionistas.

También en física hay muchos ejemplos de simetrías no geométricas. Uno de ellos se refiere al trabajo necesario para levantar un peso. La energía consumida depende de la diferencia de altura a la que se levanta el peso (no depende del camino seguido). La energía es independiente, en cambio, de la altura absoluta: es indiferente que las alturas se midan respecto al nivel del mar o respecto al nivel del suelo, porque lo único que importa es la diferencia de altura. Hay, pues, simetría respecto a los cambios de elección de la altura cero.

Existe una simetría similar para los campos eléctricos. En ella el *voltaje* (potencial eléctrico) juega un papel análogo al de la altura. Si una carga eléctrica se mueve de un punto a otro en un campo eléctrico, la energía gastada depende solamente de la *diferencia* de voltaje entre los puntos extremos de su recorrido. Si aplicamos un voltaje constante extra a todo el sistema, la energía consumida no se altera. He aquí otra simetría oculta en las ecuaciones electromagnéticas de Maxwell.

Estos tres ejemplos ilustran lo que los físicos llaman *simetrías de gauge* (estimación). Podemos decir que las simetrías en cuestión consisten en una "reestimación" de la moneda, del peso y del voltaje respectivamente. Todas ellas son simetrías abstractas, en el sentido de que no son de naturaleza geométrica. No podemos contemplarlas y ver físicamente la simetría. Sin embargo, siguen siendo indicadores importantes de las propiedades del sistema. De hecho, es precisamente la simetría de gauge de los voltajes la que asegura la conservación de la carga eléctrica.

LA CRISIS DE LA IDENTIDAD NUCLEAR

Como último ejemplo de una simetría abstracta cuya gran importancia se verá en capítulos posteriores, nos ocuparemos de la fuerza nuclear fuerte que actúa entre protones y neutrones. Los experimentos muestran que la intensidad y otras propiedades de esta fuerza no dependen de que las partículas implicadas sean protones o neutrones. De hecho, el protón y el neutrón son partículas notablemente parecidas. Las masas de uno y otro difieren menos de un 0,1%. Poseen el mismo spin y responden de forma idéntica a la fuerza nuclear. El único rasgo distintivo es la carga eléctrica del protón, pero en lo que a las fuerzas nucleares se refiere la carga eléctrica tiene poca importancia y sirve meramente de etiqueta. La carga nos permite identificar al protón y distinguirlo del neutrón, pero no juega otro papel en la fuerza nuclear que mantiene a protones y neutrones juntos. Despojado de su carga, el protón sufre de una desesperada crisis de identidad.

El parecido extremo entre el protón y el neutrón nos hace pensar en la acción de alguna simetría. El proceso nuclear no cambiaría si, por arte de magia, pudiéramos trocar las identidades de todos los neutrones y protones. Pero podemos ir aún más lejos. Supongamos que poseemos un mando mágico con un indicador. Haciendo girar el mando conseguimos transformar protones en neutrones. Cuando el indicador señala hacia arriba, las partículas en cuestión son protones; cuando giramos el mando ciento ochenta grados y el indicador señala hacia abajo, todos los protones se convierten en neutrones (fig. 8). Se trata de un experimento puramente imaginario, por supuesto, ya que realmente no podemos cambiar las identidades de protones y neutrones. Es una idea abstracta que descubrirá una simetría abstracta, pero de todos modos es una idea que puede ayudarnos a comprender la naturaleza de la fuerza nuclear.

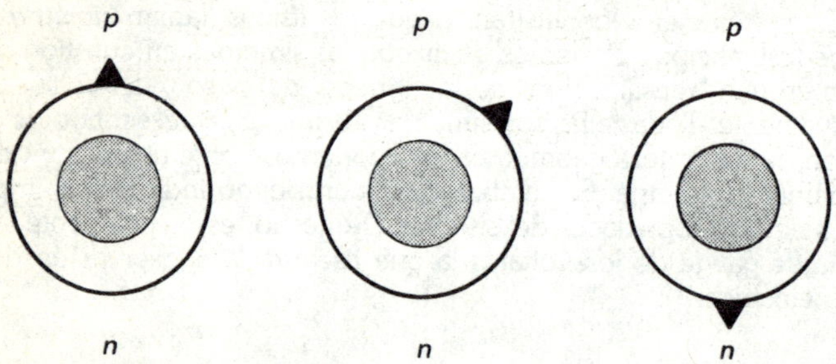

Figura 8. El mando mágico. Haciendo girar gradualmente el mando alteramos las identidades de las partículas nucleares. Con el indicador señalando hacia arriba, las partículas son 100% protones (*p*). A medida que giramos el mando, las partículas adquieren una identidad híbrida, parte protones, parte neutrones. Con el indicador señalando hacia abajo, todos los protones se habrán convertido en neutrones (*n*). Este proceso es enteramente imaginario, pero pone de manifiesto una simetría abstracta de las fuerzas nucleares.

Supongamos ahora que el cambio de identidad de protón a neutrón se produce no bruscamente, sino de una forma continua a medida que giramos el mando. En los puntos intermedios, las partículas no son ni protones puros ni neutrones puros, sino una especie de híbridos de los dos. A medida que el indicador baja, la cualidad “protónica” de las partículas empieza a menguar, mientras aumenta su cualidad “neutrónica”. Puede que nos resulte difícil imaginar esas cualidades “protónicas” y “neutrónicas”, o lo que representa para una partícula ser un híbrido neutrón-protón. Una interpretación alternativa de las posiciones intermedias del mando es que, sometida a inspección, una partícula dada se manifiesta a veces como protón y a veces como neutrón. La partícula sufre una especie de crisis de identidad y salta al azar entre los dos posibles estados de "protón" y "neutrón". Con el indicador hacia arriba, la partícula permanece la mayor parte del tiempo en su estado protón, y así es muy probable que al observarla la identifiquemos como protón. A medida que el indicador desciende, aumenta la probabilidad de que la partícula sea identificada como neutrón. Con el indicador del todo hacia abajo, el contenido de protón ha desaparecido por completo, y tenemos un neutrón puro.

Si el mando mágico se halla equipado con dos indicadores opuestos (fig. 9), podemos imaginar que la misma rotación que transforma protones en neutrones transforma a la vez neutrones en protones. El mando en la posición de la figura 9*(a)* corresponde al estado actual de nuestro Universo. A medida que iniciamos la rotación (fig. 9*(b)*), todos los protones empiezan a convertirse en neutrones, mientras que todos los neutrones empiezan a cambiar a protones, y la dosis de neutronicidad entre los protones es exactamente la misma que la de protonicidad entre los neutrones. Cuando el indicador ha dado media vuelta completa, todos los protones y neutrones han cambiado de identidad (fig, 9*(c)*).

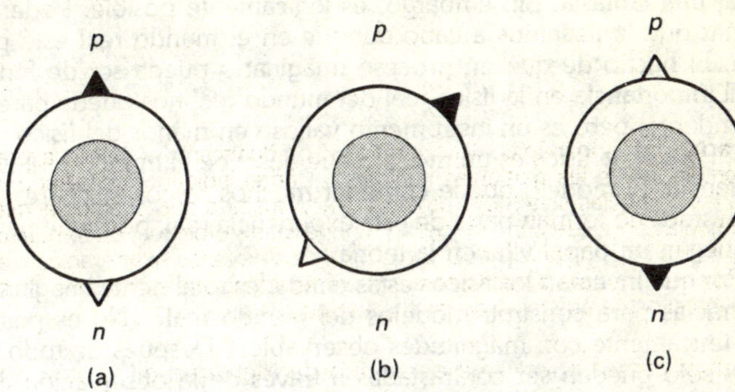

Figura 9. Equipado con dos indicadores, el mando mágico señala la transposición de protones y neutrones. Los indicadores negros actúan como en la figura 8, mientras que los blancos describen la conversión simultánea de neutrones en protones. El caso *(a)* describe la población de protones y neutrones que observamos realmente. En *(b)*, los protones adquieren una dosis de "neutronicidad", mientras que los neutrones adquieren una dosis igual de "protonicidad". Con el mando situado como en *(c)*, todos los protones originales se han transformado en neutrones, y todos los neutrones en protones. Gracias a una simetría subyacente, las fuerzas nucleares son independientes de la posición del mando.

Este mando e indicadores imaginarios nos ayudan a describir la naturaleza de la simetría que rige las fuerzas nucleares. Podemos decir que, en esencia, las fuerzas nucleares son *independientes de la posición del indicador*. Esté situado hacia arriba, hacia abajo, hacia un lado, o en cualquier ángulo intermedio, las fuerzas nucleares no varían. Es una propiedad conocida con el más bien aparatoso título de "simetría isotópica del spin". La parte "isotópica" hace referencia al hecho de que los núcleos que difieren en el número de neutrones son llamados isótopos, mientras que las propiedades simétricas en cuestión son muy parecidas a las del spin intrínseco que mencionamos en el Capítulo 2.

FÍSICA Y FANTASÍA

El concepto de spin isotópico es un maravilloso ejemplo del poder del razonamiento abstracto en física, y uno que, como veremos, posee profundas consecuencias. En el mundo real no hay "mandos e indicadores mágicos", no disponemos de ningún dispositivo para fundir las identidades de protones y neutrones. Es una construcción puramente teórica, una fantasía. Sin embargo, es lógicamente posible. Podemos imaginar que la llevamos a cabo aunque en el mundo real esté prohibida. El hecho de que un proceso imaginario pueda ser de fundamental importancia en la física real del mundo real nos puede parecer sorprendente, pero es un instrumento valioso en manos del físico moderno. Para él, la física es un modelo que describe el mundo real de la experiencia. El modelo puede contener muchos rasgos auxiliares que en sí mismos no forman parte de esta experiencia real, pero que pese a todo juegan un papel vital en la teoría.

¿Por qué inventan los físicos estas entidades totalmente imaginarias y abstractas para construir modelos del mundo real? ¿No es posible tratar únicamente con magnitudes observables? Después de todo, las teorías sólo pueden ser contrastadas a través de la observación concreta, y los rasgos imaginarios del modelo nunca aparecerán en ninguna predicción de la teoría. Entonces, ¿por qué incluirlos?

La incorporación de elementos imaginarios en las teorías físicas es una de las prácticas que el físico profesional encuentra más difíciles de justificar. Por supuesto, si un concepto particular, como el de la simetría isotópica del spin, convierte al modelo en un brillante éxito, entonces el físico puede responder simplemente: "¡Lo puse porque funciona!"

Pero, ¿cómo sabe el físico qué pieza de abstracción hay que incluir? Dado que se trata de conceptos puramente imaginarios, podría parecer que todo vale: «No hace falta servirse de lo que se halla realmente ahí, en el mundo exterior; elige lo que quieras de tu propia imaginación.» Pero si hay una infinidad de elecciones posibles, ¿cómo elegir la "correcta"?

En este punto, los físicos profesionales empiezan a utilizar palabras como belleza, elegancia matemática y simetría. Aunque la inclusión de ideas imaginarias o abstractas no es lógicamente necesaria para elaborar una buena teoría –en principio todas las teorías pueden ser formuladas enteramente en términos de magnitudes observables–, una teoría es mucho más simple y atractiva si contiene elementos abstractos de este tipo.

Consideremos la idea de campo, que tan fructífera ha sido en física e ingeniería. El concepto de campo fue introducido por Faraday y Maxwell como una abstracción. No podemos ver ni tocar directamente un campo electromagnético. Podemos saber que está ahí tan sólo por su acción sobre las cargas eléctricas. Por otra parte, si el campo es sólo el producto de más cargas eléctricas, nuestro problema es, de hecho, el de la interacción entre cargas eléctricas. Y si las cargas son las entidades que observamos, ¿para qué necesitamos campos? ¿Por qué no hablar simplemente del modo de interacción de unas cargas con otras y formular todas las ecuaciones de las teorías eléctricas en términos de ellas solas?

Podemos hacerlo. Pero entonces la teoría resultante adquiere un carácter de embrollo y complicación que el físico profesional detecta inmediatamente. La teoría del campo es mucho más "elegante". Su aparato matemático es más armonioso y coherente; más económico. También es más *sugestivo*.

Este es un punto importante. A menudo la teoría simple y elegante señala el camino hacia nuevos desarrollos que no se hubieran alcanzado si los físicos teóricos la hubieran presentado en términos de magnitudes concretas y observables. Por ejemplo, la teoría cuántica de los campos, tan vital para la superfuerza y otros recientes desarrollos en investigación fundamental, nunca hubiera emergido si el concepto de campo no fuera algo normal entre los físicos.

Cuando un concepto abstracto alcanza tanto éxito que llega hasta el hombre de la calle, la distinción entre real e imaginario se hace imprecisa. La propiedad imaginaria del físico se ve arropada con una familiaridad que parece convertirla en algo real. Esto es lo que ocurrió en el caso de la energía. El concepto de energía fue introducido en la física como una idea abstracta. Lo que lo hizo atractivo fue la ley de que la energía siempre se conserva, nunca se crea o se destruye. Sin embargo, ¿qué *es* la energía? ¿Podemos verla o tocarla?

Cuando alguien alza un peso, debe realizar cierto trabajo. Decimos que se ha gastado energía, pero la ley de la conservación de la energía nos asegura que ésta sigue estando aún ahí, en algún lugar. Podemos ver los músculos tensos del que levanta el peso. Podemos imaginar que vemos realmente la energía en acción en sus contorsionados rasgos y en sus abultados bíceps. Pero cuando el peso ha sido alzado y colocado cómodamente en una plataforma, ¿dónde ha ido a parar la energía? ¿Aún podemos verla?

El físico dice que la energía se halla *almacenada* en el peso, en virtud de su localización más elevada. Este es el esquivo concepto de energía "potencial". La energía está ahí, aunque invisible, y puede ser recuperada con facilidad por el simple expediente de retirar el apoyo y dejar que el peso se estrelle contra el suelo. El ruido que produce al caer es parte de esta energía almacenada que se libera.

La energía es, pues, un concepto imaginario y abstracto que, sin embargo, se ha convertido en una parte tan común de nuestro vocabulario cotidiano que le atribuimos una existencia concreta. "No tengo bastante energía para cavar el jardín" no es una afirmación que atraiga miradas de incomprensión. Nadie pregunta de qué color es la energía, ni pide que lametamos en un bol para medir su volumen. Sin embargo, el hecho de poseer energía se acepta sin cuestión, como el hecho de poseer piel y huesos.

La energía es uno de los conceptos abstractos más perdurables de la física. Es muy útil para describir una gran variedad de procesos físicos. La ley de la conservación de la energía encarna muy diversas experiencias que, en ausencia del concepto de energía, tendrían que ser discutidas separadamente. La energía nos permite relacionar muchas ideas, y por ello puede considerarse hermosa.

En esto reside su atractivo y su utilidad. La naturaleza *es* hermosa. No sabemos por qué, pero la experiencia nos enseña que la belleza implica utilidad. Las teorías fructíferas siempre son hermosas. Son hermosas no *porque* sean fructíferas, sino a causa de su simetría inherente y de su economía matemática. En física, la belleza es un juicio de valor que atañe a la intuición profesional y no es fácilmente comunicable al profano, ya que se halla expresada en un lenguaje que éste no ha aprendido, el lenguaje de las matemáticas. Pero para quien conoce este lenguaje, su belleza es tan evidente como la de la poesía.

Esto me lleva de vuelta al principio. Las matemáticas son un lenguaje, el lenguaje de la naturaleza. Si no hablamos un lenguaje, no podremos comprender la belleza de su poesía. Siempre hay escépticos que dicen: "¿Qué es esta misteriosa belleza matemática de la que hablan ustedes? No veo nada bello en una mezcolanza de símbolos. Ustedes los físicos no hacen más que engañarse a sí mismos." Me gustaría responder comparando las matemáticas con la música. Para quien no ha oído más que notas musicales aisladas, la belleza de una sinfonía es algo imposible de explicar. Sin embargo, ¿quién puede negar que hay auténtica belleza en una sinfonía, aunque sea de una naturaleza abstracta e indefinible? Del mismo modo, ¿cómo puedo comunicar a una persona sin experiencia matemática la sensación de deleite y el profundo atractivo de las ecuaciones de Maxwell? De todos modos, la calidad estética está ahí, sin lugar a dudas. Y los físicos con buen gusto matemático producen las mejores teorías.

Una de las grandes tragedias de nuestra sociedad es que, sea por miedo, por una enseñanza insuficiente o por falta de motivación, la inmensa mayoría de la gente se ha cerrado a la poesía matemática y a la música de la naturaleza. La visión global que revelan las matemáticas les es negada. Pueden sentirse encantados con el aroma de una rosa o el color de un ocaso, pero son ciegos a toda una dimensión de experiencias estéticas.

5. Las cuatro fuerzas

LA FUENTE DE TODO CAMBIO

Siempre que el hombre ha contemplado el mundo que le rodea ha reconocido la existencia del cambio. El mundo está lleno de actividad: el movimiento del Sol, el soplar del viento, el vuelo de los pájaros, el discurrir del arroyo. El hombre antiguo veía pasar las estaciones, envejecer a la gente, desgastarse sus primitivas herramientas.

Pero, ¿cuál es la razón del cambio y del movimiento? Algunas cosas, como los animales, parecen contener su energía motora dentro de ellas mismas, mientras que otras –piedras, flechas, hachas– necesitaban claramente una propulsión externa para ponerse en movimiento. Al principio, no se hacía ninguna distinción entre un objeto que se movía a través del espacio y un cambio de cualquier tipo. Las ideas exactas de velocidad y aceleración no estaban bien formuladas. Nuestros remotos antepasados habían concebido la existencia de fuerzas que modelaban el mundo y producían el cambio, pero esas fuerzas eran de carácter mágico y no podían separarse de sus creencias en los dioses y demonios que regían su universo.

Los filósofos griegos emprendieron un estudio más sistemático del cambio y del movimiento, pero siguieron sin comprender completamente sus causas. Aristóteles creía que la clave del movimiento se hallaba en la resistencia. Había observado que un cuerpo se mueve más libremente, y en consecuencia con más rapidez, en un medio tenue como el aire que en un medio denso como el agua; en ambos casos era necesaria una energía motora para vencer la resistencia de esos fluidos. Se burlaba del supuesto atomista de que hay partículas que se mueven libremente en el vacío, puesto que el vacío, estando desprovisto de sustancia, no puede ofrecer resistencia. En él, las partículas se moverían a una velocidad infinita, una perspectiva carente de sentido.

El concepto moderno de fuerza no se desarrolló completamente hasta el siglo XVII, con las leyes de la mecánica de Newton. El golpe maestro de Newton fue darse cuenta de que el movimiento como tal no requería necesariamente una fuerza. Un cuerpo material se moverá a una velocidad uniforme en una dirección fija sin ningún impulso externo que tire de él o lo empuje. Tan sólo las desviaciones del movimiento uniforme requieren una explicación, es decir, la presencia de fuerzas. Según Newton, las fuerzas producen aceleraciones, y proporcionó una fórmula matemática precisa para relacionar ambos conceptos.

La teoría de Newton eliminó de inmediato una dificultad relativa al movimiento de la Tierra en torno al Sol. No hay ningún elemento visible que empuje o tire de la Tierra a lo largo de su órbita. Según la teoría de Newton, no se necesita ninguno. El hecho del movimiento de la Tierra no es un problema; sólo su desvío de la uniformidad (movimiento en línea recta a una velocidad constante) requiere explicación. La trayectoria de la Tierra en el espacio se curva en torno al Sol, un hecho fácilmente explicado por la fuerza gravitatoria de este último.

La mecánica de Newton se aceptó rápidamente como una feliz descripción de la fuerza y el movimiento, y en la actualidad es la base de toda la ingeniería. No hace ninguna referencia, sin embargo, al origen de las fuerzas que aceleran la materia. A primera vista, esas fuerzas parecen ser muchas y variadas: el impacto del viento sobre el discurrir de un arroyo, la presión del aire sobre el agua, el insistente empuje del metal en expansión, el violento estallido de los productos químicos al explotar, el tirón de un elástico tensado, la energía muscular humana, el peso de los objetos, etc. Algunas fuerzas parecen actuar directamente por contacto con un cuerpo, como al tirar de una cuerda, mientras que otras, como la gravedad, parecen actuar a distancia a través del espacio vacío.

Pese a su gran variedad, un estudio cuidadoso ha demostrado que toda la actividad de la naturaleza puede ser reducida a la actuación de cuatro fuerzas fundamentales. Esas fuerzas son, en último término, responsables de toda la actividad del mundo; son la fuente de todos los cambios. Cada fuerza posee sus semejanzas y sus diferencias con respecto a las demás. Comprender las propiedades de esas cuatro fuerzas es una tarea importante para el físico y constituye un requisito esencial en el camino hacia la superfuerza.

GRAVEDAD

Históricamente, la gravedad es la primera de las cuatro fuerzas que fue tratada científicamente. Aunque el hombre fue siempre consciente de la gravedad, y basó en ella las nociones mismas de arriba y abajo, el auténtico papel de la gravedad como fuerza de la naturaleza no fue reconocido completamente hasta que se publicó la teoría de la gravitación de Newton en el siglo XVII. Hasta entonces, la gravedad se hallaba inextricablemente unida a la Tierra y se confundía con las creencias cosmológicas dominantes. Aristóteles, que creía que la Tierra se hallaba en el centro del Universo, consideraba que la tendencia de los cuerpos a caer era una manifestación del principio general según el cual todos los cuerpos tienen su "lugar natural" en el Universo y tienden hacia él. Las masas corpóreas tendían hacia abajo, mientras que las sustancias gaseosas tendían hacia los cielos, hacia el insustancial reino de los espíritus. Los mismos elementos etéreos de los cielos giraban en torno a la Tierra en trayectorias exactamente circulares, puesto que éste era geométricamente el movimiento perfecto.

Con la implantación de ideas astronómicas más modernas, se reconoció que las fuerzas gravitatorias no se hallaban limitadas a la Tierra, sino que actuaban entre el Sol, la Luna, los planetas y todos los cuerpos del espacio. Una de las demostraciones más convincentes de este hecho fue la explicación de Newton para las mareas de los océanos en términos de la atracción gravitatoria de la Luna. La ley del inverso del cuadrado de Newton encarnaba la naturaleza de "largo alcance" de la gravedad. Con ello se entiende que aunque la fuerza de la gravedad disminuye con la distancia, sus efectos siguen siendo apreciables en el espacio y pueden ser sentidos hasta muy lejos. Esto es una gran suerte, puesto que la gravedad mantiene al Universo literalmente unido: sujeta a los planetas en sus órbitas en torno al Sol, mantiene las estrellas en la galaxia, e impide que se pierdan evaporándose en el vacío del espacio. De hecho, a escala astronómica, la gravedad es la fuerza dominante.

Un rasgo importante de la gravedad es su universalidad. Nada en el Cosmos escapa a su acción. Cada partícula está sujeta a la gravedad, o se "acopla" a la gravedad, para utilizar la jerga de los físicos. Incluso la energía responde a la gravedad. Del mismo modo, cada partícula es una fuente de gravedad. Más aún, la fuerza con que las partículas se acoplan a la gravedad es siempre la misma, un hecho implícito en la famosa observación atribuida a Galileo de que todos los cuerpos caen con la misma velocidad sea cual sea su peso o constitución.

La fuerza de la gravedad entre partículas es siempre atractiva; actúa para juntarlas. La gravedad repulsiva, o "antigravedad" como se llama a veces, nunca ha sido observada. La razón de ello es que la repulsión gravitatoria requiere energía negativa. Puesto que la energía encerrada en una partícula es siempre positiva, y le proporciona una masa positiva, las partículas tienden siempre a gravitar las unas hacia las otras. La energía negativa suena como algo incomprensible. Sin embargo, aunque las partículas no pueden poseer energía negativa, sí puede poseerla un campo. Esto tiene profundas consecuencias que serán exploradas en un capítulo posterior.

Quizá lo más sorprendente de la gravedad sea su extrema debilidad. La fuerza de la gravedad entre los componentes de un átomo de hidrógeno es un 10^{-39} de la fuerza eléctrica. Si la cohesión del átomo de hidrógeno dependiera de la fuerza de la gravedad y no de la electricidad, la más pequeña órbita de un electrón sería más grande que el Universo observable. De hecho, en el ámbito de las partículas subatómicas, la gravedad es tan débil que los físicos se sienten inclinados a ignorarla por completo. Nunca juega ningún papel en ninguno de los procesos observados hasta hoy.

Incluso en lo que respecta a los objetos macroscópicos, los efectos de su propia gravedad escapan a nuestra atención. Cuando caminamos por la calle, los grandes edificios ejercen una diminuta atracción gravitatoria, demasiado pequeña para que se deje sentir. Pero un equipo de precisión puede responder a estas fuerzas. Ya en 1774 el escocés Nevil Maskelyne observó una pequeña desviación de la vertical de una plomada causada por la fuerza gravitatoria de una montaña cercana. En 1797 Henry Cavendish realizó un famoso experimento en el cual midió muy cuidadosamente la minúscula fuerza de atracción entre dos pequeñas esferas unidas a los extremos de una varilla de madera suspendida horizontalmente, por una parte, y dos grandes bolas de plomo, por otra. Esta fue la primera vez que una fuerza gravitatoria entre dos cuerpos se observó en el laboratorio.

Puede parecer sorprendente que consigamos detectar la gravedad si es tan débil. Además, ¿cómo puede ser la fuerza cósmica dominante? La respuesta reside en su universalidad. Porque cada partícula de materia gravita, y la gravedad se acumula a medida que aumenta la cantidad de materia. Podemos sentir la gravedad en la vida cotidiana ya que cada uno de los átomos de la Tierra nos atrae hacia sí. El efecto de un simple electrón o protón es desechable, pero cuando todos ellos actúan al unísono, el resultado puede ser una fuerza sustancial. Si hubiera tantas partículas antigravitatorias como gravitatorias, tenderían a neutralizarse entre sí y la fuerza de la gravedad, si bien seguiría existiendo, no sería observable; sería demasiado débil para manifestarse.

La gravedad puede ser descrita adecuadamente tan sólo como un *campo*. Cada partícula es la fuente de un campo gravitatorio que emana de ella, rodeándola con un invisible halo de influencia. Otra partícula sumergida en este campo gravitatorio siente una fuerza. Sin embargo, el campo es más que una mera forma de hablar de la gravedad. Como hemos mencionado en el Capítulo 2, puede sufrir alteraciones de tipo ondulatorio. Del mismo modo que Maxwell descubrió que las ondas pueden integrarse en un campo electromagnético y viajar a través del espacio, Einstein descubrió también que las ondas pueden integrarse en un campo gravitatorio.

Aunque la teoría de la gravitación de Newton fue perfectamente adecuada durante más de 200 años, se convirtió en una de las víctimas de la nueva física que entró en erupción en las primeras décadas del siglo XX. Una vieja discrepancia de la teoría de Newton se centraba en la órbita del planeta Mercurio, que no es completamente elíptica. La pequeña deformación, o precesión, de la órbita se debe a las alteraciones gravitatorias de los demás planetas. Pero si la calculamos, permanece una deformación residual de 43 segundos de arco por siglo que no puede ser explicada por la teoría de Newton.

De una forma más seria, la ley de la gravitación de Newton chocó con la nueva teoría de la relatividad. Según Newton, la fuerza gravitatoria entre dos cuerpos se transmite instantáneamente a través del espacio, de modo que si el Sol desapareciera de pronto, la órbita de la Tierra dejaría de curvarse al instante, aunque nosotros no veríamos la desaparición del Sol hasta ocho minutos más tarde, que es el tiempo que tarda la luz solar en alcanzar la Tierra. La teoría de la relatividad de Einstein impide que ninguna influencia física viaje más aprisa que la luz y con ello entra claramente en conflicto con la teoría gravitatoria de Newton.

Este intento de generalizar la teoría de la relatividad para incluir la gravitación condujo a Einstein en 1915 a su "teoría general de la relatividad", que no sólo desplazó la ecuación gravitatoria de Newton, sino que cambió enteramente las bases conceptuales de la gravedad. En la teoría de Einstein, la gravitación no es en realidad una fuerza, sino una manifestación de la curvatura del espaciotiempo. Los cuerpos no son "forzados" a seguir órbitas curvas a causa de la gravedad, sino que siguen el camino más recto a través de un espaciotiempo curvo. Según Einstein, la gravedad no es más que geometría.

La teoría de Newton es aún satisfactoria para todas las finalidades prácticas, como son la navegación aérea y espacial, y sigue siendo adecuada para la descripción de la mayoría de los sistemas astronómicos. Fracasa, sin embargo, cuando los campos gravitatorios son intensos, como ocurre cerca de objetos colapsados como las estrellas de neutrones o los agujeros negros. Incluso en campos gravitatorios moderados, los efectos del espaciotiempo curvo pueden detectarse. La deformación de la órbita de Mercurio, por ejemplo, es una consecuencia de la curvatura espacial del Sol. También, como se ha mencionado en el Capítulo 2, relojes muy sensibles pueden detectar curvaturas temporales en la superficie de la Tierra.

ELECTROMAGNETISMO

Si bien la gravedad fue la primera fuerza científicamente comprendida, el electromagnetismo ha sido también familiar desde tiempos inmemoriales. Las fuerzas eléctricas se manifiestan visiblemente en las tormentas y en otros fenómenos atmosféricos luminosos. Las fuerzas magnéticas son las responsables de los complejos diseños que se observan en las auroras boreales.

Al filósofo griego Tales se le atribuye la primera identificación segura de la electricidad. Descubrió que al frotar un trozo de ámbar, éste adquiría la capacidad de atraer pequeños objetos. La palabra *elektron* significa en griego ámbar. Este curioso fenómeno fue estudiado con mayor profundidad por William Gilbert, médico de la reina Isabel I de Inglaterra, que descubrió que muchas otras sustancias compartían las propiedades eléctricas del ámbar. Otras investigaciones posteriores en Inglaterra y en la Europa continental mostraron que algunas sustancias actúan como aislantes. El científico francés Charles Dufay descubrió que la carga eléctrica se presenta en las dos variedades que actualmente llamamos positiva y negativa.

Durante el siglo XVIII y principios del XIX, la electricidad llegó a ser mejor comprendida gracias a los experimentos de Benjamin Franklin y Michael Faraday. Se vio que las cargas eléctricas del mismo signo se repelen y que las de signo opuesto se atraen, en ambos casos con una fuerza regulada por una simple fórmula matemática: las fuerzas eléctricas disminuyen con la distancia según la misma relación de la "inversa del cuadrado" que Newton había obtenido para la gravedad. Sin embargo, la fuerzas eléctricas eran enormemente más intensas que las gravitatorias. En contraste con las diminutas fuerzas gravitatorias que Cavendish había detectado con su equipo especial, las fuerzas eléctricas entre objetos de tamaño cotidiano eran fácilmente observables.

Los trabajos de Faraday sugerían que el átomo albergaba electricidad, pero hasta que J. J. Thompson descubrió los "rayos catódicos" en los años 1890 no fue firmemente establecida la existencia del electrón. Hoy sabemos que la carga eléctrica que poseen las partículas de materia se presenta en múltiplos exactos de una unidad fundamental, una especie de "átomo" de carga. La razón de este hecho es un problema interesante. No todas las partículas, sin embargo, poseen carga eléctrica. El fotón y el neutrino, por ejemplo, son eléctricamente neutros. En este aspecto la electricidad difiere de la gravedad. Todas las partículas de materia se "acoplan" al campo gravitatorio, pero tan sólo las partículas con carga se acoplan al campo electromagnético.

Al igual que la electricidad, el magnetismo natural fue identificado también por los griegos. En el año 600 a. de C. estaban ya familiarizados con las propiedades de las piedras imanes (óxido de hierro), que podían ejercer influencia unas sobre otras incluso a distancia. Unos 500 años más tarde, los chinos descubrieron las intrigantes propiedades direccionales de la piedra imán y construyeron la primera forma burda de brújula. Su uso estaba reservado, sin embargo, para propósitos místicos, y pasaron varios siglos antes de que las brújulas se convirtieran en un instrumento de navegación.

Hacia finales del siglo XVI los científicos europeos empezaron a apreciar la auténtica naturaleza del magnetismo. Gilbert demostró que la propia Tierra se comportaba como un imán, con propiedades parecidas a las de un imán esférico que él mismo había construido. Se descubrió también que el magnetismo se presentaba en dos variedades, llamadas polo norte y sur por el magnetismo de la Tierra. Como ocurre con la electricidad, los polos idénticos se repelen, mientras que los distintos se atraen. Pero a diferencia de la electricidad, los polos magnéticos siempre parecen presentarse en pares, norte y sur. En una barra magnética, un extremo actuará de polo norte y el otro de polo sur. Si cortamos la barra por la mitad, aparecerán nuevos polos en el punto de corte y obtendremos dos imanes, cada uno de los cuales con su polo norte y su polo sur. Por mucho que lo intentemos, no podremos aislar un solo polo magnético, o *monopolo*, de esta forma. ¿Significa esto que no puede haber polos magnéticos aislados? Y si es así, ¿por qué? Como veremos, la superfuerza nos da respuestas a esas fascinantes preguntas.

La fuerza entre los polos magnéticos obedece también a una ley de la inversa del cuadrado, como la electricidad y la gravedad. Así, las fuerzas eléctricas y magnéticas son de "largo alcance", y pueden detectarse a gran distancia. Por ejemplo, el campo magnético de la Tierra se extiende hasta muy lejos en el espacio. También el Sol posee un campo magnético que impregna todo el sistema solar. Incluso hay un campo magnético galáctico.

A principios del siglo XIX se descubrió una profunda conexión entre electricidad y magnetismo. En Dinamarca, Hans Christian Oersted descubrió que una corriente eléctrica genera un campo magnético a su alrededor, mientras que Faraday mostró que un campo magnético cambiante produce un flujo de corriente eléctrica. Esos descubrimientos fueron la base de la dinamo eléctrica y el generador, tan importantes en la ingeniería actual.

Como dijimos en el Capítulo 4, el paso decisivo fue dado por Maxwell en los años 1850, cuando unió electricidad y magnetismo en la teoría del electromagnetismo, la primera teoría del campo unificado. Con el añadido de las sutilezas adecuadas para tener en cuenta los efectos cuánticos, la teoría de Maxwell siguió intacta, conquistando éxito tras éxito hasta 1967, cuando tuvo lugar el siguiente gran paso hacia la unificación.

LA FUERZA DÉBIL

Aunque no fue apreciada entonces, la humanidad fue testigo de la fuerza débil en acción ya en 1054, cuando los astrónomos orientales descubrieron la repentina aparición de una estrella intensamente brillante en una región del cielo donde antes no se veía nada. La "estrella invitada" ardió brillantemente durante varias semanas, rivalizando en resplandor con los planetas, antes de desvanecerse lentamente de vuelta a la oscuridad. Para los astrónomos de hoy, el estallido de 1054 fue la explosión de una supernova, es decir, la desintegración cataclísmica de una estrella vieja ocasionada por el brusco colapso de su núcleo y la concurrente liberación de un enorme pulso de neutrinos. Armados solamente con la fuerza débil, estos neutrinos expulsaron violentamente las capas exteriores de la estrella al espacio, produciendo una desgarrada nube de gases en expansión. La supernova de 1054 sigue siendo visible como una imprecisa mancha de nebulosidad en la constelación del Toro.

Las supernovas proporcionan una de las pocas manifestaciones evidentes de la fuerza débil. Es con mucho la fuerza más débil después de la gravedad, y en muchos de los sistemas donde se halla presente sus efectos quedan sumergidos por la fuerza electromagnética o la fuerza fuerte.

La fuerza débil hizo una lenta aparición entre la comunidad científica. La historia empezó en 1896, cuando Henri Becquerel descubrió accidentalmente la radiactividad al investigar la misteriosa nebulosidad de una placa fotográfica que había dejado en un cajón cerca de algunos cristales de sulfato de uranio. El estudio sistemático de las emisiones radiactivas fue emprendido por Ernest Rutherford, quien demostró que los átomos radiactivos emanaban dos tipos distintos de partículas. Las llamó alfa y beta. Las alfa eran partículas pesadas y de carga eléctrica positiva que resultaron ser núcleos de helio muy veloces. Las partículas beta eran electrones a gran velocidad.

Los detalles de la radiactividad beta no fueron plenamente comprendidos hasta los años 30. El proceso fue peculiar. A primera vista, parecía que una de las leyes fundamentales de la física, la ley de la conservación de la energía, estaba siendo violada. Parecía estarse perdiendo energía. Wolfgang Pauli rescató la ley sugiriendo que había otra partícula –una partícula neutra, de alta penetración, que nadie había detectado todavía– que se emitía junto con el electrón. Enrico Fermi llamó a la partícula invisible "neutrino", que significa "el pequeño neutro". Los neutrinos eran tan esquivos que no fueron localizados hasta los años 50.

Pero no todo estaba claro. Los electrones y los neutrinos emanaban de núcleos inestables. Y los físicos poseían pruebas irrefutables de que ninguna de esas partículas existían *dentro* de los núcleos. ¿De dónde procedían, pues? Fermi postuló que los electrones y los neutrinos no existían antes de su expulsión, sino que se creaban instantáneamente a partir de la energía presente en el núcleo radiactivo. La teoría de los cuantos había demostrado ya que la emisión y absorción de la luz consistía en la creación y destrucción de los fotones; según Fermi, lo mismo podía ocurrir con los electrones y neutrinos.

La proposición de Fermi fue confirmada gracias al comportamiento de los neutrones libres. Dejados a su propia suerte, los neutrones se desintegran al cabo de unos minutos, dejando como restos un protón, un electrón y un neutrino. Una partícula desaparece y aparecen otras tres. Pronto resultó claro que las fuerzas conocidas no podían hacer estallar a un neutrón de esta forma. Otra fuerza debía producir la desintegración beta. Las mediciones del ritmo de desintegración mostraron que la fuerza en cuestión era extraordinariamente débil, mucho más débil que el electromagnetismo (aunque infinitamente más fuerte que la gravedad). La necesidad de una nueva "fuerza débil" fue finalmente reconocida.

Con el descubrimiento de las partículas subnucleares inestables, los físicos descubrieron que la fuerza débil era responsable de muchas otras transmutaciones. De hecho, la mayor parte de las partículas conocidas se "acoplan" a la fuerza débil. Para el fantasmal neutrino, la acción débil (dejando a un lado la gravedad) es la única forma de manifestar su existencia.

La fuerza débil es de un carácter completamente distinto a las fuerzas gravitatoria o electromagnética. Para empezar, no ejerce ningún empuje ni atracción en sentido técnico, excepto en acontecimientos tales como la explosión de una supernova. Su acción se reduce a dirigir los cambios de identidad de las partículas, impulsando a menudo el producto resultante a grandes velocidades. En segundo lugar, las actividades de la fuerza débil se hallan restringidas a una región extremadamente limitada de espacio. De hecho, hasta la década de 1980 no ha sido posible medir con precisión el alcance de la fuerza débil. Durante mucho tiempo pareció que su acción era puntual, reducida a una región de espacio demasiado pequeña para ser detectada. En contraste con el "largo alcance" de la gravedad y el electromagnetismo, la fuerza débil es inoperante más allá de unos 10^{-16} centímetros de su fuente. En consecuencia, no puede actuar sobre objetos macroscópicos, sino que se halla confinada a las partículas subatómicas.

Aunque la teoría de la fuerza débil desarrollada por Fermi y otros en los años 30 ha recibido constantes mejoras a lo largo de los años, contiene aún profundas inconsistencias. Una nueva teoría, basada en las ideas de Fermi pero con diferencias cruciales, fue desarrollada a finales de los 60 por Steven Weinberg, que trabajaba en la Universidad de Harvard, y Abdus Salam, del Imperial College de Londres. Este paso, que representó el mayor avance en el camino hacia la superfuerza desde que Maxwell desarrolló su teoría electromagnética, será descrito con detalle en el Capítulo 8.

LA FUERZA FUERTE

La existencia de una fuerza se hizo manifiesta a medida que se aclaraba la estructura del núcleo atómico. Algo tenía que mantener unidos los protones contra la repulsión causada por su carga eléctrica. La gravedad era con mucho demasiado débil para conseguirlo, y así hubo que apelar a un nuevo tipo de fuerza, una fuerza muy intensa, más intensa que el electromagnetismo. Era imposible discernir ninguna huella de esta intensa fuerza nuclear fuera de los confines del núcleo, de modo que la nueva fuerza debía poseer un radio de acción muy limitado. De hecho, se desvanece rápidamente más allá de unos 10^{-13} centímetros de un protón o un neutrón. En consecuencia, aunque es la más fuerte de las cuatro fuerzas de la naturaleza, no puede ser detectada directamente en cuerpos macroscópicos.

Los neutrones y los protones se hallan sujetos a la fuerza fuerte, pero los electrones no. Tampoco los neutrinos o los protones. Generalmente, sólo las partículas más pesadas se acoplan a la fuerza fuerte. Se manifiesta a la vez como una fuerza "de atracción" convencional que mantiene la cohesión del núcleo y también, al igual que la fuerza débil, como responsable de la desintegración de algunas partículas inestables. Debido a su intensidad, la fuerza nuclear fuerte es la fuente de una gran energía. Quizá el ejemplo más importante de energía liberada por la fuerza fuerte es la luz del Sol. El núcleo del Sol y de otras estrellas son reactores nucleares de fusión bajo el control de la fuerza fuerte. Es también esta fuerza la que libera la energía de una bomba nuclear.

Los primeros estudios de la fuerza fuerte tuvieron un éxito limitado. Ninguna descripción matemática simple parecía completamente satisfactoria. La fuerza no parecía variar con la distancia de ningún modo razonable, y los físicos nucleares que se ocupaban de ella se vieron obligados a incluir numerosos parámetros arbitrarios. Era casi como si la fuerza fuerte fuese una amalgama de montones de fuerzas con distintas propiedades.

Mientras luchaban cuerpo a cuerpo con estas complicaciones, a principios de los años 60 se propuso la teoría de los quarks. Esta teoría reconoce que neutrones y protones no son partículas elementales, sino cuerpos compuestos cada uno de ellos de tres quarks. Obviamente, se necesitaba algún tipo de fuerza para mantener unidos los tres quarks, y resultó claro que la fuerza que actúa entre neutrones y protones no era más que un residuo de esta más poderosa fuerza interquark. La razón de las extrañas propiedades de la fuerza fuerte era ahora evidente. En el choque de un protón contra un neutrón u otro protón, intervienen un total de seis quarks, cada uno de los cuales entra en interacción con todos los demás. La mayor parte de la fuerza es empleada en mantener firmemente unido cada trío de quarks, pero queda una pequeña cantidad para unir los dos tríos entre sí.

Una vez apreciada su auténtica naturaleza de la fuerza interquark, la fuerza fuerte resultó mucho más fácil de describir matemáticamente. En capítulos sucesivos veremos cómo esta descripción sitúa a la fuerza fuerte en un plano paralelo al de las otras fuerzas y señala el camino de la existencia de una superfuerza unificadora.

6. El mundo de las partículas subatómicas

LA RUPTURA DEL ÁTOMO

A menudo se dice que hay dos tipos de ciencia, la gran ciencia y la pequeña ciencia. Desintegrar átomos es gran ciencia. Utiliza grandes máquinas y enormes presupuestos, y se lleva la parte del león en los premios Nobel.

¿Por qué desean los físicos desintegrar los átomos? La respuesta más simple –para descubrir lo que hay dentro de ellos– posee un elemento de verdad, pero existe una razón más general. Hablar de desintegrar átomos no es del todo apropiado. El proceso admite una descripción más ajustada en términos de colisiones de partículas de alta energía. Cuando las partículas subatómicas chocan a gran velocidad, el impacto abre un nuevo mundo de fuerzas y campos. Los fragmentos de materia energizada que surgen de esos encuentros llevan en sí secretos sobre el modo de acción de la naturaleza que han permanecido insospechados desde la creación, enterrados en los más profundos rincones del átomo.

Las máquinas que producen esas colisiones son los aceleradores de partículas, asombrosos por su tamaño y por su coste. Sus dimensiones se miden en kilómetros, y empequeñecen los laboratorios donde se estudian las colisiones. En otras empresas científicas, el equipo está dentro del laboratorio. En física de partículas de alta energía, los laboratorios son apéndices del equipo. Recientemente, el CERN, el Centro Europeo para la Investigación Nuclear, cerca de Ginebra, se ha embarcado en la construcción de un aparato anular de varios cientos de millones de dólares que se alojará en un túnel circular de 27 kilómetros de circunferencia. Denominado LEP (*Large Electron-Positron ring*, gran anillo de electrones-positrones), ha sido diseñado para acelerar electrones y sus antipartículas, los positrones, hasta casi la velocidad de la luz. Para hacernos una idea de la colosal energía necesaria para ello, imaginemos que en vez de electrones aceleramos una moneda de un centavo. ¡Al final de su carrera, la moneda poseerá energía suficiente para producir 100 billones de dólares de electricidad! No es extraño que a este tipo de empresas se las llame física de "altas energías". Viajando en direcciones opuestas en el interior del anillo, los haces de electrones y positrones chocarán frontalmente, aniquilándose unos a otros y liberando energía suficiente para crear docenas de otras partículas.

¿Qué son esas partículas? Algunas de ellas son los componentes de que estamos formados nosotros mismos, los protones y neutrones de los núcleos atómicos y los electrones que giran a su alrededor. Otras no se encuentran normalmente en la materia corriente; existen tan sólo de modo transitorio antes de desintegrarse en formas más familiares. El número de especies distintas de partículas inestables, temporales, es sorprendente: hasta hoy han sido catalogadas varios centenares. Como las estrellas, las partículas inestables son demasiado numerosas para recibir nombres propios. Muchas de ellas son conocidas por letras griegas, otras por números.

Es importante comprender que esas partículas inestables no son los *constituyentes* de los protones, neutrones o electrones. Cuando los electrones y los positrones chocan a altas energías, no se "abren" y derraman una lluvia de restos subatómicos. Esto ni siquiera ocurre en las colisiones con protones, partículas que ciertamente poseen objetos (los quarks) en su interior. Es mejor considerar los restos que surgen de esas colisiones como algo creado *in situ* a partir de la energía del impacto.

Hace veinte años, los físicos estaban perplejos ante el número y variedad de partículas subatómicas descubiertas en una sucesión aparentemente interminable. Se preguntaban para *qué* servían todas aquellas partículas. ¿Eran como los animales del zoo, con un vago aire de familia pero sin ninguna relación sistemática entre ellas? ¿O eran, como creían algunos optimistas, la clave del Universo? ¿Producían los físicos de partículas insignificantes briznas de materia al azar, o emergía algún plan, un orden apenas entrevisto que indicaba una intensa y elaborada estructura en el mundo subnuclear? Hoy ya no cabe ninguna duda. Hay un orden profundo en el microcosmos, y aunque sólo lo entreveamos en sus líneas generales, ya empezamos a comprender el sentido de todas esas partículas.

El primer paso se dio con el simple catálogo sistemático, casi del mismo modo que los biólogos del siglo XVIII enumeraban cuidadosamente las especies de plantas y animales. Las estadísticas vitales de las partículas subatómicas son la masa, la carga eléctrica y el spin.

La masa es aproximadamente lo mismo que el peso, y las partículas demasa grande se califican a menudo de "pesadas". La relacion $E = mc^2$ de Einstein nos dice que la masa de una partícula depende de su energía y en consecuencia de su velocidad. Una partícula es más pesada cuando se mueve rápidamente que cuando está inmóvil. La masa que importa es la masa en *reposo*, y ésta no varía. Si la masa en reposo de una partícula es cero, la partícula se mueve a la velocidad de la luz. El fotón es un claro ejemplo de partícula cuya masa en reposo es cero. De las partículas con masa en reposo superior a cero, se cree que el electrón es la más ligera; el protón y el neutrón son unas 2.000 veces más pesados. La partícula de mayor masa producida hasta ahora (la Z) es unas 200.000 veces más pesada que el electrón.

La carga eléctrica no toma un amplio campo de valores pero, como hemos visto, siempre se presenta en múltiples fijos de una unidad fundamental. Algunas partículas, como el fotón o el neutrino, no poseen carga eléctrica. Si asignamos al protón +1 unidades de carga, entonces el electrón tendrá exactamente –1 unidades.

Del spin hablamos en el Capítulo 2. También se presenta siempre en múltiplos fijos de una unidad fundamental que, por razones históricas, es 1/2. Así el spin del protón, del neutrón y del electrón es 1/2, mientras que el del fotón es 1. También se conocen partículas con spin 0, 3/2 y 2. Ninguna partícula fundamental posee un spin superior a 2, y los teóricos creen que ninguna entidad puede poseerlo.

El spin de una partícula es un indicador vital de su naturaleza, y a este respecto cada partícula pertenece a una de dos clases bien diferenciadas. Aquellas cuyo spin es 0, 1 ó 2 son llamadas "bosones", en honor al físico indio Satyendra Bose, mientras que las partículas con spin fraccionario (1/2 o 3/2) son llamadas "fermiones", en honor a Enrico Fermi. La clase a la cual pertenece una partícula es quizá su propiedad más decisiva.

Otro número importante es el tiempo de vida de la partícula. Hasta hace poco se creía que los electrones, protones, fotones y neutrinos eran absolutamente estables, es decir, que su tiempo de vida era infinito. El neutrón puede mantenerse estable cuando se halla atrapado en el núcleo, pero un neutrón libre se desintegra en unos 15 minutos. Todas las demás partículas conocidas son altamente inestables, y sus tiempos de vida oscilan entre unos microsegundos hacia abajo hasta 10^{-23} segundos. Si esos tiempos nos parecen increíblemente breves, recordemos que una partícula viajando a casi la velocidad de la luz (algo que muchos aceleradores consiguen) puede cubrir 300 metros en un microsegundo.

Las partículas se desintegran por la acción de los procesos cuánticos, y así está siempre presente un elemento de impredictibilidad. El tiempo de vida de una partícula determinada no puede predecirse. Lo que sí puede determinarse es su tiempo de vida medio. Éste se conoce con el nombre de "vida media" de la partícula, y es el tiempo necesario para que una población de partículas idénticas se reduzca a la mitad. Los experimentos muestran que el descenso de la población es exponencial (ver pág. 54), y que la vida media es 0,693 veces el promedio.

No basta saber que una partícula existe; los físicos también desean saber qué hace. Esto se determina en parte por las magnitudes que hemos enumerado, pero también por el tipo de fuerzas que actúan sobre ella y dentro de ella. El factor más determinante en lo que respecta a las propiedades de una partícula es si es sensible o no a la fuerza fuerte. Las partículas que se "acoplan" a la fuerza fuerte constituyen una clase aparte, y reciben el nombre de *hadrones*. Otras, sensibles a la fuerza débil pero no a la fuerte, son llamadas *leptones*, es decir, "los ligeros". Pasemos revista brevemente a cada una de estas dos familias.

LEPTONES

El leptón más conocido es el electrón. Como todos los leptones, parece ser un objeto elemental, casi puntual. Por lo que sabemos, el electrón no posee estructura interna, es decir, no está "constituido" por nada. Aunque los leptones pueden tener o no carga eléctrica, todos ellos poseen un spin de 1/2, y así, todos ellos son fermiones.

Otro leptón muy conocido, éste sin carga eléctrica, es el neutrino. Como se ha dicho ya en el Capítulo 2, los neutrinos son esquivos hasta el punto de ser fantasmales. Al ser insensibles tanto a la fuerza fuerte como a la electromagnética, la materia no les afecta en absoluto y la atraviesan como si no estuviera allí. Ello hizo que su existencia resultara tremendamente difícil de establecer. Tuvieron que pasar más de tres décadas desde la predicción de su existencia hasta su detección en el laboratorio. Los físicos tuvieron que aguardar la llegada de los reactores nucleares, que emiten cantidades prodigiosas de neutrinos, antes de poder registrar uno en una colisión frontal con un núcleo y probar su existencia. Hoy se realizan experimentos más controlados con haces de neutrinos cuidadosamente regulados que proceden de la desintegración de las partículas en un acelerador. La enorme mayoría de neutrinos ignoran completamente el blanco, pero ocasionalmente alguno reacciona y nos proporciona información útil acerca de la estructura de otras partículas y la naturaleza de la fuerza débil. Por supuesto, los experimentos con neutrinos, a diferencia de las demás partículas subatómicas, no requieren ningún escudo protector. Su poder penetrante es tan enorme que son completamente inofensivos: pasan a través del cuerpo humano sin producir el menor daño.

Pese a su intangibilidad, los neutrinos gozan de un prestigio inigualado por ninguna otra partícula conocida, puesto que en realidad son los objetos más comunes en el Universo, superando en número a los electrones y protones en la proporción de mil millones a uno. De hecho, el universo es en realidad un mar de neutrinos, salpicado raramente por impurezas tales como átomos. Es incluso posible que el peso total de los neutrinos supere al de las estrellas y que, en consecuencia, dominen la gravedad del Cosmos. Según un informe de un grupo de científicos rusos, la masa de los neutrinos es muy pequeña, menos de una diezmilésima de la masa del electrón, pero suficiente para abrumar gravitatoriamente al Universo y causar su colapso en algún momento futuro. Por tanto, aunque parece ser la más inofensiva y efímera de las partículas, el humilde neutrino puede contener el poder de la aniquilación cósmica total.

De los restantes leptones, el muón fue descubierto en 1936 entre los productos de los rayos cósmicos, y fue una de las primeras partículas subatómicas inestables conocidas. En todos los demás aspectos, aparte la inestabilidad, el muón es como un hermano mayor del electrón; posee la misma carga, el mismo spin, y responde a las mismas fuerzas, pero su masa es mucho mayor. Se desintegra en unas dos millonésimas de segundo dando lugar a un electrón y dos neutrinos. Los muones son partículas bastante comunes en la naturaleza; son las responsables de gran parte de la radiación cósmica de fondo que puede ser detectada en la superficie de la Tierra por un contador Geiger.

Durante muchos años, el electrón y el muón fueron los únicos leptones conocidos dotados de carga eléctrica. Luego, a finales de los años 70, se descubrió un tercero, el tauón. Con una masa 3.500 veces mayor que la del electrón, el tauón es con mucho el más pesado de los leptones eléctricamente cargados, pero por lo demás se comporta exactamente igual que el electrón o el muón.

Con esto no se agota la lista de leptones conocidos. En los años 60 se descubrió que hay más de un tipo de neutrino. En primer lugar, se halla el tipo que se crea junto con el electrón cuando un neutrón se desintegra; pero hay también otro tipo que aparece cuando se crea un muón. Cada tipo de neutrino se acompaña de su mismo leptón cargado; así hay un "neutrino-electrón" y un "neutrino-muón". Parece inevitable que haya un tercer tipo de neutrino que acompañe al tauón, formando en total tres especies diferentes de neutrinos y un conjunto de seis leptones (tabla 1) Naturalmente, cada tipo de leptón tiene su antipartícula, con lo que en conjunto hay doce tipos distintos de leptones.

Tabla 1

Nombre	*Símbolo*	*Masa*	*Carga*
Electrón	e^-	1	–1
Muón	μ^-	206,7	–1
Tauón	τ^-	3536	–1
Neutrino-electrón	ν_e	0	0
Neutrino-muón	ν_μ	0	0
Neutrino-tauón	ν_τ	0	0

Los seis leptones se presentan en las variedades neutras y cargadas (no se mencionan las antipartículas). La masa y la carga se expresan en unidades de masa y carga del electrón. Hay indicios de que los neutrinos pueden poseer una masa muy pequeña.

HADRONES

En contraste con el pequeño puñado de leptones conocidos, existen literalmente centenares de hadrones. Este solo hecho nos sugiere que los hadrones no son partículas elementales, sino que están compuestas por objetos más pequeños. Todos los hadrones son sensibles a las fuerzas fuerte y débil y a la gravedad, y se presentan en variedades neutras y cargadas eléctricamente. Los más conocidos y los más comunes son el neutrón y el protón. Los demás poseen vidas muy cortas, desintegrándose en menos de una millonésima de segundo bajo la acción de la fuerza débil, o mucho más rápidamente (en unos 10^{-23} segundos) bajo los efectos de la fuerza fuerte.

En los años 50, los físicos estaban absolutamente asombrados ante el gran número y variedad de hadrones. Poco a poco lograron organizar los datos de una forma comprensible, clasificando las partículas según su masa, carga y spin. Lentamente emergió un cierto orden, se manifestó una estructura oculta. Había indicios de simetrías bajo la confusión superficial de los datos. El paso decisivo para desentrañar el misterio de los hadrones se produjo en 1963, cuando Murray Gell-Mann y George Zweig inventaron la teoría de los quarks.

La idea esencial es muy simple. En el interior de todos los hadrones hay partículas más pequeñas llamadas quarks. Las reglas dicen que los quarks pueden unirse entre sí de una de dos formas posibles: en tríos, o en pares quark-antiquark. Las combinaciones de tres quarks producen partículas más pesadas, los *bariones* (que significa “pesados”). Los bariones más conocidos son el neutrón y el protón. Las parejas quark-antiquark son algo más ligeras, y forman las partículas conocidas como *mesones*. El nombre deriva del hecho de que los primeros mesones ocupaban un lugar intermedio en lo que a masa se refiere entre los electrones y los protones. Para dar razón a todos los hadrones entonces conocidos, Gell-Mann y Zweig introdujeron tres tipos distintos de "sabores" de quark, llamados caprichosamente "u" (*up*, arriba), "d" (*down*, abajo), y "s" (*strange*, extraño). Las distintas combinaciones de esos "sabores" explicaban la existencia de las muchas clases distintas de hadrones. Así, un protón consiste en dos quarks "arriba" y un "abajo", mientras que un neutrón contiene dos "abajo" y un "arriba" (fig. 10).

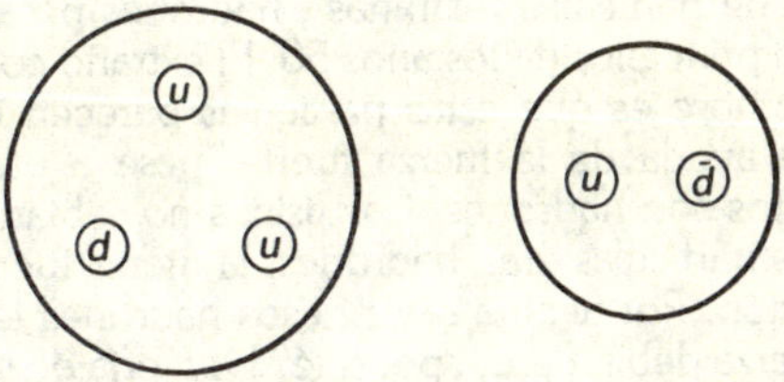

Figura 10. Los hadrones están constituidos por quarks. Un protón (izquierda) consiste en dos quarks arriba (u) y un quark abajo (d). El pión, más ligero (derecha) es un mesón, y contiene un quark arriba (u) y un antiquark abajo ($\bar{d}$). Otras combinaciones de quarks forman los restantes miembros de la familia de los hadrones.

Para que el esquema funcione adecuadamente es necesario suponer que los quarks llevan carga eléctrica fraccional. Es decir, que poseen una cantidad de carga que es ó 1/3 ó 2/3 de la unidad fundamental del electrón. De esta forma, agregando dos o tres quarks podemos obtener una carga neta de cero o uno. Todos los quarks poseen spin 1/2, de modo que son fermiones. Las masas de los quarks no están tan bien definidas como las de otras partículas, ya que la energía del adhesivo que los une para formar los hadrones se contrapone a las masas de los propios quarks. De todos modos, se sabe que el quark extraño es algo más pesado que los quarks arriba y abajo.

Atrapados como se hallan en el interior de los hadrones, los quarks pueden existir en estados de excitación, muy parecidos a los estados de excitación de un átomo pero considerablemente más energéticos. El exceso de energía que posee un hadrón excitado aporta una tal cantidad de masa adicional que, antes de que la teoría de los quarks fuera aceptada, los físicos creían equivocadamente que se trataba de otras partículas completamente distintas. Ahora se acepta que muchos hadrones distintos en apariencia son en realidad tan sólo estados excitados del mismo conjunto básico de quarks.

Como vimos en el Capítulo 5, los quarks están firmemente "pegados" unos a otros por la fuerza fuerte. Pero también se hallan sometidos a la fuerza débil. Cuando la fuerza débil actúa sobre el quark, cambia su "sabor". Esta es la esencia de la desintegración del neutrón. Uno de los quarks abajo del neutrón se tranforma en un quark arriba y el exceso de carga lo lleva el electrón que se crea simultáneamente. Similares cambios de "sabor" e interacciones de la fuerza débil intervienen en la desintegración de otros hadrones.

La existencia del quark extraño es necesaria para dar razón del llamado conjunto de partículas "extrañas", hadrones pesados que fueron descubiertos a principios de los años 50. El extraño comportamiento que les dio nombre es que estas partículas parecen incapaces de desintegrarse con ayuda de la fuerza fuerte, pese a que tanto ellas como sus productos son hadrones. Los físicos no sabían explicar por qué, si todas estas partículas eran hadrones, la fuerza fuerte no producía su desintegración. Por alguna razón, esos hadrones tenían que recurrir a la lenta fuerza débil. Pero, ¿por qué? La teoría de los quarks dio una respuesta natural a esta pregunta. La fuerza fuerte no puede cambiar el "sabor" de los quarks; solamente puede hacerlo la fuerza débil. Sin un cambio de "sabor" para convertir el quark extraño en arriba o abajo, no puede producirse desintegración.

En la tabla 2 se presentan varias posibles combinaciones de "sabores" y se indican los nombres (normalmente simples letras griegas) con que se conocen. Los diferentes estados de excitación no se mencionan. El hecho de que las distintas permutaciones de tres partículas básicas dieran cuenta de todos los hadrones conocidos fue un importante triunfo para la teoría. Sin embargo tuvieron que pasar varios años antes de obtener una prueba física directa de la existencia de los quarks.

En 1969, en una serie de experimentos históricos realizados en el enorme acelerador lineal de Stanford, en California, (el SLAC), se obtuvo finalmente esta confirmación. Los experimentadores de Stanford argumentaban que si los protones constan realmente de quarks, debía ser posible penetrar en el protón y encontrarse con ellos. Lo que se necesitaba era un "proyectil" subnuclear que pudiera alcanzar el interior del protón. Otro hadrón sería inútil, ya que es tan grande como el propio protón. El proyectil ideal es un leptón; el electrón, por ejemplo. Dada su insensibilidad a la fuerza fuerte, el electrón no quedará pegado al adhesivo que mantiene unidos a los quarks. Sin embargo, sentirá la presencia de los quarks a través de su carga eléctrica.

Tabla 2

Combinaciones de quarks	*Nombre*	*Símbolo*
uud	Protón	p
udd	Neutrón	n
uds	Sigma neutro	Σ^0
dds	Sigma negativo	Σ^-
uus	Sigma positivo	Σ^+
uss	Xi neutro	Ξ^0
dss	Xi negativo	Ξ^-
uds	Lambda	Λ
$u\bar{d}$	Pión positivo	π^+
$d\bar{u}$	Pión negativo	π^-
$d\bar{s}$	Kaón neutro	K^0
$u\bar{s}$	Kaón positivo	K^+
$s\bar{u}$	Kaón negativo	K^-
$s\bar{d}$	Antikaón neutro	$\bar{K}^0$

Los tres distintos "sabores" de quarks, arriba (u), abajo (d) y extraño (s), poseen cargas de +2/3, –1/3 y –1/3, respectivamente, y se combinan en tríos para formar los ocho bariones de la parte superior de la tabla. Los pares quark-antiquark se combinan para formar mesones. (Algunas combinaciones, como la sss y la $u\bar{u}$, se han omitido.)

El experimento de Stanford consistía esencialmente en utilizar el acelerador de 3 kilómetros como un gigantesco microscopio electrónico para construir una imagen del interior del protón. En un microscopioelectrónico convencional, pueden verse detalles de tamaño inferior a una millonésima de centímetro. Un protón, sin embargo, es varias decenas de millones de veces más pequeño y sólo puede ser penetrado con electrones de energía equivalente a 2×10^{10} voltios. En la época de los experimentos de Stanford, pocos físicos aceptaban la simple teoría de los quarks. Por supuesto, esperaban que los electrones fueran desviados por las cargas eléctricas de los protones, pero suponían que esta carga estaba repartida por todo el interior del protón. Si esto fuera así, el esquema de la dispersión del protón sería "blando", es decir, los electrones no serían desviados violentamente durante su paso a través de los protones. En realidad, el esquema de dispersión fue completamente distinto. Era como si algunos electrones chocaran de frente contra resistentes guijarros de los que rebotaban con gran fuerza en sorprendentes ángulos. Ahora sabemos que esos sólidos "guijarros" del interior de los protones son los quarks.

En 1974 esta simple versión de la teoría de los quarks, que por aquel entonces iba ganando terreno entre los físicos teóricos, recibió un duro golpe. Con unos pocos días de diferencia, dos equipos de físicos americanos, uno en Stanford bajo la dirección de Burton Richter y otro en el Laboratorio Nacional de Brookhaven bajo la dirección de Samuel Ting, anunciaron independientemente el descubrimiento de un nuevo hadrón, el psi. No era, realmente, nada nuevo; pero en la teoría de los quarks no había lugar para más partículas. Cualquier combinación posible de quarks arriba, abajo y extraño, junto con sus antiquarks, ya se había tenido en cuenta. ¿De qué estaba hecho, pues, el psi?

El problema fue resuelto apelando a una idea que llevaba ya un tiempo rondando. Tenía que existir un cuarto "sabor" que nadie había visto todavía. El nuevo "sabor" había sido bautizado ya: "c" (*charm*, encanto). Se dijo que el hadrón psi era un mesón "encantado", un quark "encantado" pegado a un antiquark "encantado". Debido a que los antiquarks poseen "antisabor", el "encanto" se halla en realidad neutralizado en el psi. Así pues, para una identificación positiva del encanto hubo que aguardar a la producción de otros mesones donde los quarks "c" se emparejaran con antiquarks de otros "sabores". Hoy en día conocemos toda una serie de partículas "encantadas". Todas ellas son muy pesadas, de modo que el quark encanto es más pesado aún que el quark extraño.

En 1977 se produjo una repetición de este episodio cuando el denominado upsilón apareció en escena. Esta vez hubo pocas vacilaciones en apelar a un quinto "sabor", el "b" (*bottom*, fondo, o a veces *beauty*, belleza). El upsilón es una pareja quark-antiquark "b", de modo que la cualidad de "fondo" se halla oculta; pero una vez más aparecieron finalmente otras combinaciones de quarks que pusieron de manifiesto el fondo. Podemos hacernos alguna idea de las masas relativas de los quarks a partir del hecho de que el pión es el mesón más ligero, constituido por una pareja de quark y antiquark arriba y abajo. El psi es unas veintisiete veces más pesado, mientras que el upsilón tiene no menos de setenta veces la masa del pión.

El crecimiento gradual de la lista de "sabores" de quarks es análogo al de los leptones, y no podemos dejar de preguntarnos cuándo se detendrá. Se suponía que la teoría de los quarks iba a simplificar nuestra comprensión de los hadrones, pero hay de nuevo una molesta sensación de proliferación.

Desde tiempos de Demócrito, la filosofía subyacente al atomismo ha sido que, a una escala suficientemente pequeña, existen realmente

Tabla 3

Leptones	Quarks
e^-	u
ν_e	d
μ^-	c
ν_μ	s
τ^-	t
ν_τ	b

Los leptones y los quarks se asocian de manera natural en parejas según sus "sabores", como se muestra en esta tabla. El Universo permanente está constituido por las cuatro partículas del grupo superior. Los dos grupos inferiores parecen ser simplemente duplicados del primero y (exceptuando los neutrinos) consisten en partículas altamente inestables.

partículas elementales a partir de las cuales se forma la materia por agregación. El atractivo de esta teoría es que las partículas fundamentales, que por definición son indivisibles, pertenecen a unas pocas clases. La complejidad de la materia se explica no por la multiplicidad de ingredientes, sino por la multiplicidad de combinaciones. Cuando se descubrió que existían docenas de diferentes núcleos atómicos, se perdió la esperanza de que lo que hoy llamamos átomos fueran las partículas elementales de materia. Aunque por razones históricas seguimos hablando de los distintos "elementos" químicos, se sabe que los átomos no son en absoluto elementales, sino que están compuestos por protones, neutrones y electrones. Si, ahora, el número de quarks se hace demasiado grande, surgirá la tentación de suponer que ellos también son cuerpos compuestos, formados por partículas aún menores.

Aunque hay cierto descontento con el modelo de los quarks por esta razón, muchos físicos creen que los quarks son partículas realmente elementales, indivisibles, y sin estructura interna. En esto se parecen a los leptones; de hecho, desde hace tiempo se supone que hay una profunda conexión entre estas dos familias distintas pero de constitución similar. Los indicios de una tal relación se ponen de manifiesto al comparar los leptones y los quarks como se hace en la tabla 3. Los leptones se han agrupado en pares, formados por un leptón cargado y su neutrino asociado. Los quarks se han agrupado también en parejas.

La tabla se ha dispuesto de tal modo que cada nivel representa una repetición del nivel inmediatamente superior. Así, en el nivel 2, por ejemplo, el muón es tratado como un "electrón pesado", mientras que los quarks "e" y "c" son considerados como versiones pesadas de los quarks "d" y "u" respectivamente. Hay también un tercer nivel, con el tauón como una versión aún más pesada del electrón y el quark "b" una versión muy pesada del quark "u". Para completar la repetición necesitamos otro neutrino (el neutrino-tauón) y un sexto "sabor", apodado ya "t" (*top*, cima, o *truth*, verdad). Por ahora las pruebas experimentales del quark "t" siguen siendo fragmentarias, pero pocos físicos dudan de su existencia.

¿Es posible que existan cuatro, cinco,... niveles poblados por partículas aún más pesadas? Si es así, la próxima generación de aceleradores deberá producirlas. Hay un curioso argumento, sin embargo, que sugiere que los tres niveles que ya conocemos son los únicos que existen. El argumento tiene que ver con el número de tipos de neutrinos. Veremos dentro de poco que durante el abrasador *big bang* que señaló el origen del Universo se crearon neutrinos en gran abundancia. Una especie de principio democrático aseguraba que cantidades proporcionales de energía fueran a parar a cada una de las distintas especies de partículas, y así cuanto mayor fuera el número de tipos de neutrinos más energía existente quedaría encerrada en el mar de neutrinos que permea el Cosmos. Los cálculos indican que la gravedad de estos neutrinos debería haber causado un serio efecto perturbador en los procesos nucleares de los primeros minutos del Universo, si hubiera más de tres especies distintas de neutrinos. En consecuencia, parece probable que los tres niveles de estructura indicados en la tabla 3 representen la totalidad de hadrones y leptones que emplea la naturaleza.

Resulta curioso que toda la materia común del Universo esté hecha solamente de los dos leptones más ligeros (el electrón y su neutrino) y de los dos quarks más ligeros (arriba y abajo). Si los demás leptones y quarks dejaran repentinamente de existir, muy pocas cosas cambiarían en el mundo. Los quarks y leptones restantes parecen ser réplicas innecesarias de este nivel superior de estructura. Todos ellos son inestables y se desintegran rápidamente en partículas del nivel superior. Así, el tauón y el muón se desintegran en electrones, mientras que las partículas "s", "c" y "b" lo hacen en neutrones o protones en el caso de los bariones, o en leptones en el caso de los mesones. Pero entonces debemos preguntarnos: ¿para qué *sirven* las partículas de los niveles dos y tres? ¿Por qué se ocupa de ellas la naturaleza?

LAS PARTÍCULAS MENSAJERAS

Los seis pares de leptones y quarks dan razón de todos los constituyentes básicos de la materia, pero no agotan la lista de las partículas conocidas por los físicos. Algunas partículas, como el fotón, no se hallan incluidas en este esquema. Estas partículas restantes no forman parte propiamente de la materia del mundo, pero se hallan relacionadas con el "adhesivo" que la mantiene unida, es decir, se hallan asociadas a las cuatro fuerzas.

Recuerdo que cuando era niño me dijeron que la Luna hacía que los océanos subieran y bajaran en las mareas diarias. Siempre me pareció misterioso que el agua de los océanos *supiera* dónde está la Luna y siguiera sus movimientos a través del cielo. Cuando, siendo estudiante, conocí la gravedad, la sensación de desconcierto se hizo aún más profunda. ¿Cómo podía la Luna cruzar cuatrocientos millones de kilómetros de espacio vacío y tirar de los océanos? La respuesta usual –que la Luna produce un campo gravitatorio en sus inmediaciones, campo que alcanza a los océanos y los induce a moverse– tenía un cierto sentido. Pero aún no me sentía satisfecho. El campo gravitatorio de la Luna es invisible. ¿No sería tan sólo una forma de hablar? ¿Explicaba realmente algo? Tenía la impresión de que de alguna forma la Luna debía decir a los océanos que estaba allí. Debía cruzarse entre ellos alguna especie de mensaje a fin de que el agua supiera cómo moverse.

De hecho, la idea de una fuerza que se comunica a través del espacio en forma de señal no se halla muy lejos del enfoque moderno del tema. Para comprender lo que ocurre analicemos con más detalle el mecanismo de un campo de fuerza. Tomemos como ejemplo no las mareas oceánicas, sino el caso más simple de dos electrones que se acercan uno a otro, experimentan una fuerza eléctrica de repulsión, y se separan aceleradamente. Este fenómeno es conocido por los físicos como un "problema de dispersión". Las fuerzas que actúan lo hacen por supuesto a distancia a través del campo electromagnético que emana de cada electrón.

Es fácil construir una representación mental de la dispersión de los electrones. Inicialmente, las partículas se hallan muy separadas y su efecto mutuo es débil. Avanzan por caminos convergentes que son casi rectos (fig. 11). Luego, a medida que empieza a actuar la fuerza repulsiva, sus trayectorias empiezan a curvarse hasta que los eletrones alcanzan el punto de máxima aproximación, tras el cual los caminos se separan y los electrones se alejan, siguiendo finalmente un movimiento lineal pero a lo largo de trayectorias divergentes. Este tipo de comportamiento puede observarse en laboratorio utilizando bolas cargadas electrostáticamente en vez de electrones. De nuevo nos hallamos ante el problema de cómo "sabe" cada partícula que la otra está ahí y ajusta su movimiento en consecuencia.

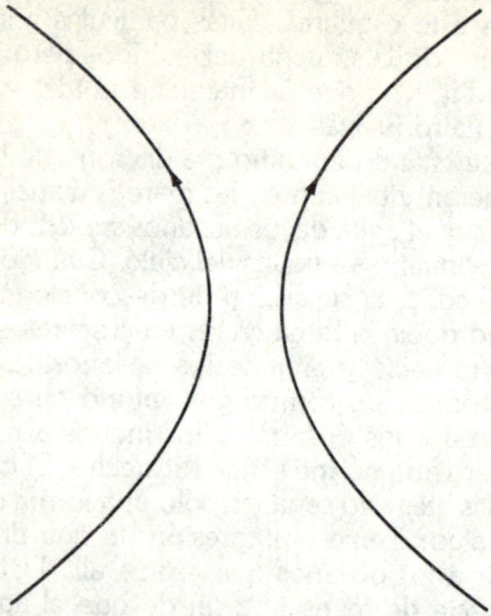

Figura 11. Se representa la dispersión de dos partículas cargadas mostrando como, al acercarse, sus trayectorias se curvan debido a la fuerza de repulsión eléctrica.

Aunque es fácil visualizar las trayectorias progresivamente curvadas de los dos electrones, esto no es lo que sucede realmente. Los electrones son partículas cuánticas, y su comportamiento se halla sujeto a todas las peculiaridades de la física cuántica. En primer lugar, los electrones no siguen trayectorias bien definidas en el espacio. Podemos quizá determinar sus puntos de partida y llegada, antes y después del fenómeno de la dispersión, pero el camino seguido entre los dos es oscuro e indeterminado. Más aún, la idea intuitiva de un electrón que intercambia energía y momento con el campo de una forma continua a medida que es acelerado entra en conflicto con la existencia de los fotones. Energía y momento sólo pueden ser transmitidos a través del campo en paquetes o cuantos. Una imagen más exacta de cómo el campo altera el movimiento de un electrón se obtiene al suponer que la partícula experimenta una brusca sacudida al absorber un fotón del campo. Observado a nivel cuántico, el fenómeno de la dispersión entre dos electrones puede ser representado como en la figura 12. La línea ondulada que une los caminos de los dos electrones representa a un solo fotón emitido por un electrón y absorbido por el otro. El fenómeno de la dispersión se ve ahora como un brusco cambio en la dirección del movimiento de cada uno de los dos electrones.

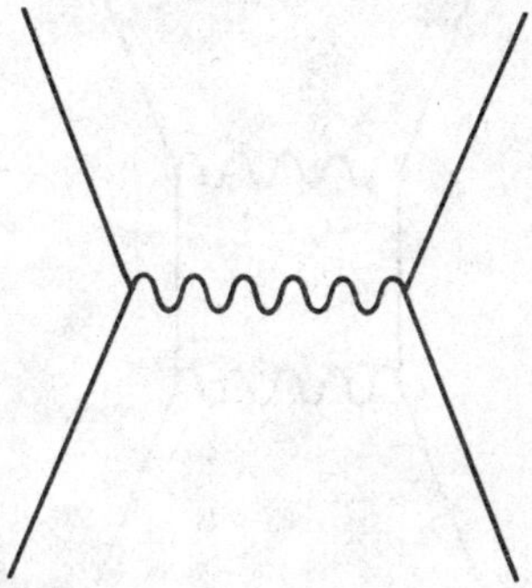

Figura 12. Según la descripción cuántica de la dispersión de partículas cargadas, la fuerza es transmitida por un fotón mensajero o "virtual" (línea ondulada) que se intercambia entre las partículas.

Este tipo de diagrama fue usado por primera vez por Richard Feynman –quien le dio un valor puramente simbólico– para representar los términos de una ecuación. Desde entonces, los diagramas de Feynman se han utilizado informalmente para representar en términos simples lo que se supone que ocurre realmente en el mundo físico. Tales representaciones son de una gran ayuda a la intuición pero deben interpretarse muy libremente. Por ejemplo, nunca es posible observar el brusco cambio de trayectoria de los electrones. Si observamos solamente sus posiciones de salida y llegada no sabremos el momento exacto en que se intercambia el fotón, ni sabremos tampoco qué partícula lo ha emitido y cuál lo ha absorbido. Todos estos detalles se pierden en las nieblas de la incertidumbre cuántica.

Pese a esta advertencia, los diagramas de Feynman constituyen una buena representación de la versión cuántica de la fuerza. Podemos pensar que el fotón intercambiado es una especie de partícula mensajera que un electrón envía a otro para decirle: "¡Estoy aquí, muévete!"

Por supuesto, todos los procesos cuánticos se hallan sometidos a las reglas de la probabilidad, y así un intercambio de este tipo solamente se producirá bajo algunas condiciones bien determinadas. Es posible que los electrones intercambien dos o más fotones (fig. 13), aunque esto es menos probable.

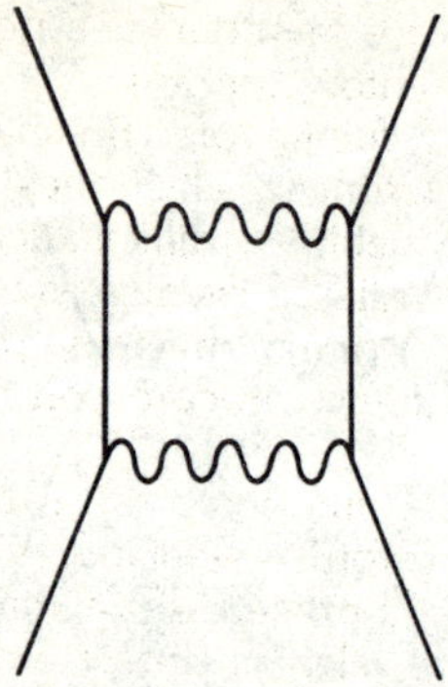

Figura 13. Dos electrones se dispersan mediante el intercambio de dos fotones mensajeros. Tales procesos representan sólo una pequeña fuerza correctora al proceso dominante de la figura 12.

Es importante darse cuenta de que no podemos ver a los fotones mensajeros que van de un electrón a otro. Los fotones mensajeros son una especie de arreglo privado entre los electrones. Sólo existen para decir a los electrones cómo moverse, y aunque posean energía y momento, no tienen por qué observar las reglas clásicas que rigen estas magnitudes. Los fotones mensajeros han sido comparados a la pelota que intercambian dos jugadores de tenis. Del mismo modo que la pelota de tenis configura la actividad de los jugadores, el fotón afecta el comportamiento de los electrones.

Con la introducción de la partícula mensajera, debemos ampliar el concepto de fotón. El fotón ya no es sólo una partícula de luz que podemos ver, sino también un ente más bien efímero, "visto" solamente por las partículas cargadas que se dispersan. A veces los fotones que vemos se llaman *reales* y los fotones mensajeros *virtuales*, en honor a su cualidad temporal, casi fantasmal. La distinción es algo artificial, pero ampliamente utilizada.

La descripción de la actividad electromagnética en términos de fotones virtuales mensajeros es mucho más que un modelo pintoresco de las fuerzas cuánticas. En realidad es una teoría matemática altamente sofisticada y detallada conocida como *electrodinámica cuántica*, o EDC para abreviar. Con la EDC, formulada poco después de la Segunda Guerra Mundial, los físicos tuvieron a su disposición una teoría que obedecía tanto a los principios de la mecánica cuántica como a los de la teoría de la relatividad. Era una excelente oportunidad de observar la labor conjunta de estos dos importantes aspectos de la nueva física y contrastarlos en experimentos prácticos.

Teóricamente, la EDC fue un logro notable. Los trabajos anteriores sobre la interacción de fotones y electrones habían conseguido solamente un éxito limitado debido a dificultades matemáticas. Pero una vez que los teóricos aprendieron las nuevas técnicas, todo encajó perfectamente en su lugar. La teoría ofrecía un procedimiento para calcular los resultados de cualquier proceso con fotones y electrones, por complicado que fuera.

Para determinar hasta qué punto encajaba la nueva teoría con el mundo real, los físicos fijaron su atención en dos efectos físicos particularmente interesantes. El primero se refería a los niveles de energía del átomo de hidrógeno, el más simple sistema atómico. Según la EDC, los niveles se desviarían ligeramente de la posición que deberían ocupar si los fotones virtuales no existieran. La teoría daba un valor muy exacto para esta desviación. Willis Lamb, de la Universidad de Arizona, realizó un experimento para detectarla y medir su valor tan exactamente como fuera posible. Ante la alegría general, cálculos y experimento coincidieron exactamente.

La segunda contrastación decisiva de la EDC tenía que ver con una muy pequeña corrección al campo magnético del electrón. Una vez más teoría y experimento estuvieron completamente de acuerdo. Los teóricos refinaron sus cálculos y los experimentadores mejoraron sus técnicas. Aunque la precisión de ambos iba haciéndose mayor, la concordancia permanecía invariable. Hoy en día experimentación y teoría concuerdan hasta los límites de su precisión: la coincidencia de valores supera las nueve cifras decimales. Esta sorprendente consistencia hace de la EDC la teoría científica cuantitativa de mayor éxito que existe en la actualidad.

En vista de estos triunfos es fácil comprender por qué la EDC llegó a convertirse también en el modelo de la descripción cuántica de las otras tres fuerzas de la naturaleza. Por supuesto, los distintos campos asociados con las demás fuerzas requerían distintas clases de partículas mensajeras. En el caso de la gravedad, se inventó una partícula llamada *gravitón*, que juega un papel análogo al fotón. Cuando dos partículas se ejercen una influencia gravitatoria mutua, intercambian gravitones. Podemos representar el proceso con diagramas muy similares a las figuras 12 y 13. Son los gravitones los que llevan el mensaje de la Luna a los océanos diciéndoles que suban y bajen al ritmo de las mareas. Los gravitones que enlazan la Tierra y el Sol mantienen nuestro planeta en su órbita. Una red de gravitones nos liga firmemente a todos nosotros a la Tierra.

Al igual que los fotones, los gravitones viajan a la velocidad de la luz; en consecuencia, son partículas cuya masa en reposo es cero. Pero ahí termina el parecido. Si los fotones llevan una unidad de spin, los gravitones llevan dos. Esta es una diferencia importante, ya que determina la dirección de la fuerza. En electromagnetismo, partículas idénticas, como dos electrones, se repelen mutuamente; en la gravedad, todas las partículas se atraen.

Los gravitones también se presentan en dos variedades: una real y otra virtual. Un gravitón real es un cuanto de una onda gravitatoria, del mismo modo que un fotón real es un cuanto de una onda electromagnética. En principio podemos "ver" los gravitones reales. Sin embargo, dado que la gravedad es una fuerza tan increíblemente débil, es imposible detectarlos directamente. Se acoplan a otras partículas cuánticas tan débilmente que la probabilidad de que un protón, por ejemplo, disperse o absorba un gravitón es prácticamente infinitesimal.

En cuanto a las fuerzas restantes, la fuerte y la débil (tabla 4), puede mantenerse también la idea básica del intercambio de una partícula mensajera. Sin embargo, hay importantes diferencias de detalle. La fuerza fuerte es responsable de mantener la unión de los quarks. Esto puede lograrse mediante un campo de fuerza similar al electromagnetismo, pero más complicado. Las fuerzas eléctricas dan lugar a la unión de dos partículas con cargas opuestas. En el caso de los quarks se forman grupos de tres partículas, lo cual nos hace pensar en un tipo de campo de fuerza más complicado, con tres variedades de "carga". Las partículas mensajeras que viajan entre los quarks, uniéndolos en parejas o en tríos, son llamadas *gluones*.

En el caso de la fuerza débil, la situación es un poco distinta. El alcance de esta fuerza es extremadamente reducido. La razón de ello es que las partículas mensajeras de la fuerza débil poseen una enorme masa en reposo. La energía encerrada en esta masa debe "tomarse prestada" con ayuda del principio de incertidumbre de la energía de Heisenberg que hemos visto ya en la página 40. Dado a que la masa (y por lo tanto la energía) que se ha tomado prestada es tan grande, las reglas del principio de incertidumbre requieren que el préstamo sea muy breve, sólo unos 10^{-26} segundos. Con tan corta vida, las partículas mensajeras no pueden ir lejos y el alcance de la fuerza es muy limitado.

Tabla 4

Fuerza	*Nombre del mensajero*	*Carga*	*Masa*
Electromagnetismo	Fotón	0	0
Gravedad	Gravitón	0	0
Fuerza débil	$W^{\pm}$	±1	85
	Z	0	95
Fuerza fuerte	Gluón	0	0

Las partículas mensajeras que transmiten las cuatro fuerzas de la naturaleza. La masa se ha expresado en unidades de la masa del protón.

Hay en realidad dos especies distintas de mensajeros débiles. Una de ellas es idéntica al fotón en todo excepto en la masa en reposo. No tiene nombre; se la designa simplemente por la letra Z. La partícula Z es esencialmente una nueva forma de luz. El otro tipo de partículas mensajeras débiles son las llamadas W, que difieren de las Z en cuanto que poseen carga eléctrica. En el capítulo 7 discutiremos con mayor detalle estas dos partículas, descubiertas en 1983.

La clasificación de las partículas en quarks, leptones y mensajeros incluye la totalidad de partículas subatómicas conocidas. Cada una de ellas juega un papel crucial, aunque distinto, en la constitución del Universo. Sin las partículas mensajeras no habría fuerzas y cada partícula desconocería la existencia de sus vecinas. No habría estructuras y no se producirían actividades ni consecuencias. Sin los quarks no habría núcleos atómicos ni luz solar. Sin leptones no existirían los átomos y no habría química ni, por lo tanto, vida.

¿CUÁL ES EL SENTIDO DE LA FÍSICA DE PARTÍCULAS?

El prestigioso periódico británico *The Guardian* incluyó recientemente un editorial cuestionando las motivaciones tras la física de partículas, una empresa de muchos millones de dólares que absorbe no sólo una apreciable fracción de los presupuestos nacionales para la ciencia sino también una apreciable proporción de talento intelectual. ¿Saben los físicos lo que están haciendo?, se preguntaba *The Guardian*. Y si lo saben, ¿qué utilidad tiene? ¿Quién, a excepción de los propios físicos, se preocupa de todas estas partículas?

Un par de meses más tarde, asistí en Baltimore a una conferencia de George Keyworth, asesor científico del presidente de Estados Unidos. Keyworth habló también de la física de partículas, pero su tono era muy distinto. Los físicos americanos se sentían mortificados ante el reciente anuncio del principal laboratorio de partículas europeo, el CERN, de que las partículas W y Z habían sido finalmente descubiertas en su enorme colisionador protón-antiprotón. Los americanos se habían acostumbrado de que fuera en sus laboratorios de altas energías donde se efectuaran los nuevos descubrimientos. ¿Era esto un indicio de decadencia científica, incluso nacional?

Keyworth no dudaba de que la prosperidad de Estados Unidos exigía que la nación se hallara al frente de la investigación científica. Los proyectos de física fundamental ocupan un lugar preeminente en esta empresa, dijo. Estados Unidos debía recuperar su supremacía en la física de partículas.

Aquella misma semana los teletipos zumbaron con la noticia del proyecto de un enorme acelerador americano destinado a una nueva generación de experimentos en física de partículas. El coste básico se situaba en unos 2.000 millones de dólares, lo que lo convertía en el aparato más caro jamás construido por el hombre. A su lado, el LEP, el gigantesco nuevo acelerador del CERN, sería un enano. El coloso del Tío Sam sería tan grande que en su interior cabría todo Luxemburgo. Enormes superconductores generarían los inmensos campos magnéticos necesarios para desviar los haces de partículas en el tubo anular, tan grande que debería ser instalado en pleno desierto. Me pregunté qué pensaría de todo aquello el director del *The Guardian*.

Apodado popularmente "el Desertrón", este impresionante aparato debe ser capaz de acelerar protones hasta veinte mil veces su energía en reposo. Hay muchas formas de interpretar este dato. Al límite de su velocidad, las partículas no alcanzarán la velocidad de la luz –la mayor velocidad en el Universo– por sólo 1 kilómetro por hora. Los efectos de la relatividad serán tan grandes que cada partícula pesará veinte mil veces más que cuando se halla en reposo. Desde el punto de vista de esta partícula, el tiempo se dilatará tanto que un segundo para ella corresponderá a cinco horas y media en nuestro marco de referencia. Cada kilómetro del tubo por el que circule le parecerá medir sólo cinco centímetros.

¿Por qué esta urgencia que sienten las naciones de destinar tan enormes recursos a machacar la materia cada vez con más violencia? ¿Tienen esas investigaciones alguna utilidad práctica concebible?

Sin duda existe un fuerte sentimiento nacionalista alrededor de la ciencia de vanguardia. Al igual que en el arte o el deporte, es estupendo ganar premios y recibir los aplausos del mundo. La física de partículas se ha convertido en algo parecido al símbolo de la virilidad nacional. Si un país lo hace bien y con un estilo espectacular, significa que no hay ningún error profundo en su ciencia e ingeniería, o en su economía. Eso infunde confianza en sus otros productos tecnológicos de variedad más exportable. La construcción de un acelerador y todos sus dispositivos accesorios exige un nivel muy alto de competencia tecnológica. Con las nuevas tecnologías se adquiere una valiosa experiencia que puede dar un importante impulso a otras empresas específicas. Por ejemplo, la investigación previa a la construcción de los imanes superconductores necesarios para el Desertrón se ha venido desarrollando en Estados Unidos durante veinte años. Sin embargo, todos estos beneficios son indirectos, difíciles de medir. ¿Hay resultados más tangibles?

Otro argumento común en apoyo a la investigación fundamental suena más o menos así: La física va como unos cincuenta años por delante de la tecnología. Cuando se producen nuevos descubrimientos, las posibles aplicaciones distan mucho de ser obvias. Sin embargo, muy pocos adelantos en la física básica han dejado de ser explotados más pronto o más tarde. Piensen en el trabajo de Maxwell sobre el electromagnetismo: ¿llegó él a prever las modernas telecomunicaciones? ¿Qué decir de la afirmación de Rutherford de que no creía que la energía nuclear pudiera llegar a tener jamás ningún uso práctico? ¿Quién puede decir lo que puede surgir del estudio de la física de partículas, qué nuevas fuerzas pueden ser liberadas, qué nuevos principios descubiertos que extiendan nuestra comprensión del mundo y nos proporcionen poder sobre una mayor variedad de condiciones físicas? Las aplicaciones pueden ser tan revolucionarias como la radio o la energía nuclear.

La mayoría de las ramas de la ciencia se aplican en algún momento a la tecnología militar. Hasta ahora, la física de partículas (en contraste con la física nuclear) ha permanecido relativamente inocente a este respecto. La mención de Keyworth, sin embargo, coincidió con una oleada de publicidad acerca del controvertido proyecto antimisiles del presidente Reagan. La proposición consiste en controlar los haces de partículas de alta energía para poder dirigirlos contra los misiles enemigos. Aquí tenemos una aplicación práctica, aunque siniestra, de la física de partículas.

La opinión prevaleciente es que un artilugio así es irrealizable (aunque hay rumores persistentes de que los rusos trabajan ya en uno). La mayor parte de los físicos de partículas consideran la idea tanto absurda como abominable, y han reaccionado con dureza contra la proposición del presidente. Keyworth los atacó por ello e hizo un llamamiento a todos los miembros de la comunidad física "para que consideraran qué papel podían desempeñar" en hacer del proyecto algo factible. Su petición (sin duda casualmente) siguió a sus observaciones sobre la necesidad de dedicar mayores fondos a la física de partículas de altas energías.

Mi opinión ha sido siempre que los físicos no deben sentirse obligados a defender la investigación básica apelando a otras motivaciones (especialmente de tipo militar), analogías históricas, o vagas promesas de artilugios milagrosos. Los físicos realizan sus investigaciones primariamente por sí mismas, guiados por una profunda curiosidad hacia la constitución del mundo y por un deseo de saber y comprender la naturaleza cada vez con mayor detalle. La física de partículas es una aventura humana sin paralelo. Durante dos milenios y medio la humanidad ha perseguido los constituyentes últimos de la materia, y ahora estamos cerca de poner fin a la persecución. Con nuestras colosales máquinas podemos observar el corazón mismo de la materia y arrancar a la naturaleza sus más íntimos secretos. Puede haber secuelas, pueden surgir subproductos tecnológicos; o puede que no aparezca nada que posea utilidad práctica. Pero esto es algo de muy poco valor real en una catedral o en un auditorio. Y, como observó Faraday en una ocasión: "¿Qué utilidad tiene un niño recién nacido?" Las empresas abstractas como la física de partículas son el testimonio de la inspiración del espíritu humano; e incluso en un mundo con necesidades materiales cada vez más apremiantes, sin ese espíritu estamos perdidos.

7. La doma del infinito

EL CAMINO A LA UNIDAD

Visitar un gran laboratorio acelerador de partículas es siempre una experiencia estimulante. Los centenares de científicos, ingenieros y personal auxiliar, la concentración de talento dedicado al manejo de un pequeño número de enormes máquinas, abruma con su poder y complejidad. La magnitud y dedicación de la empresa, la sensación de estar sondeando lo desconocido: todo se combina para dar la impresión de la más refinada ciencia.

Cuando visité el CERN para dar algunas conferencias en otoño de 1982, me di cuenta de que se estaba cociendo algo especial. Había una atmósfera de excitación y expectativa, una sensación de que había importantes descubrimientos a la vuelta de la esquina. Superficialmente, todo marchaba como siempre: pasillos llenos, científicos que se dirigían a zonas de experimentación o seminarios, visitantes absortos en urgentes conversaciones, recogiendo las últimas informaciones acerca de esto y aquello, teóricos que garabateaban ecuaciones sobre pizarras o interminables hojas de papel, secretarias ante sus máquinas de escribir, técnicos que observaban entre cables y tubos, el ruido de los platos y las charlas en la cafetería a la hora de comer. En el CERN se estaban desarrollando por aquel entonces varios experimentos al mismo tiempo. Los aceleradores en sí, alojados en fríos edificios de cemento o invisibles en sus caparazones subterráneos, no ofrecían ningún signo de actividad. Lo más probable era que el transeúnte casual no sospechara nada de las fuerzas que se desencadenaban en las entrañas de aquellos titanes tecnológicos.

El mayor de los aparatos del CERN era en aquella época el colisionador de protones-antiprotones un tubo en forma de anillo de varios kilómetros de circunferencia en el que protones y antiprotones circulan en direcciones opuestas. Cuando los haces de partículas alcanzan el nivel de energía adecuado, son lanzados a una colisión frontal. Entonces los protones aniquilan a los antiprotones, liberando una energía que produce lluvias de nuevas partículas que saltan en todas direcciones desde el punto del impacto. Las trayectorias de esas partículas se detectan con la ayuda de dispositivos electrónicos especiales que son activados por el paso de cuerpos cargados eléctricamente. Con una batería de tales dispositivos se puede obtener una reconstrucción tridimensional del impacto. La máquina recibe los protones y los antiprotones de una serie de dispositivos periféricos, uno de los cuales crea los explosivos antiprotones y los almacena en un anillo magnético especial antes de inyectarlos en el colisionador. El sistema fue ideado por un físico italiano, Carlo Rubbia. En otoño de 1982, Rubbia era el hombre de moda.

Aunque el colisionador no había alcanzado todavía su capacidad prevista, los físicos impacientes intentaban obtener una visión anticipada del tipo de colisiones que aquellas nuevas energías crearían. Pese a moverse por territorios no cartografiados, el equipo del CERN seguía teniendo aún la teoría como guía, y un esperado hito se erguía muy alto por encima de todos los demás. Si los cálculos eran correctos, cualquier día los físicos conseguirían ver un nuevo tipo de partícula –la W–, el mensajero de la fuerza débil. La existencia de la partícula W se había predicho hacía décadas, pero nadie la había visto nunca. Una confirmación de su existencia señalaría el primer paso en el camino hacia la superfuerza.

En diciembre los experimentadores no tenían ya ninguna duda. Zumbaron rumores por todo el mundo. Y entonces, a mediados de enero de 1983, Rubbia convocó a la prensa. La partícula W había sido descubierta.

Esencialmente, toda la ciencia es una búsqueda de la unidad. El método científico debe su notable éxito a la capacidad de los científicos de estructurar fragmentos de conocimiento. Crear lazos de unión es una de las más fundamentales y satisfactorias tareas científicas. El nexo entre la gravedad y el movimiento de los planetas descubierto por Newton fue el heraldo del nacimiento de la era científica. La conexión entre microbios y enfermedad hizo de la medicina moderna una auténtica ciencia. El vínculo entre las propiedades termodinámicas de un gas y la caótica agitación de sus moléculas dio lugar a la teoría atómica de la materia. La relación entre masa y energía abrió el camino a la potencia nuclear.

Cada vez que se crean nuevos lazos, nuestra comprensión del mundo natural se amplía y nuestro control sobre él se hace mayor. Los nuevos lazos hacen algo más que unificar un cuerpo de conocimiento.

Abren caminos a fenómenos hasta entonces insospechados. En consecuencia, ese proceso de relacionar y unir es a la vez una síntesis del conocimiento y un estímulo que propulsa el empeño científico hacianuevos y más ricos pastos.

La física fundamental siempre se ha ocupado de la unificación del conocimiento. Pero lo ocurrido desde principios de los años 70 se halla más allá de toda comparación. Parece que nos encontramos en el umbral de una unificación más poderosa y más profunda que cualquiera de las anteriores. Existe una creciente creencia entre los físicos de que estamos a punto de alcanzar nada más y nada menos que una teoría unificada de todo cuanto existe.

Las teorías completas del Universo no son nuevas. La mayoría de las religiones pretenden describir los mundos natural y sobrenatural en su totalidad cósmica. Pero las cosmologías místicas se hallan enraizadas en la antigua sabiduría, la revelación divina y la teología compleja. No hay dos de ellas que sean iguales.

Las teorías científicas de este tipo son raras, aunque no desconocidas. El astrónomo británico Arthur Eddington, por ejemplo, intentó dar una descripción total de la materia, fuerza y creación en su libro *Fundamental Theory*, publicado en 1946. Las ambiciosas ideas de Eddington eran en gran parte, sin embargo, el sueño personal de un científico aislado y quizá un tanto excéntrico. Ahora, por primera vez, tanto la experimentación como la teoría han avanzado hasta el punto en que puede aventurarse una teoría completa del Universo que descansa sobre hipótesis comprobables y ampliamente aceptadas.

El estímulo subyacente a este gran salto adelante procede del estudio de las fuerzas fundamentales de la naturaleza. En el Capítulo 5 vimos que los físicos reconocen cuatro fuerzas fundamentales: gravedad, electromagnetismo, fuerza débil y fuerza nuclear fuerte (o gluón). En la década de 1850, Maxwell unió electricidad y magnetismo en una sola teoría electromagnética. Luego, en la década de los 1920, Einstein inició un intento sistemático de unificar electromagnetismo con su nueva teoría de la gravedad (la teoría general de la relatividad).

Pronto se vio superado por los acontecimientos. Se descubrieron las fuerzas nucleares, la débil y la fuerte, y así cualquier intento de unificar las fuerzas de la naturaleza debía tener en cuenta no dos sino cuatro fuerzas fundamentales. Sin embargo, la fascinación proseguía. ¿Por qué debía haber cuatro fuerzas distintas? La perspectiva de describir toda la actividad natural en términos de una sola superfuerza unificada seguía siendo un sueño compulsivo, aunque remoto. Hoy ese sueño ya no es tan remoto. Muy pronto puede convertirse en una realidad.

El paso decisivo hacia la unificación fue dado a finales de los años 60. Por aquel entonces, los teóricos habían obtenido un éxito sin precedentes al aplicar la teoría cuántica a los campos. El concepto de campo, inventado hacía más de un siglo, había demostrado poseer una gran variedad de aplicaciones prácticas. Del matrimonio entre la mecánica cuántica y el campo electromagnético surgió la electrodinámica cuántica (EDC), con su legendaria exactitud y poder de predicción.

Desgraciadamente, no se tuvo tanto éxito con las otras tres fuerzas de la naturaleza. La teoría cuántica de la gravedad, con sus gravitones mensajeros que transmiten la fuerza gravitatoria, se anegó en complejidades matemáticas. La fuerza débil no se comprendía bien: no se aceptaba la existencia de la partícula Z, y la descripción en términos del intercambio de partículas W sólo funcionaba en los tipos más simples de procesos de baja energía. La fuerza fuerte se comprendía menos todavía. Resultaba claro que los hadrones en general, y los protones y neutrones en particular, no eran partículas elementales, pero la teoría de los quarks aún no se hallaba firmemente establecida. Las fuerzas entre los hadrones eran a todas luces muy complicadas, pero nadie sabía cómo representar la estructura interna de los hadrones para obtener una descripción más simple en otros términos.

Así pues, en los años 60 de cada una de las cuatro fuerzas de la naturaleza se ocupaba una teoría distinta, y de ellas solo una, la EDC, funcionaba bien. Los teóricos empezaron a preguntarse dónde residía el éxito de la EDC. ¿Cuáles eran los rasgos del campo electromagnético, no compartidos por los demás campos de fuerza, que permitían que la descripción cuántica funcionara tan bien? Si estos rasgos podían ser identificados, tal vez fuera posible modificar la teoría de las demás fuerzas para incorporar los ingredientes cruciales.

EL VACÍO VIVIENTE

El espacio vacío no parece un tema de estudio muy prometedor. Sin embargo, contiene la clave de la comprensión completa de las fuerzas de la naturaleza. La idea de vacío es fácil de visualizar: una región de espacio de la cual se ha retirado todo: partículas, campos, ondas. En la práctica, es imposible conseguir un vacío perfecto. Incluso en el espacio exterior queda siempre un pequeño residuo de gas o plasma, así como el fondo universal de radiaciones dejadas por el *big bang*. No obstante, podemos discutir el vacío como una idealización.

Cuando los físicos empezaron a estudiar la teoría cuántica de los campos, descubrieron que el vacío no era lo que durante mucho tiempo había parecido ser: un espacio totalmente desprovisto de sustancia y actividad. La física cuántica parecía capaz de hacer sus trucos incluso en ausencia de cualquier tipo de partículas cuánticas.

La fuente de esos trucos reside en el principio de incertidumbre de Heisenberg aplicado a la energía. En el Capítulo 2 vimos cómo la ley de la conservación de la energía puede quedar en suspenso por los efectos cuánticos durante un brevísimo intervalo de tiempo. Durante este breve lapso la energía puede ser "tomada en préstamo" para todo tipo de finalidades, una de las cuales es la creación de partículas. Cualquier partícula producida de esta forma será de muy corta vida, ya que la energía que le es adjudicada debe ser devuelta tras una brevísima fracción de segundo. Sin embargo, así pueden surgir partículas de la nada, partículas que gozan de una efímera existencia antes de desvanecerse de nuevo en el olvido. Esta evanescente actividad no puede ser impedida. En todo espacio, por vacío que sea, siempre habrá algunas de estas partículas temporales cuya visita está financiada por el préstamo de Heisenberg. Esas partículas "fantasma" temporales no pueden verse, aunque es posible que dejen huellas físicas de su breve existencia. Son, de hecho, una forma de partícula "virtual", similar a las partículas mensajeras, pero sin nada en los "extremos de la línea" que envíe o reciba el mensaje. Viajan del vacío al vacío, testigos de la existencia de un campo de fuerza, pero sin nada permanente sobre lo que actuar.

En consecuencia, lo que puede parecer un espacio vacío es un hirviente caldo de cultivo de partículas virtuales. El vacío no es inerte y sin facciones, sino lleno de energía y vitalidad. Una partícula "real" como el electrón debe ser siempre contemplada sobre este fondo de frenética actividad. Cuando un electrón cruza el espacio, está en realidad nadando en un mar de partículas fantasma de todas las variedades –leptones virtuales, quarks, partículas mensajeras– en una compleja mezcolanza. La presencia del electrón distorsionará esta irreducible actividad del vacío, y la distorsión actuará a su vez sobre el electrón. Aún en reposo, el electrón no está en reposo: lo asaltan constantemente, de todos los modos posibles, otras partículas del vacío.

Si dos electrones intercambian un fotón mensajero, la transacción no es más que otra alteración en un mar de intercambios. Toda descripción adecuada de las fuerzas que actúan entre las partículas debe tener en cuenta esos cuantos virtuales adicionales. La experiencia total de una partícula dada en presencia de campos de fuerza incluirá procesos de intercambio de dos, tres o más mensajeros, mensajeros que sufren interacciones con las partículas del vacío, las cuales se aferran a su vez a las partículas transmisoras y receptoras: un número infinito de interacciones que tendrán lugar al mismo tiempo.

En la figura 14 se presenta un ejemplo relativamente simple de uno de esos procesos de orden superior. Una de las partículas fuente emite un fotón virtual que luego produce un par electrón-positrón. Los miembros de este par intercambian luego otro fotón virtual antes de aniquilarse mutuamente para formar otro fotón virtual que a su vez es absorbido por la partícula receptora. Es posible que este diagrama sea tan sólo un fragmento de otro diagrama aún más complicado, en el cual las dos partículas fuente existen sólo temporalmente antes de transformarse en otra cosa.

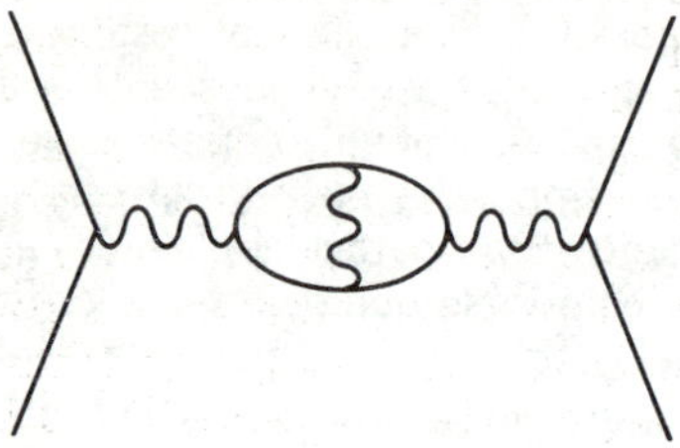

Figura 14. Interacción compleja entre dos partículas debida al intercambio de un fotón mensajero que a su vez afecta y es afectado por otras partículas mensajeras.

Las interacciones entre partículas son, pues, algo producido por redes de creciente complejidad, tejidas con agitados intercambios entre distintas clases de partículas virtuales. Un campo de fuerza, de hecho, nunca es estático. Siempre hay partículas fantasma yendo y viniendo, apareciendo y desapareciendo, entrelazadas en un resplandeciente esquema de energía.

A primera vista, parece que la infinita complejidad de toda esta actividad anula cualquier esperanza por nuestra parte de comprender, ni siquiera calcular, las fuerzas entre las partículas reales. Afortunadamente, no es éste el caso. Resulta que, al menos en la EDC, a medida que se hace más y más complejo el proceso, menor es su efecto sobre las partículas reales. En el ejemplo de la dispersión de dos electrones, la contribución dominante procede del intercambio de un solo fotón mensajero. Los demás procesos dan lugar simplemente a pequeñas correcciones. Para cálculos prácticos no se acostumbra a tener en cuenta más de tres o cuatro diagramas, a menos que se requiera una muy extremada exactitud.

Imaginemos que dejamos caer una nueva partícula en este agitado mar de actividad del vacío. Inmediatamente, la partícula adicional se rodea a sí misma de una envoltura de vibrante energía. No podemos observar directamente esta envoltura de energía; supongamos, sin embargo, que poseemos un microscopio mágico, capaz de detectar todos los cuantos virtuales. Si miramos por este microscopio, en el centro veremos la partícula "desnuda", que supondremos que es un electrón. En los límites exteriores de la nube que la rodea se agitan fotones de baja energía, que sondean el espacio en torno al electrón y se enlazan con las fantasmales semiformas del vacío, fundiéndose en el agitado mar de cuantos virtuales que saturan todo el espacio.

Si penetramos más en ese recubrimiento, veremos que los fotones virtuales son más energéticos, su actividad es más agitada. Algunos de los fotones se transforman ocasionalmente en pares de electrones y positrones que se fusionan otra vez rápidamente para dar paso a un nuevo fotón. A veces se producen intercambios más complicados entre un mayor número de partículas virtuales. Más cerca aún del electrón, descubrimos que la envoltura late con energía. Allí, partículas más pesadas se mezclan incoherentemente con los fotones; podemos ver quarks, leptones pesados, partículas mensajeras de todas las variedades.

Aumentando la potencia del microscopio, observaremos que a medida que nos acercamos al electrón la energía de la envoltura que lo recubre aumenta rápidamente, al parecer sin límites. Esto representa una gran crisis.

EL MILAGRO DE LA EDC

A veces se dice que de cada una de las crisis en la ciencia nace una nueva teoría. La crisis revelada por nuestro imaginario microscopio es un síntoma de una arraigada desazón en el concepto de campo. Pese a su impresionante éxito, la teoría cuántica de los campos falla estrepitosamente en un punto crucial.

El origen de la dificultad puede ser rastreado hasta la física clásica. Un planeta como la Tierra produce un campo gravitatorio que, por ejemplo, actúa sobre la Luna. Además, el campo de la Tierra actúa también sobre la misma Tierra. La materia bajo nuestros pies está atrapada por la propia gravedad terrestre. Esta "autoacción" parece ser una consecuencia inevitable de la teoría del campo.

Antiguamente se creía que una partícula como el electrón era una versión a menor escala de la Tierra, una pequeña y sólida esfera con una carga eléctrica repartida uniformemente por toda ella. Al igual que la Tierra actúa sobre sí misma por medio de la gravedad, un electrón debe actuar sobre sí mismo por medio de las fuerzas eléctricas. Los dos casos, sin embargo, difieren en un importante aspecto: la gravedad es de índole atractiva y mantiene a la Tierra unida; las fuerzas eléctricas en el interior del electrón son de índole repulsiva, y tienden a despedazar el electrón. Nos hallamos, pues, ante el incómodo problema de averiguar qué otras fuerzas deben actuar para contrarrestar la repulsión eléctrica y mantener así la unidad del electrón.

Con la llegada de la teoría de la relatividad los problemas de representar el electrón en términos de una pequeña esfera sólida se complicaron; surgió una nueva dificultad producto de la suposición de que el electrón es un cuerpo rígido. Imaginemos que damos un golpe seco a una bola esférica para que salga disparada en una determinada dirección. Si la bola fuera perfectamente rígida, se movería sin cambiar de forma. Para ello, todas las regiones de la bola deben empezar a moverse simultáneamente. Pero esto contradice el principio de que ninguna influencia física puede viajar más rápidamente que la luz. La región de la bola más alejada del punto de impacto no sabrá nada del golpe, y así no responderá a él, hasta que la onda de choque, moviéndose por el interior de la bola –no más aprisa que la luz– llegue hasta ella. En consecuencia, la región de la bola más cercana al punto de impacto empezará a moverse antes que el resto de la bola. Así, pues, la bola cambiará de forma; no puede ser perfectamente rígida. Pero si el electrón puede ser estrujado y aplastado, entonces puede en un principio desmembrarse. No es, pues, una partícula elemental. Así, cabe esperar ver trozos de materia cargada de todas las formas y tamaños; pero, de hecho, todos los electrones son indistinguibles entre sí.

Para salir de este dilema los físicos se vieron obligados a abandonar la idea de que el electrón es una esfera sólida. En vez de ello, lo consideraron como un punto sin estructura ni extensión. Esto eliminó el problema de la cohesión interna del electrón, pero introdujo una nueva fuente de dificultades. Esta vez los problemas procedían del campo que rodea al electrón. La fuerza eléctrica de un cuerpo cargado disminuye con la distancia de acuerdo con la ley de la inversa del cuadrado. Por otra parte, el campo aumenta de intensidad en las inmediaciones de la fuente. En el caso de que la fuente sea un punto, la fuerza del campo crece sin límites a medida que se acerca a la fuente. Esto significa que la energía eléctrica total del sistema es infinita.

La existencia de un campo de energía infinito asociado al electrón puntual parece asestar un golpe de muerte a la teoría del campo. Si el electrón poseyera una energía infinita sería infinitamente pesado, lo cual es absurdo. Los teóricos debían elegir entre abandonar el modelo del electrón puntual o encontrar una forma de eludir el callejón sin salida. Se encontró esta forma, aunque para algunos es como si se hiciera trampa. Se conoce como "renormalización".

Imaginemos que por arte de magia "desconectamos" la carga de un electrón. El campo que emana de él desaparecerá, junto con toda la energía eléctrica. Nos quedará lo que podríamos llamar un electrón "desnudo", despojado del campo electromagnético que lo envuelve. Podemos preguntarnos cuál es la masa de este electrón desnudo. La masa observada de un electrón real consta de dos partes: su masa desnuda más la masa de la energía eléctrica generada por el campo. Lo embarazoso es que la parte de la energía eléctrica es infinita. Esto sería claramente un contrasentido si pudiéramos realmente desconectar la carga eléctrica del electrón, puesto que ninguna magnitud física puede sufrir una variación infinita. Pero no podemos hacerlo. La carga no puede ser desconectada. Cuando observamos un electrón percibimos todo el conjunto, campo incluido. Y la masa *observada* es, por supuesto, finita. Así que, ¿debemos preocuparnos realmente si nuestros cálculos nos dicen que una parte inseparable de la masa del electrón es aritméticamente infinita?

La respuesta es que hay personas que se preocupan, pero no demasiado seriamente. La presencia de términos infinitos en la teoría es una bandera de aviso de que algo está mal, pero si el infinito no aparece nunca en una magnitud observable podemos simplemente ignorarlo y seguir adelante con nuestros cálculos. Para conseguirlo, el infinito debe ser eliminable de algún modo para seguir calculando. En la práctica, el físico teórico simplemente ajusta, o "renormaliza", el punto cero de la escala utilizada para medir la masa, desplazándolo el equivalente de una cantidad infinita. Es más o menos como decidir medir la altura de un avión respecto al nivel del suelo en vez del nivel del mar, sólo que en el caso del electrón el desplazamiento de la escala es una cantidad infinita. El teórico nos dice que no importa, que de todos modos no hay ningún punto cero privilegiado en la escala de masas; cualquier cambio en nuestra elección –incluso un cambio infinito– nunca será observable en el mundo real.

Con este juego de manos matemático, la descripción del electrón se desembaraza de los valores infinitos que amenazaban con reducir la teoría al absurdo. De todos modos, había otro problema en la descripción cuántica del electrón puntual. El problema reside en la naturaleza de los fotones virtuales.

Hemos visto que cada electrón está revestido de una capa de vibrante energía cuántica constituida por todo tipo de partículas virtuales. Preguntémonos por la causa de esta capa. Originalmente, los fotones virtuales fueron introducidos para describir cuánticamente cómo un electrón señala a otro que desea ejercer una fuerza. Es posible, sin embargo, que un electrón solitario *actúe sobre sí mismo* con fotones virtuales. En la teoría clásica esta autoacción es también posible y da lugar a valores infinitos si el electrón es tratado como un punto. La descripción cuántica de una autoacción es que, hablando pintorescamente, un electrón se envía un fotón mensajero a sí mismo. En la figura 15 se ilustra este tipo de acción: un fotón virtual emitido por un electrón se aventura a una corta distancia en el espacio y regresa para ser resorbido por el mismo electrón. La idea de un fotón girando en redondo parece sorprendente, pero hay que recordar que las nociones del sentido común no se aplican al reino de los cuantos, donde la rebelión es la norma.

Figura 15. Una partícula cargada emite y luego resorbe su propia partícula mensajera. Este proceso da lugar a una "autoacción" que dota de energía a la partícula. Matemáticamente, la cantidad total de energía producida por un bucle como éste es infinita.

En consecuencia, desde la perspectiva cuántica, el campo electromagnético que envuelve el electrón es una comitiva de fotones virtuales que se agitan en torno a la partícula, se aferran a ella y forman una tenaz envoltura de energía. Los fotones van y vienen muy rápidamente. Aquellos que permanecen cerca del electrón, cerca del centro de la envoltura, poseen una energía considerable; de hecho, si calculamos la energía total de la envoltura de fotones, obtenemos de nuevo un valor infinito.

Ante este resultado, el teórico puede proceder a "renormalizar" la energía infinita, como hizo en la teoría clásica. Esta vez, sin embargo, las cosas no son tan sencillas. El bucle de la figura 15 es sólo uno de los procesos posibles mediante los que un electrón puede actuar sobre sí mismo. Hay bucles de autoacción más complicados, como el de la figura 16. Aquí, el fotón mensajero crea un par electrón-positrón virtual que *se mueve* en torno al bucle. Es obvio que a medida que los bucles se complican aumenta el número total de formas de acción de un electrón sobre sí mismo mediante partículas mensajeras. Cada uno de esos bucles inyecta al sistema una cantidad infinita de energía. Cada trama concebible de bucles produce una energía infinita. En vez de encontrarnos con un solo infinito como en la teoría clásica, nuestros cálculos se llenan ahora de una interminable secuencia de términos infinitos. Podemos eliminar paso a paso un infinito sustrayendo artificialmente un término infinito, pero en cuanto lo hacemos aparece de nuevo otro infinito. Parece no haber escapatoria.

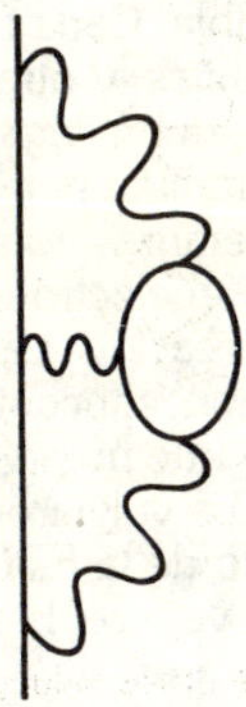

Figura 16. Procesos de autoacción más complicados conducen a más efectos de energía infinita. En la EDC todos estos efectos, por complicados que sean, pueden eludirse matemáticamente mediante una simple operación de sustracción ("renormalización").

Sin embargo, ocurre algo milagroso. Cuando esta horrenda secuencia de condiciones infinitas se empaqueta convenientemente (matemáticamente hablando), resulta que podemos deshacernos de todo el paquete con un solo movimiento. Una sola sustracción infinita o renormalización borra todos los infinitos, independientemente de cuán complicado fuera el bucle que los produjo. Naturalmente, demostrar que este milagro funciona realmente fue un auténtico *tour de force* que tuvo lugar hace treinta años. Sin él, la teoría se hubiera convertido en una maraña carente de sentido.

Naturalmente, los teóricos estuvieron encantados con el resultado. Es agradable saber que algo funciona bien, que ya no hay nada misterioso en la interacción entre electrones y fotones. Calificaron a la EDC de "teoría renormalizable" y pasaron a confirmar aquellos diminutos efectos debidos a las partículas virtuales fueron comprobados experimentalmente con tanta exactitud, como el cambio en el nivel de energía del átomo de hidrógeno medido por Lamb y la pequeña corrección al campo magnético del electrón. La extraordinaria concordancia entre teoría y experimento a este nivel de detalle mostró que todas aquellas partículas virtuales y efectos de vacío no eran una simple invención de los teóricos, una ficción de la imaginación. Eran realmente necesarios para obtener una descripción exacta del mundo atómico.

Espoleados por este notable éxito, los teóricos volvieron su atención a las otras fuerzas de la naturaleza para ver si el truco de la renormalización les era también aplicable. Cada campo de fuerza genera su propio conjunto de energías infinitas (y otras cantidades infinitas además). Tenían la esperanza de que el milagro de la eliminación de los infinitos en la EDC funcionara también para aquellas fuerzas.

Desgraciadamente, estas esperanzas no se realizaron. De las cuatro fuerzas de la naturaleza, tan sólo el electromagnetismo parecía poseer la propiedad mágica de renormalización. Las partículas mensajeras de las demás fuerzas –tal como eran concebidas por aquel entonces– generaban interminables infinitos que no podían ser eliminados de una vez como en la EDC. Los teóricos volvieron a los tableros de diseño para descubrir el secreto del éxito de la EDC. Pronto se hizo evidente que todo aquello tenía algo que ver con la simetría.

LA SIMETRÍA SEÑALA EL CAMINO

El historiador y escritor C. P. Snow ha hablado acerca de las "dos culturas" en que se divide la moderna sociedad tecnológica: en líneas generales, la científica y la artística. Muchos científicos, sin embargo, poseen un sensible gusto artístico. Les gusta la pintura y la escultura, con frecuencia tocan instrumentos musicales con una rara habilidad, y tienden a poseer una profunda apreciación del estilo y la belleza. Especialmente para los teóricos, la misma ciencia puede convertirse en una forma de arte, una mezcla sutil de matemáticas y milagro.

En el Capítulo 4 vimos cómo el juicio estético juega un papel importante en el desarrollo científico. Entre los ejemplos más claros se halla la aplicación de la simetría a la física fundamental. De hecho, en los últimos años la veta de la simetría ha sido tan poderosa que ha dominado áreas enteras de la física. En la actualidad parece seguro que la simetría es la clave de la adecuada comprensión de las fuerzas de la naturaleza. Los físicos creen que las fuerzas sólo existen para que la naturaleza pueda mantener un conjunto de simetrías abstractas en el mundo.

¿Qué tienen que ver las fuerzas con la simetría? La proposición anterior parece desconcertante y oscura. Una fuerza es algo que empuja y tira de la materia o que transforma las identidades de las partículas. La simetría es un concepto completamente distinto, relacionado con la armonía y la simplicidad de formas.

Para hallar la respuesta a esta pregunta recapacitemos primero sobre el concepto de simetría. En términos generales, algo es simétrico si no varía bajo una cierta operación. Una esfera es simétrica porque tiene el mismo aspecto tras hacerla girar sobre su centro. El arco de una catedral es simétrico, ya que no cambia si invertimos derecha e izquierda con respecto a la línea vertical que pasa por su centro. Las leyes de la electricidad son simétricas con respecto a la inversión de las cargas positivas y negativas. Y así sucesivamente.

Las simetrías responsables de la nueva concepción de las cuatro fuerzas son de un tipo muy particular y se conocen como simetrías de gauge. En el Capítulo 4 hemos dado algunos ejemplos de estas simetrías abstractas, como la invariabilidad de las leyes de la mecánica respecto a los cambios de altura. Las simetrías de gauge tienen que ver con la idea de renumerar o reestimar el nivel o la escala o el valor de alguna magnitud física, y un sistema posee una simetría de gauge si la naturaleza física del sistema no cambia bajo una alteración de ese tipo. Veamos ahora, con la ayuda de un ejemplo sencillo, cómo la noción abstracta de efectuar una reestimación puede relacionarse con la idea más concreta de una fuerza física.

Imaginemos que nos hallamos en una nave espacial en las profundidades del espacio, muy lejos de cualquier planeta u otro cuerpo astronómico, viajando a velocidad constante y en línea recta. No sentimos ninguna fuerza ni sensación de movimiento. Nos hallamos completamente ingrávidos, flotando libremente. Es una imagen fácil de visualizar.

Ahora deseamos efectuar una "reestimación" de este escenario. Es decir, deseamos alterar la descripción dando nuevos valores a una cierta magnitud, en este caso la distancia. Supongamos que la nave espacial sigue viajando aún a velocidad constante por el espacio, pero en una trayectoria paralela y a un kilómetro de distancia de la original. ¿Qué efectos tendrá este cambio para el pasajero? Ninguno, por lo menos en lo que a fuerzas se refiere. El pasajero sentirá exactamente lo mismo que en la situación anterior. Más exactamente, el comportamiento de los objetos físicos a su alrededor es independiente por completo de qué movimiento en línea recta efectúe el vehículo. Hay una clara simetría involucrada en este ejemplo. Podemos hacerla explícita con la afirmación de que las leyes de la física son invariables bajo una traslación (es decir, variación) de la distancia. Hasta ahora, las fuerzas no han hecho su entrada todavía.

Tras reestimar la distancia, la trayectoria de la nave espacial es aún una línea recta. El cambio de distancia fue *el mismo* en cada uno de los puntos del recorrido. Expresado de forma distinta, el cambio de distancia fue el mismo en todas partes, un concepto conocido por los físicos como una transformación "global" de gauge. El carácter global es importante: si la nueva escala variara continuamente a lo largo de la trayectoria de la nave espacial, la trayectoria subsecuente sería una línea serpenteante. Una nave espacial programada para seguir una trayectoria así debería tener sus motores constantemente en marcha, y se movería en zigzag de un lado para otro empujando al pasajero de aquí para allá. Éste sentiría las fuerzas. El comportamiento de los objetos físicos de la nave a su alrededor se distorsionaría por las maniobras. Los cambios de escala que varían de un lugar a otro se conocen como transformaciones "locales" de gauge. Evidentemente, las leyes de la física no son invariantes bajo transformaciones locales de gauge, que curvan la trayectoria de la nave espacial y hacen que el pasajero se sienta incómodo. ¿O acaso lo son?

Consideremos un caso sencillo; supongamos que tras la nueva estimación de las distancias programamos la nave espacial para volar en círculo a una velocidad constante. El astronauta siente la curvatura de la trayectoria ya que no continúa ingrávido. Ya no flota libremente. Por el contrario, se ve impulsado contra la pared de la nave por la fuerza centrífuga. La física en el interior de esta cápsula que se mueve circularmente es muy distinta de la física en una cápsula en movimiento uniforme y rectilíneo.

Imaginemos que nosotros somos este astronauta que gira una y otra vez en el espacio vacío. Nos dormimos, y al despertar nos descubrimos de nuevo ingrávidos. "Ah –pensamos–, la nave vuelve a avanzar en línea recta." Miramos por la ventanilla y para nuestra sorpresa descubrimos que las estrellas siguen girando. ¿Cómo podemos sentirnos ingrávidos si nos movemos en círculo? Una mirada por la ventanilla del lado opuesto de la nave nos revela la razón: nos hallamos en órbita circular en torno a un planeta.

Uno de los espectáculos más divertidos del auténtico vuelo espacial se da cuando los astronautas flotan ingrávidos mientras se hallan en órbita en torno a la Tierra. Sus experiencias en este estado son indistinguibles de las de un astronauta que recorre el espacio interestelar en línea recta hacia las estrellas a velocidad constante. Aquí tenemos un profundo principio de la naturaleza: la física en una trayectoria curva en torno a un planeta es la misma que en una trayectoria recta en el espacio profundo. Y la razón es clara: la *gravedad* del planeta *neutraliza* los efectos de curvatura de la trayectoria de la nave. Los físicos dicen que la gravedad es un "campo compensador"; puede compensar exactamente la desviación de un sistema con respecto al movimiento en línea recta. Naturalmente, hemos escogido un ejemplo sencillo, un movimiento circular. Para obtener la compensación adecuada en una nave que se mueve de forma serpenteante sería necesario un campo gravitatorio mucho más complicado; pero el hecho es que, sea cual fuere la trayectoria asignada a una nave, es posible concebir un campo gravitatorio que devuelva a sus pasajeros el confort y la ingravidez. En principio, siempre puede hacerse que la gravedad elimine las violentas sacudidas de una trayectoria errática.

De esta historia se desprende una conclusión que, de hecho, es muy profunda. Puede conseguirse que las leyes de la física sean simétricas incluso bajo transformaciones *locales* de estimación de la distancia, siempre que se introduzca un campo gravitatorio para compensar las variaciones de punto a punto. A los físicos les gusta dar la vuelta a esta afirmación y decir que el campo gravitatorio es el modo de la naturaleza de mantener una simetría de gauge local, es decir, de permitir la libertad de reestimar la escala de distancia arbitrariamente de lugar en lugar. En ausencia de gravedad, no hay más que una simetría global; sólo podemos transformar una trayectoria rectilínea en otra sin distorsionar la física. Con la gravedad, podemos pasar a una trayectoria de cualquier forma sin cambiar la física. Una simetría, recordemos, es la invariabilidad de algo bajo una operación. La simetría que aquí está en juego es la invariabilidad de la física bajo cambios arbitrarios de forma en la trayectoria de un movimiento. Vista de este modo, la fuerza de la gravedad es simplemente una manifestación de una simetría abstracta –una simetría de gauge local– subyacente a la física del mundo. Es como si el Gran Diseñador se dijera a sí mismo: «¡Cuánto admiro la belleza de la simetría! ¡Qué estupendo sería tener simetrías de gauge en todas partes! Que así sea. ¡Oh! Acabo de inventar un nuevo campo. Lo llamaremos gravedad.»

La potencia del concepto de simetría de gauge es que no solamente la gravedad sino las cuatro fuerzas de la naturaleza pueden ser generadas de esta forma. Todas ellas pueden ser consideradas como "campos de gauge". En una descripción *cuántica* de los campos de gauge asociados a las partículas de materia, el concepto de cambio de estimación debe ampliarse, relacionándolo con la fase de la onda cuántica que determina a la partícula. No es necesario explicar los detalles técnicos. El punto esencial es que la naturaleza exhibe un cierto número de simetrías de gauge locales y se ve impulsada a introducir varios campos de fuerza para compensar los cambios consiguientes. Los campos de fuerza pueden interpretarse como el modo que tiene la naturaleza de imponer simetrías de gauge locales en el mundo. Desde este punto de vista, el campo electromagnético, por ejemplo, no es simplemente un tipo particular de campo de fuerza que existe porque sí. Es en realidad una manifestación de la simetría de gauge *más simple conocida* que es consistente con los principios de la relatividad especial. Las transformaciones de gauge en este caso corresponden a cambios de "voltaje" de punto a punto.

Es intrigante pensar que un físico teórico que no supiera nada de electromagnetismo, pero que creyera juiciosamente que la naturaleza está basada en la simetría, podría deducir su existencia enteramente de las condiciones de la más simple de las simetrías locales de gauge y de la llamada simetría de Lorentz-Poincaré de la relatividad especial que mencionamos en el Capítulo 4. Utilizando solamente las matemáticas y guiado por esas dos poderosas simetrías, el teórico podría ser capaz de reconstruir las ecuaciones de Maxwell sin haber realizado nunca ningún experimento con la electricidad o el magnetismo y sin sospechar siquiera su existencia. Probablemente pensaría que, puesto que las simetrías en cuestión son muy simples y elegantes, sería muy extraño que la naturaleza no se sirviera de ellas. Con este razonamiento puramente abstracto, nuestro teórico se vería abocado a esperar que el electromagnetismo existiera en el mundo real. Podría llegar incluso a elaborar todas las leyes del electromagnetismo, la existencia de las ondas de radio, la posibilidad de la dinamo, etc., que en realidad fueron descubiertas utilizando experimentos prácticos. Es tan grande el poder del análisis matemático en la descripción del mundo, que puede llevarnos a intuir situaciones que nunca han sido observadas y ni siquiera sospechadas con anterioridad.

El concepto de simetría de gauge resulta ser mucho más que una agradable elegancia matemática. Es la clave de la construcción de teorías cuánticas de las fuerzas que se hallan libres de los destructivos términos infinitos discutidos en la sección anterior. La simetría de gauge se halla íntimamente relacionada con la renormalización. El milagro de la EDC depende en última instancia de la profunda y sencilla simetría estructural del campo electromagnético. Esto nos hace pensar que los problemas del tratamiento cuántico de los tres campos de fuerza restantes descansan en nuestro desconocimiento de las simetrías encarnadas en ellos. Por ejemplo, si supiéramos describir la fuerza débil como un campo de gauge, quizá podríamos encontrar una fructífera descripción cuántica de esta fuerza.

A primera vista, sin embargo, parece alzarse un serio obstáculo en el camino. Una de las características de los campos de gauge es que son de largo alcance. La libertad de efectuar cambios de estimación en todas partes requiere campos de fuerza compensadores que puedan actuar en cualquier punto del espacio. Esto ocurre con la gravedad y el electromagnetismo, que ejercen su influencia sobre objetos distantes, pero la fuerza débil es de un muy corto alcance. En lenguaje cuántico, el gravitón y el protón carecen de masa, pero los mensajeros de la fuerza débil, las partículas W y Z, tienen mucha. Esto parece cerrar el camino a cualquier interpretación de la fuerza débil como un campo de gauge. En los años 60, sin embargo, se halló una salida lateral a esta objeción, y la física dio uno de sus periódicos grandes saltos hacia adelante.

8. La gran trinidad

UNA NUEVA FUERZA

Los historiadores considerarán los años 70 de nuestro siglo como la época en que los científicos descubrieron que, después de todo, las fuerzas de la naturaleza no eran cuatro. Las fuerzas electromagnética y débil, muy diferentes superficialmente, son de hecho dos partes de una sola fuerza, la fuerza electrodébil, cuya existencia nunca se sospechó.

La unificación de estos dos campos de fuerza fue un avance histórico en el camino hacia la superfuerza. El primer paso lo había dado Maxwell más de un siglo atrás, cuando unió electricidad y magnetismo. La teoría electrodébil fue en gran parte obra de dos hombres que trabajaron independientemente uno de otro: Steven Weinberg, de la Universidad de Harvard, y Abdus Salam, del Imperial College de Londres. Ambos, sin embargo, se basaron en la obra anterior de Sheldon Glashow. Su teoría tuvo una gran influencia en la configuración de la física de partículas en los años siguientes.

La esencia de la teoría de Weinberg y Salam es una descripción de la fuerza débil en términos de un campo de gauge. Sin dar este paso no hay ninguna esperanza de unificación. En el capítulo anterior vimos que el concepto de simetría de gauge es el elemento clave para la formulación de una teoría de fuerzas libre de los problemas de los términos infinitos.

Para tratar la fuerza débil como un campo de gauge debemos suponer que todas las partículas sensibles a esta fuerza actúan como fuentes de un nuevo tipo de campo –un campo de fuerza débil–, aunque nosotros no lo apreciemos directamente. Las partículas que interactúan débilmente, como los electrones y los neutrinos, llevan una "carga débil" análoga a la carga eléctrica que acopla estas partículas al campo débil.

Si el campo de fuerza débil debe ser un campo de gauge (es decir, un modo de la naturaleza de compesar los cambios de escala locales de algún tipo), debemos empezar por descubrir la forma precisa de la simetría involucrada. Hemos visto que el electromagnetismo es la simetría de gauge más simple. No es, pues, una sorpresa que la fuerza débil posea una estructura simétrica más complicada que la fuerza electromagnética. En el ejemplo de la desintegración del neutrón, la fuerza débil se manifiesta a través de no menos de cuatro tipos diferentes de partículas (neutrón, protón, electrón y neutrino), y la acción de la fuerza nos permite identificar transformaciones entre esas partículas. En contraste, el campo electromagnético no produce ningún cambio de identidad en las partículas fuente.

Así, pues, la fuerza débil encarna una simetría de gauge más complicada que está relacionada con cambios de identidad de las partículas. Encontramos una simetría de este mismo tipo al final del Capítulo 4 bajo el nombre de "simetría isotópica del spin". Originariamente, la simetría isotópica del spin pretendía dar cuenta de la fuerza fuerte nuclear entre protones y neutrinos. Recordemos que un cambio de estimación en este caso corresponde a girar el mando imaginario que mezcla las identidades de protones y neutrinos. Se creía que las fuerzas nucleares son invariantes bajo tales transformaciones imaginarias. Weinberg y Salam, en su descripción de la fuerza débil en términos de campo de gauge, sacaron la simetría isotópica del spin del reino de la física nuclear y la adaptaron al tema completamente distinto de la interacción *débil*. Se sirvieron también de la idea de una simetría que mezcla identidades, pero la hibridación afectaba ahora a las fuentes de la fuerza débil, como electrones y neutrinos.

Imaginemos un mando mágico que nos permite transformar electrones en neutrinos y viceversa. A medida que giramos el mando, la cualidad electrónica de los electrones se desvanece gradualmente hasta que se convierten en neutrinos. Al mismo tiempo, la cualidad neutrínica de los neutrinos se desvanece a medida que se transforman en electrones. Esto no puede ocurrir en la realidad, pero los teóricos pueden explorar las consecuencias de estos procesos ficticios examinando las ecuaciones que describen las partículas y las fuerzas.

Lo que acabamos de describir es un ejemplo de reestimación global. Es global porque al girar el mando se altera la identidad de cada electrón y de cada neutrino del Universo. En el capítulo anterior vimos como el paso de una simetría de gauge global a una local nos lleva a la invención de campos de fuerza, necesarios para compensar los cambios de escala que difieren en cada punto. Reevaluar la definición de posición en cada punto servía para introducir el concepto de campo gravitatorio. La reestimación global descrita por el mando mágico puede convertirse también en local. Podemos imaginar que tenemos un mando distinto en cada punto del espacio y que disponemos las posiciones de todos los mandos de forma distinta. Una vez hecho, harán falta nuevos campos de fuerza para mantener la simetría, para compensar el caótico emplazamiento de los mandos. Estos nuevos campos de fuerza describen exactamente la fuerza débil. El hecho de que la simetría de gauge subyacente sea bastante más complicada que la electromagnética queda reflejado en el hecho de que son necesarios tres nuevos campos de fuerza para mantener la simetría. Esto contrasta con el único campo electromagnético. No es difícil dar una descripción cuántica de esos tres campos: habrá tres nuevos tipos de partículas mensajeras, una para cada campo.

¿Hasta qué punto describen esos campos la fuerza débil? La finalidad de los campos es compensar las variaciones en la mezcla de identidades de electrones y neutrinos. (La teoría puede usarse también para otros leptones o para los quarks.) Esto significa que cada vez que se emite o absorbe un cuanto del campo habrá un cambio brusco en la identidad de la partícula. Un electrón puede transformarse en un neutrino o viceversa. Esto es exactamente lo que ocurre cuando actúa la fuerza débil.

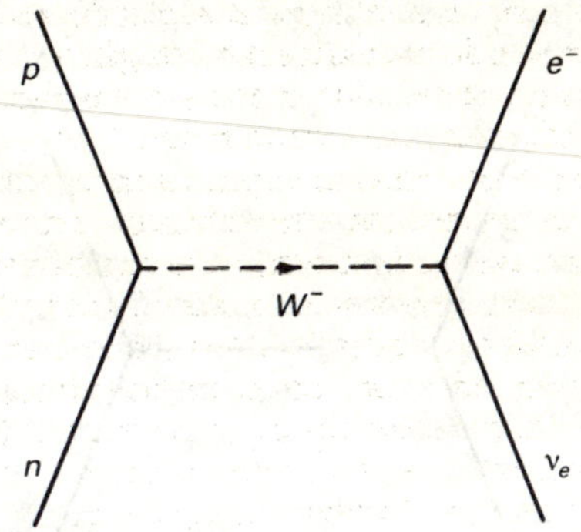

Figura 17. En este proceso de fuerza débil un neutrón (n) se encuentra con un neutrino (ν_e), y se transforman en un protón (p) y un electrón (e^-). Un examen cuidadoso revela que este efecto se debe al intercambio de una partícula mensajera cargada (W^-), que pasa del neutrón al neutrino. La W^- produce la transformación de un neutrón en un protón al cambiar el "sabor" de uno de sus quarks de "d" (abajo) a "u" (arriba) en el instante de su emisión.

En la figura 17 se presenta un proceso típico de fuerza débil. El experimentador ve este acontecimiento como una dispersión: un neutrón (n) encuentra a un neutrino (ν_e), y las dos partículas sufren cambios de identidad que dan como resultado la producción de un protón (p) y un electrón (e). En una descripción más detallada en términos de intercambio de partículas mensajeras, un quark abajo del neutrón se transforma en un quark arriba (y el neutrón pasa a protón), emitiendo un mensajero (representado por la línea discontinua) que es posteriormente absorbido por el neutrino, transformándolo en un electrón. Dado que el protón tiene carga eléctrica positiva, la partícula mensajera debe poseer una carga negativa (a causa de la ley de la conservación de la carga). Esta carga negativa termina en el electrón. La partícula mensajera cargada negativamente se denomina W^-. Habrá también una antipartícula cargada positivamente, W^+. La W^+ puede transmitir la fuerza débil de, digamos, un antineutrón a un antineutrino.

Las partículas W^+ y W^- dan cuenta de dos de los tres campos de fuerza débil que predice la teoría de Weinberg y Salam. El campo que falta corresponde a una partícula mensajera eléctricamente neutra, la Z. Cuando la teoría se formuló por primera vez, la idea de un mensajero neutro para la fuerza débil era una novedad. Si la partícula Z existía, debía manifestarse como una fuerza débil entre partículas que no implicara ninguna transferencia de carga eléctrica. En la figura 18 se da

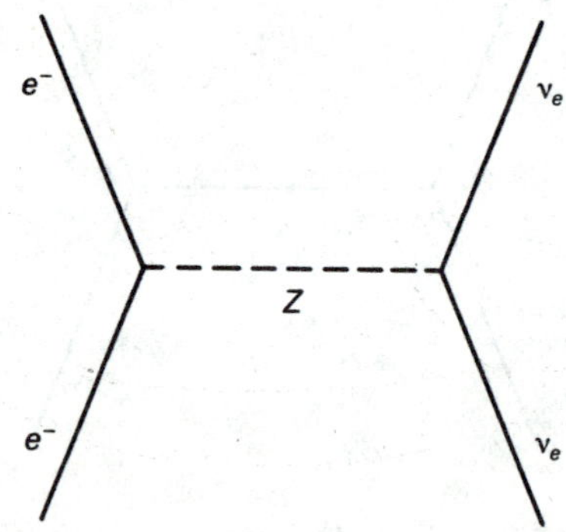

Figura 18. La teoría de Salam y Weinberg predice que los electrones pueden dispersar neutrinos mediante el intercambio de un nuevo tipo de partícula mensajera de fuerza débil eléctricamente neutra, la Z. La confirmación experimental de estos procesos se obtuvo a mediados de los años 70.

un ejemplo de esta situación: un electrón y un neutrino se dispersan mutuamente mediante el intercambio de una partícula Z. En 1973, un largo experimento en el CERN demostró la existencia de fuerzas débiles eléctricamente neutras. Con ello se dio un fuerte impulso a la teoría de Weinberg y Salam.

Pese a este feliz acuerdo entre teoría y observación, la descripción de la fuerza débil en términos de un campo de gauge tiene que superar todavía un obstáculo importante. Los campos de gauge son, por su misma naturaleza, de largo alcance, y la teoría parece implicar inevitablemente que las partículas mensajeras carecen de masa, como el fotón. En realidad, la fuerza débil es de muy corto alcance mientras que la masa de sus partículas mensajeras es enorme. Si la teoría asignara una masa a las partículas W y Z, la crucial simetría de gauge se desvanece. ¿Cómo es posible obtener lo mejor de ambos mundos, es decir, la simetría de gauge y, al mismo tiempo, las partículas mensajeras con masa?

El acertijo fue resuelto por Weinberg y Salam en 1967. La solución dependía de una sagaz idea conocida como "interrupción espontánea de la simetría". Veamos qué es.

Imaginemos una superficie lisa en forma de sombrero mexicano en posición horizontal (fig. 19). Situemos una pequeña esfera en el centro de su copa. El sistema posee ahora una simetría obvia: no cambia al hacerlo girar en torno al eje vertical que pasa por el centro del som-

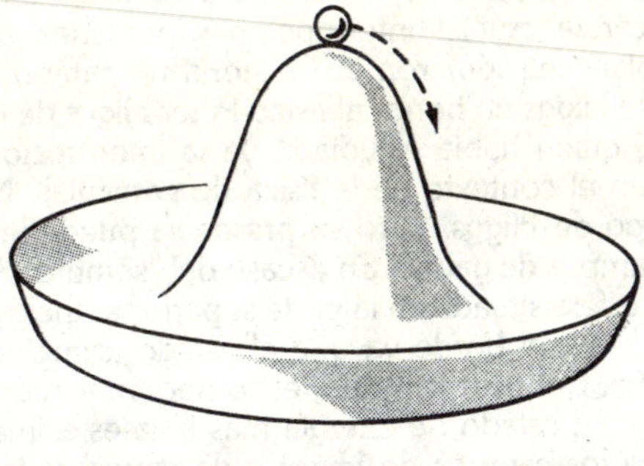

Figura 19. Interrupción espontánea de la simetría. Coloquemos la esfera en la parte superior del "sombrero mexicano". En esta configuración hay una simetría rotacional total. Sin embargo, la configuración es inestable y la esfera rueda espontáneamente hacia abajo, deteniéndose en algún punto arbitrario. La simetría rotacional se pierde. El sistema ha canjeado simetría por estabilidad.

sombrero. En lo que respecta a la fuerza de gravedad, no hay una dirección horizontal preferida (la gravedad actúa verticalmente); un lugar cualquiera del borde es equivalente a cualquier otro.

Aunque el sistema es simétrico, no es estable. Si soltamos la esfera, ésta no permanecerá inmóvil para siempre en la copa del "sombrero", sino que pronto rodará por un costado y se detendrá en algún lugar inferior. Con ello desaparecerá la simetría. La bola se habrá detenido en un lugar determinado del borde del sombrero, determinando así una dirección horizontal privilegiada con respecto al eje central. La simetría se habrá canjeado por la estabilidad. En la configuración estable, la simetría rotacional subyacente de las fuerzas (en este caso la gravedad) seguirá existiendo, pero estará oculta. El estado real del sistema no reflejará ya la simetría de las fuerzas que lo controlan.

Esta misma idea general fue explotada por Weinberg y Salam, aunque en su caso la simetría era de gauge y no rotacional, y la interrupción espontánea correspondía al estado cuántico adoptado por los campos de fuerza. Así, en su teoría, la simetría de gauge subyacente se halla aún presente en los campos, pero éstos no pueden subsistir en un estado que refleje esta simetría, ya que un estado tal es inestable. En consecuencia, el campo se "hunde" en un estado estable que destruye la simetría y dota de masa a las partículas mensajeras. Naturalmente, los detalles son más complicados que en el ejemplo del "sombrero mexicano", pero la idea básica es la misma: la simetría sigue estando ahí en las leyes subyacentes pero no se halla reflejada en el estado real del sistema. Por esta razón, los físicos no descubrieron esta vital simetría en sus veinticinco años de estudio de la fuerza débil.

Para explicar la crucial interrupción espontánea de la simetría Weinberg y Salam introdujeron en la teoría un campo adicional, llamado campo de Higgs en honor al físico Peter Higgs de la Universidad de Edimburgo, quien había estudiado ya la interrupción espontánea de la simetría en el contexto de la física de partículas. Nadie ha visto nunca un campo de Higgs, pero su presencia puede tener un efecto crucial en los campos de gauge. En el caso del "sombrero", el estado de simetría con la esfera situada en la parte superior es inestable. La esfera prefiere rodar hasta el borde ya que el estado asimétrico posee una energía más baja. Del mismo modo, el comportamiento del campo de Higgs es tal que su estado de energía más baja es asimétrico. El acoplamiento entre los campos de Higgs y de gauge es lo que dota de masa a las partículas W y Z. La teoría predice también la existencia de una partícula de Higgs –un cuanto del campo de Higgs– con spin cero y gran masa.

Una vez adoptada la idea de la interrupción espontánea de la simetría, Weinberg y Salam pudieron dar el siguiente paso trascendental y combinar el electromagnetismo y la fueza débil en una sola teoría. Para lograr que los dos campos emergieran de una teoría unitaria, hacía falta partir de una simetría de gauge más compleja, una que incorporara tanto la simetría simple asociada con el electromagnetismo como la simetría del "spin isotópico" asociada con la fuerza débil. Así, pues, hay cuatro campos presentes en esta teoría: el campo electromagnético y tres campos de fuerza débil. El siguiente paso era lograr que el campo de Higgs originara una interrupción espontánea de la simetría. Inicialmente, los cuantos W y Z carecen de masa, pero el efecto de la interrupción de la simetría hace que algunas de las partículas de Higgs se unan con las partículas W y Z y las doten de masa. Tal como lo planteó Salam, las partículas W y Z devoran las partículas Higgs a fin de ganar peso. El fotón permanece invariable a lo largo de este proceso y sigue sin tener masa.

La teoría de Weinberg y Salam explica perfectamente por qué las fuerzas electromagnética y débil parecen tener propiedades tan distintas. La estructura subyacente de sus campos de fuerza es en realidad muy parecida; ambos son campos de gauge. Es el efecto de la interrupción de la simetría lo que introduce las diferencias. No observamos la simetría de la fuerza débil porque se halla oculta por la interrupción de la simetría.

Otra gran diferencia entre las dos fuerzas es su intensidad. ¿Por qué la fuerza débil es tan débil? Esto también lo explica la teoría. Si la simetría no se interrumpiera, la intensidad de ambas fuerzas sería comparable. La interrupción de la simetría debilita la parte de la fuerza débil. De hecho, la intensidad de la fuerza débil se halla directamente relacionada con las masas de las partículas W y Z. Puede decirse que la fuerza débil es tan débil porque las partículas W y Z son tan masivas.

Cuando Weinberg y Salam publicaron su teoría a finales de los años 60 quedaba aún en pie un importante desafío teórico. ¿Era renormalizable la teoría? ¿Funcionaría la eliminación del infinito de la EDC para los campos electrodébiles combinados? Este problema fue abordado por Gerhardt't Hooft, de la Universidad de Utrecht, a principios de los años 70. La tarea era formidable, con complejos y tediosos cálculos de términos sucesivos de una larga secuencia para localizar los implacables infinitos. Parte del trabajo lo realizó un ordenador. Más tarde, Gerhardt't Hooft describió cómo, una vez terminados los cálculos, examinó ansiosamente el resultado:

«Unos cuantos modelos sencillos dieron resultados alentadores: en estos ejemplos seleccionados todos los infinitos se cancelaban, independientemente del número de partículas intercambiadas y del número de bucles en los diagramas de Feynman. La prueba decisiva la obtendría tras la búsqueda de infinitos por parte del ordenador en todos los diagramas posibles de dos bucles. Los resultados de esa prueba se hallaron disponibles en julio de 1971; el resultado del programa fue una ininterrumpida hilera de ceros. Todos los infinitos se cancelaron exactamente.»

Evidentemente, el alto grado de simetría incluido en la teoría electrodébil era el elemento crucial para evitar la catástrofe de los infinitos. Era una lección bien aprendida.

Faltaba únicamente una prueba experimental definitiva de la nueva teoría. La confirmación más satisfactoria debía ser la identificación positiva de las aún hipotéticas partículas W y Z.

En la mayoría de circunstancias, las partículas W y Z no son observables en el laboratorio. Permanecen como cuantos virtuales, intercambiados como mensajeros entre otras partículas. Ahora bien, si el sistema recibe suficiente energía, el préstamo de Heisenberg que financia la efímera existencia de las partículas W y Z podrá ser devuelto y estas partículas se harán "reales", es decir, escaparán y llevarán una existencia independiente. Con una masa tan grande (casi la masa de noventa protones), la liberación de partículas W y Z requiere enormes cantidades de energía, de modo que tan solo el reciente desarrollo de grandes aceleradores hizo posible su producción e identificación.

Con el descubrimiento de las partículas W y Z en 1983, la teoría de Weinberg y Salam fue triunfalmente confirmada. Ya no era necesario hablar de cuatro fuerzas fundamentales. Las fuerzas electromagnética y débil eran simplemente dos aspectos de una única fuerza electrodébil. En 1979, Weinberg y Salam recibieron el premio Nobel por su gran logro, premio que compartieron con Sheldon Glashow de la Universidad de Harvard por sentar los fundamentos de la teoría en un trabajo anterior.

Inspirados por los brillantes logros de la teoría electrodébil, los físicos empezaron a preguntarse si era posible una mayor unificación. Quizá existían realmente sólo dos fuerzas fundamentales en la naturaleza; o quizá tan sólo una única superfuerza. No pasó mucho tiempo antes de que la fuerza fuerte fuera sometida a un intenso escrutinio.

LOS QUARKS COLOREADOS Y LA EDC

La idea de que la fuerza fuerte pudiera amalgamarse con la fuerza electrodébil no tardó en aparecer tras el éxito de la teoría de Weinberg y Salam. Pero antes de que una unificación así fuera posible era necesario dar a la fuerza fuerte la forma de un campo de gauge. Hemos visto cómo representar la fuerza fuerte en términos del intercambio de gluones que unen a los quarks en pares o tríos para formar los llamados hadrones. Podemos describir este proceso en términos de un campo de gauge utilizando una vez más una generalización del concepto de simetría isotópica del spin.

La idea esencial es la siguiente. Cada quark posee un equivalente de carga eléctrico que actúa como la fuente del campo del gluón. A falta de una palabra mejor, esta "carga" es llamada *color*. (No se pretende ninguna conexión, por supuesto, con el color ordinario.) El campo electromagnético se genera solamente por una clase de carga, pero el campo del gluón, más complicado, requiere tres cargas de distinto color. Cada quark, pues, puede presentarse en uno de tres colores posibles, designados arbitrariamente como rojo, verde y azul.

La simetría de gauge asociada a esos colores puede visualizarse una vez más en términos de un "mando mágico" que mezcla identidades. En este caso, el mando posee *tres* indicadores –rojo, verde y azul (fig. 20)– en vez de dos. Girar el mando corresponde a convertir los quarks rojos en verdes o azules, y así sucesivamente, según la situación. Aquí también la conversión es continua: el rojo se transforma lentamente en azul, etc.

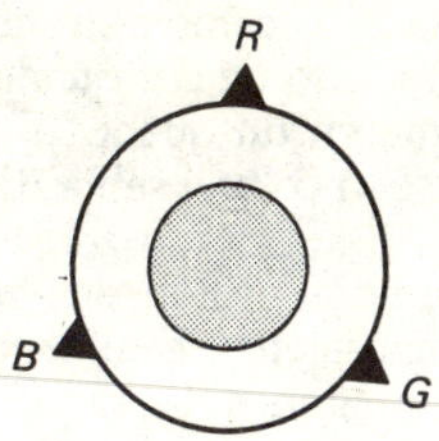

Figura 20. El mando mágico equipado con tres indicadores representa la simetría de gauge asociada al color de los quarks. La fuerza interquark (gluón) permanece inmutable aunque se gire el mando que mezcla los colores: rojo (R), azul (B) y verde (G).

La teoría se desarrolla de modo análogo a la fuerza débil. La exigencia de una simetría de gauge local –invariabilidad bajo variaciones independientes de color en cada punto en el espacio– requiere la introducción de campos de fuerza compensadores. Esta vez, puesto que el mando posee tres indicadores en vez de dos, la simetría en cuestión es más compleja, hecho que se refleja en el mayor número de campos de fuerza que son necesarios para mantener la simetría local. De hecho, hay que apelar a un total de *ocho* nuevos campos de fuerza compensadores. Las partículas mensajeras de esos campos son, por supuesto, los gluones; por consiguiente, debe haber ocho tipos distintos de gluones. Comparemos este número con la única partícula mensajera del electromagnetismo (el fotón) y las tres de la fuerza débil (W^+, W^-, y Z).

Los antiquarks se presentan en tres anticolores (antirrojo, antiverde y antiazul). Los gluones mismos tienen también color, si bien compuesto, como el azul-antiverde. Cuando un quark envía un gluón mensajero, debe cambiar de color para pagar el color que se lleva el gluón. Así, un quark rojo puede emitir un gluón rojo-antiazul y transformarse en azul. Del mismo modo, un quark verde que absorbe un gluón azul-antiverde pasa a ser azul. Y así en los demás casos.

El efecto de la emisión o absorción de gluones es cambiar la identidad de un quark, por ejemplo de rojo a verde. A este respecto la fuerza fuerte se parece a la fuerza débil, en la cual la emisión de una partícula W transforma, por ejemplo, un electrón en un neutrino. Los quarks están sometidos también a la fuerza débil, pero el cambio de identidad producido por la emisión de un mensajero débil es distinto del ocasionado por la emisión de un gluón. Si los gluones cambian el *color* de los quarks, la fuerza débil cambia su *sabor*. Por ejemplo, cuando un neutrón se desintegra, uno de sus quarks "d" (abajo) emite una partícula W^- y se transforma en un quark "u" (arriba). Es importante recordar que los quarks poseen color y sabor, dos propiedades que no deben confundirse.

En un hadrón típico como el protón, sus tres quarks intercambian constantemente gluones mensajeros, cambiando de color. Los cambios, sin embargo, no son arbitrarios. La teoría impone una regla muy importante que este juego cromático debe cumplir: en todo momento la "suma" de los tres colores debe ser: rojo + verde + azul. Apurando la analogía con los colores reales, podemos decir que la combinación de colores de los quarks de un hadrón debe dar siempre como resultado "blanco" (mezclando los colores primarios rojo, verde y azul se obtiene blanco). Esta es la simetría de gauge fundamental. La acción de los campos de gluones compensa los cambios internos de color de los quarks a fin de mantener la pura blancura del hadrón.

Hay hadrones que constan de un par quark-antiquark; son los mesones. Puesto que un antiquark tiene anticolor, toda combinación de este tipo será incolora ("blanca"). Por ejemplo, un quark rojo combinado con un quark antirrojo da un mesón incoloro. Los leptones son también incoloros, ya que son insensibles a la fuerza del gluón.

La teoría cuántica del color –o cromodinámica cuántica (CDC)– explica perfectamente las reglas de las combinaciones de quarks elaboradas originariamente sobre una base *ad hoc* en los años 60. Desde el punto de vista de la CDC, la fuerza fuerte no es más que la insistencia de la naturaleza en mantener una simetría abstracta, en este caso que todos los hadrones sean blancos aunque sufran cambios internos de color. Si queremos esta simetría de gauge abstracta, debemos aceptar los campos de gluones. Pero no necesitamos inventarlos; surgen automáticamente de las matemáticas.

Hay un rasgo importante de la fuerza fuerte que no hemos mencionado todavía. Cuando se inventó la teoría de los quarks, parecía relativamente fácil confirmarla. Lo único que hacía falta era destruir un hadrón y observar los quarks constituyentes. Un quark aislado sería muy conspicuo, ya que su carga eléctrica es 1/3 o bien 2/3 de la carga de cualquier otra partícula.

Aunque se usaron aceleradores cada vez más grandes, resultaba imposible descomponer un hadrón, y los físicos empezaron a dudar de la corrección de la teoría. Por supuesto, si el protón contiene quarks, tiene que ser posible extraer uno de ellos administrándole un golpe lo bastante fuerte. Sin embargo, aunque lo golpeemos con una energía equivalente a muchas veces su propia masa en reposo, el protón se niega resueltamente a desintegrarse. Todo lo que se obtiene en estas ocasiones es una lluvia de nuevos hadrones. Los quarks aislados nunca han sido observados.

Una estrategia alternativa de búsqueda de quarks es recurrir a la naturaleza. Si hay quarks, es razonable suponer que se producen en algún lugar de forma natural. Presumiblemente, en la creación original de la materia primero surgieron los quarks, que luego se combinaron entre sí para formar hadrones. Puede conjeturarse razonablemente que algunos quarks no encontraron pareja y siguieron aislados, vagando por el Universo. Así, pues, el análisis de la materia corriente podía revelar la presencia de estos quarks solitarios.

William Fairbank, de la Universidad de Stanford, se embarcó en esta búsqueda. Examinó cuidadosamente pequeñas muestras de minerales naturales, como el niobio, para ver si contenían algunas partículas de carga 1/3 o 2/3. Lo hizo observando el comportamiento de las muestras al ser sometidas a la acción de un campo eléctrico fuerte. Fairbank repitió sus cuidadosos experimentos a lo largo de varios años, y en algunas ocasiones informó de resultados positivos. Afirmó que había detectado la presencia de partículas de carga fraccionaria en algunas de las muestras. Ahora bien, experimentos similares realizados en otros lugares no han podido confirmar sus resultados, y muchos físicos se muestran escépticos. ¿Significa esto que aún se duda de la existencia de los quarks? En absoluto. Hay un creciente convencimiento de que los quarks *sólo* pueden existir en el interior de los hadrones. Si es así, debe haber alguna ley de la naturaleza que prohíba la existencia de quarks aislados. Cada vez que se intenta extraer un quark de un hadrón, algo impide sacarlo por completo. Ese algo es, presumiblemente, el campo de fuerza del gluón. Los quarks deben hallarse tan fuertemente sujetos en el interior del hadrón que ninguna fuerza en el Universo puede romper sus lazos y liberarlos. Los físicos dicen que los quarks se hallan "permanentemente confinados" en el interior de los hadrones; y la falta de explicación de este hecho es el llamado "problema del confinamiento".

SUPERADHESIVO

Un importante reto teórico es explicar el confinamiento de los quarks en términos de una teoría de campos de gauge. Si pudiera observarse un quark aislado, presentaría una carga de color particular: rojo, verde o azul. Si los quarks permanecen confinados, no vemos su color, tan sólo el "blanco" dominante o combinaciones incoloras. Si el confinamiento es permanente, la naturaleza no nos permite observar los colores puros. Está prohibido. Eso explicaría por qué los leptones, a diferencia de los quarks, sí pueden existir aisladamente: los leptones carecen de color.

Pero ¿qué ocurre si intentamos extraer un quark de un hadrón? ¿Qué clase de superadhesivo es éste que los mantiene tan tenazmente sujetos que nunca pueden soltarse?

Un importante indicio de la naturaleza de la fuerza que actúa entre los quarks surgió de los experimentos del SLAC, mencionados en un capítulo anterior, en los que se hacía chocar protones con electrones a muy alta energía. Los resultados indicaron que a cortas distancias la fuerza se desvanece más o menos y los quarks se comportan esencialmente como partículas libres. Puede obtenerse más información analizando el comportamiento de los mesones, cuyo par quark-antiquark forma un sistema que recuerda a un átomo de hidrógeno. Estudiando los estados de excitación del átomo de hidrógeno se concluye que la fuerza eléctrica entre el protón y el electrón satisface la ley de la inversa del cuadrado y que su atracción mutua se reduce progresivamente con la distancia. Estudios similares de los estados de excitación de los mesones apuntan hacia una situación completamente contraria. A medida que las dos partículas se alejan y adquieren estados energéticos más altos, la fuerza entre ellas se vuelve más intensa.

Esos resultados parecen indicar que la fuerza que actúa entre los quarks es muy extraña. Las demás fuerzas de la naturaleza se vuelven más débiles con la distancia. La fuerza interquark hace lo contrario. Se ha comparado con una cinta elástica cuya tensión aumenta a medida que se estira, pero es nula cuando sus extremos se hallan muy juntos. Otra analogía es con una cadena. Es como si los quarks estuvieran encadenados unos a otros en el interior de los hadrones. Si se mantienen cerca, las cadenas no se sienten y los quarks son libres e independientes dentro de un espacio limitado. Pero si uno de ellos intenta alejarse, la cadena tira secamente de él. Los físicos se refieren a esa disposición como la "esclavitud" de los quarks.

Por supuesto, una vez aceptada la idea de la esclavitud de los quarks, había que preguntarse si la CDC podía dar razón de ella. Los cálculos han resultado ser tremendamente difíciles, y sólo han dado resultados parciales. Desde un punto de vista físico, se puede comprender en líneas generales cómo es posible que la fuerza que actúa entre quarks se haga más fuerte con la distancia.

Una diferencia básica entre el electromagnetismo –donde la fuerza disminuye con la distancia– y el campo de los gluones es que los fotones no poseen carga eléctrica. Si la poseyeran, el mundo tendría un aspecto totalmente distinto. En contraste, los gluones llevan una "carga" de color en combinaciones híbridas, como rojo-antiverde. Pero el color es la fuente de la fuerza fuerte. En consecuencia, los gluones no sólo sirven para mantener unidos a los quarks, sino que también ellos tienden a mantenerse unidos entre sí. Esto complica bastante las cosas, pero un análisis más profundo parece indicar que la pegajosidad universal de los gluones es la clave de la esclavitud de los quarks.

Para verlo, regresemos al concepto del vacío cuántico. Echemos primero una mirada a un electrón en el vacío. Recordemos que el espacio en torno al electrón no se halla realmente vacío, sino que está lleno de partículas virtuales de todas las variedades. Entre ellas habrá electrones y positrones virtuales. Aunque no vemos esas partículas directamente, sabemos que están ahí y que pueden dejar huellas físicas. El electrón que hemos situado en el vacío sabrá también que están allí, ya que reaccionan ante su presencia. El campo eléctrico del electrón altera la pauta de actividad de estos electrones y positrones virtuales durante su breve existencia. Los positrones tenderán a ser arrastrados hacia el electrón real en virtud de la atracción eléctrica, mientras que los electrones virtuales serán repelidos. En consecuencia, se producirá un nuevo cambio de carga, un fenómeno conocido como polarización. El hecho de que el espacio vacío pueda polarizarse eléctricamente en presencia de un campo eléctrico es una curiosa consecuencia de la teoría de los cuantos. Es difícil de imaginar un vacío con propiedades eléctricas, pero el efecto es real y ha sido medido experimentalmente.

A consecuencia de esta polarización del vacío se forma una especie de pantalla neutralizadora de la carga eléctrica en torno al electrón. No hay forma de que el electrón pueda librarse de esta pantalla por sus propios medios: ella forma parte de la envoltura de partículas virtuales que todos los electrones llevan a su alrededor. Desde cierta distancia, la carga efectiva que parece poseer el electrón es menor que la carga que realmente posee, debido al efecto de pantalla. Si pudiéramos atravesar la envoltura veríamos al electrón "desnudo" con su carga mucho mayor. A medida que penetráramos en la nube que lo rodea, descubriríamos que la ley de la inversa del cuadrado, que se cumple a cierta distancia, empieza a fallar a causa de la nube de positrones virtuales que encierra al electrón central. Así, la presencia de la pantalla de vacío puede alterar el modo de variación de fuerza con la distancia.

Ese fenómeno de pantalla ocurre también en el campo del gluón. Aquí, su efecto es modificar la fuerza de la "carga" de color que el quark posee. Los antiquarks virtuales tenderán a arracimarse en torno a un quark del color apropiado. Por ejemplo, un quark rojo atrae un enjambre de antiquarks antirrojos. Como en el caso del electromagnetismo, se producirá una neutralización parcial de la carga de color. Aquí, sin embargo, la polarización del vacío recibe una contribución adicional procedente de los gluones. Puesto que los gluones poseen también color, los gluones virtuales del vacío reaccionarán ante la presencia del quark. Ahora bien, la envoltura de gluones actúa de forma opuesta a la envoltura de quarks, tendiendo a reforzar antes que a neutralizar el color del quark central. El efecto de los gluones virtuales es, pues, oponerse a la acción de los quarks virtuales. Los cálculos detallados confirman que los gluones vencen y la carga de color del quark se *intensifica* por el vacío, en vez de disminuir.

Las consecuencias de este hecho para la fuerza interquark son profundas. Si un quark cercano penetra en la envoltura de partículas virtuales, se encuentra con que el color efectivo del quark interior disminuye y la fuerza desaparece. El quark intruso estará a salvo de las garras del otro quark mientras permanezca en el interior de la envoltura. Así, pues, dentro de un breve círculo, la fuerza interquark se desvanece. Es algo totalmente distinto a la situación electromagnética, pero es el tipo de comportamiento general que explica la esclavitud del quark.

Sería prematuro decir que la CDC goza hoy del indiscutido éxito que tuvo la EDC hace cuarenta años. Sin embargo, es un adelanto impresionante. En los años 60 la física de los hadrones parecía ser una maraña de complicadas fuerzas e incomprensibles partículas. La CDC ha desentrañado esta maraña y ha proporcionado una base simple sobre la que edificar una teoría de los hadrones con relativamente pocos parámetros.

LA GRAN UNIFICACIÓN

Con la aparición de la CDC, todas las fuerzas de la naturaleza poseyeron finalmente una descripción común en términos de campos de gauge. Nacieron nuevas esperanzas. La feliz unificación de las fuerzas débil y electromagnética en el marco de los campos de estimación sugería que era posible una unificación ulterior. En 1973, Sheldon Glashow y Howard Georgi publicaron una teoría en la cual fundían la nueva fuerza electrodébil con la fuerza fuerte de los gluones para formar una "gran fuerza unificada". Esta fue la primera GTU, o gran teoría unificada. Ahora hay varias GTU rivales, pero todas se basan en la misma idea esencial.

Si las fuerzas electrodébil y fuerte no son más que dos facetas de una única gran fuerza, ésta debe ser el campo de gauge correspondiente a una simetría lo suficientemente compleja para incluir las simetrías de la CDC y de la teoría de Weinberg-Salam. El problema es matemático. No hay una simetría única posible, y de ahí la proliferación de teorías rivales. Sin embargo, todas las GTU poseen un cierto número de rasgos en común.

Uno de ellos es que los quarks –los portadores de la fuerza fuerte– y los leptones –los portadores de la fuerza electrodébil– se amalgaman en la misma estructura teórica. Quarks y leptones habían sido siempre considerados como entidades enteramente separadas, y su incorporación en una sola teoría era algo totalmente nuevo. Fue un nuevo paso importante en el camino de la unificación.

Las simetrías de gauge que aparecen en las GTU pueden interpretarse también en términos de un "mando mágico" que mezcla las identidades de las partículas, pero esta vez el número de indicadores ha aumentado de nuevo. En vez de los dos necesarios para la fuerza electrodébil y los tres necesarios para la CDC, aquí hay cinco indicadores. Girar el mando GTU es, pues, algo importante. El mando GTU puede hacer cosas fuera del alcance de otros mandos menores, como transformar quarks en leptones o incluso en antiquarks, procesos que estaban fuera de lugar en anteriores teorías.

Como antes, la exigencia de que la naturaleza respete una simetría de gauge abstracta conjurando campos de fuerza compensadores, nos lleva a descubrir matemáticamente nuevos tipos de campos con nuevas propiedades, como la de transformar quarks en leptones. En la GTU más simple debida a Georgi y Glashow, el mando mágico conecta a la vez quarks "d" rojos, verdes y azules, un positrón, y un antineutrino. Para ello se requieren veintidós campos unificados de fuerza. Conocemos ya doce de los cuantos de esos campos de fuerza: el fotón, los dos W, el Z, y ocho gluones.

Los doce restantes son nuevos y se conocen por el nombre colectivo de X. Corresponden a los campos cuya labor es mantener la simetría que mezcla los quarks con los leptones (correspondientes a las posiciones del mando que unen, por ejemplo, un quark "d" rojo con un positrón). En consecuencia, los cuantos de esos campos –las partículas X– pueden transformar quarks en leptones, y viceversa, al ser intercambiados como mensajeros. Las partículas X poseen cargas de 1/3 o 4/3.

Sigamos el camino de un hadrón típico que experimenta las actividades de estas partículas X. Un buen sujeto es el protón, que contiene dos quarks "u" y un quark "d". El quark "d" se mezcla con el positrón vía la gran simetría de gauge, y puede transformarse en él intercambiando una partícula X adecuada, en este caso una que posea el color pertinente y una carga eléctrica de –4/3. La partícula X, por supuesto, debe ser transportada por alguna otra partícula, que puede ser uno de los quarks "u" del protón. El quark "u" receptor absorberá la X, transformándose en un antiquark anti-"u".

Algo notable acaba de ocurrir. Lo que empezó como un trío de dos quarks "u" y uno "d" se ha convertido en un positrón y en un par quark-antiquark. El positrón es insensible a la fuerza fuerte, y así escapa del hadrón por sus propios medios, mientras que el par quark-antiquark restante ya no constituye un protón, sino un mesón; de hecho, un pión. Para el experimentador, esta secuencia de acontecimientos será la *desintegración de un protón* en un positrón y un pión.

En toda la historia de la física de partículas se ha tenido como regla inviolable que el protón es una partícula absolutamente estable. Después de todo, la materia corriente está hecha de protones. La inestabilidad del protón y su posible desintegración es una sorprendente predicción de las GTU. Implica que toda la materia es en definitiva inestable, y por lo tanto no permanente; una conclusión, ciertamente, muy profunda.

En los primeros días del invierno de 1974 asistí a unas conferencias en el Laboratorio Rutherford, cerca de Oxford. Fui en coche desde Londres en compañía de Abdus Salam, y durante el viaje hablamos del contenido de la conferencia que él iba a dar. Salam dijo que tenía algunas ideas acerca de la posibilidad de desintegración de los protones. Recuerdo haberme sentido aturdido por sus palabras, y no poco escéptico. Salam dio su conferencia, que resultó en su mayor parte profética, pero el ciclo fue recordado por la charla de Stephen Hawking, de la Universidad de Cambridge, que anunció su sensacional descubrimiento de que los agujeros negros son inestables y estallan finalmente en medio de una lluvia de radiación. Curiosamente, el proceso de Hawking puede causar también la desintegración de los protones, como él descubrió unos años más tarde. Los efectos cuánticos permiten que un protón horade espontáneamente un "túnel" hacia dentro, convirtiéndose así en un virtual agujero negro que luego se evapora a través del proceso de Hawking, desprendiendo un positrón. La desaparición del protón a través del agujero negro es mucho menos probable, sin embargo, que la ruta de las GTU.

Obviamente, la brusca desaparición de un protón llamaría la atención de cualquier físico de partículas; ¿por qué, pues, no ha sido descubierta? Para responder esta pregunta es necesario inquirir acerca del *índice* de desintegración predicho por la teoría. La experiencia en radiactividad muestra que las vidas medias para la desintegración pueden variar enormemente, dependiendo de la intensidad de las interacciones responsables y de las masas de las partículas involucradas. Un parámetro crucial en el caso de la desintegración del protón es la masa de la partícula X, que de acuerdo con las reglas del juego determina su alcance. Si la partícula X posee una gran masa, su esfera de actividad será severamente limitada. Para que se produzca la desintegración de un protón, los dos quarks participantes tienen que acercarse el uno al otro lo suficiente para intercambiar una partícula X, y las posibilidades de una aproximación así son muy raras. Esto explica por qué no se ha observado ninguna desintegración de un protón. Según las mejores estimaciones disponibles en la actualidad de la vida media del protón, la masa de la X debe ser unas 10^{14} veces la masa del protón, un valor colosal ante el cual la partícula más pesada de las conocidas hasta hoy –la Z, con una masa equivalente a unos 90 protones– palidece por su insignificancia.

Antes de extendernos sobre este asombroso número, hay que resolver una aparente paradoja. ¿Cómo puede el protón contener en su interior partículas que son 10^{14} veces más pesadas que él? La respuesta nos la proporciona el principio de incertidumbre de Heinsenberg. Recordemos que las partículas X sólo existen durante un tiempo brevísimo, cuando son intercambiadas por quarks muy próximos entre sí. Durante un intervalo tan breve, la incertidumbre de la energía y, en consecuencia, de la masa será enorme.

La teoría de los cuantos relaciona energía (o masa) y distancia a través del principio de incertidumbre. En consecuencia, una escala de masa determina automáticamente una escala de distancia. La física que es importante a una cierta distancia es la física que es importante a una cierta energía (o masa). De ahí que se necesiten aceleradores de muy alta energía para sondear distancias muy pequeñas. La escala de masa de la partícula X nos da, pues, una escala de distancia asociada, distancia que es aproximadamente la que recorre la partícula en su papel de mensajero. De hecho, esta distancia es de unos 10^{-29} centímetros. Este es el radio de acción de la X, y nos dice cuán cerca deben encontrarse dos quarks para intercambiar una partícula X y dar lugar a la desintegración del protón. Tamaño por tamaño, 10^{-29} cm es a un protón lo que una mota de polvo es al sistema solar. El mundo de las GTU y de la desintegración de los protones es billones de veces más pequeño que el mundo de los quarks y gluones sondeado hasta hoy por nuestros aceleradores. Es como un universo dentro del protón, tan inaccesible para nosotros en su pequeñez como lo son los espacios extragalácticos en su lejanía. Para sondear directamente un dominio tan liliputiense tendríamos que construir un acelerador más grande que el sistema solar.

Cualquier teoría completa de las fuerzas de la naturaleza debe explicar las intensidades relativas de las diferentes fuerzas. Quienes trabajan con las GTU señalan cómo sus teorías pueden explicar la gran disparidad entre la fuerza electrodébil y la fuerte. La auténtica intensidad de esas fuerzas no es la que miden los experimentadores cuando observan las travesuras de las partículas subatómicas, ya que las fuentes de los distintos campos se hallan ocultas tras una pantalla de efectos de polarización en el vacío. Gracias a esta pantalla, la fuerza electromagnética se intensifica a corta distancia, mientras que la fuerza fuerte se vuelve más débil, y así hay una tendencia a converger. La fuerza débil, cuando su intensidad ha sido ajustada para permitir la interrupción de la simetría, ocupa un lugar entre las otras dos, y al igual que la fuerza fuerte se vuelve más débil a menor distancia. Un cálculo interesante consiste en determinar a qué distancia las intensidades de las tres fuerzas alcanzan el mismo valor. La respuesta es de nuevo casi 10^{-29} cm, precisamente la escala de longitud asociada con la masa de la partícula X. Es una agradable consistencia.

El resultado de este análisis es que, a una energía muy alta (o, de forma equivalente, a una muy pequeña distancia), las fuerzas electromagnética, débil y fuerte se funden en una sola fuerza y no hay diferencia entre quarks y leptones. Percibimos fuerzas y partículas distintas en el mundo de nuestra experiencia porque examinamos la materia a una energía relativamente baja. Los físicos llaman a la masa 10^{14} de los protones "la escala de unificación". Hay un gran significado tras este número.

Antes de continuar, evaluemos la situación de las grandes teorías unificadas. Si amalgamamos tres fuerzas en una gran trinidad, las GTU reducen el número de parámetros arbitrarios en nuestra descripción de la naturaleza. La menos ambiciosa de estas teorías, la de Weinberg-Salam contiene constantes cuyo valor debe ser fijado por la experimentación. En las GTU, algunos de estos valores ya no son elegidos *ad hoc*, sino que son determinados por la teoría.

Hay también algunas bonificaciones inesperadas. Una de ellas es una posible explicación del viejo misterio del porqué la carga eléctrica se presenta siempre en múltiplos de la misma unidad fundamental fija. Si aceptamos la convención de que un electrón posee una carga de –1 y un protón de +1, el quark "d" posee la más pequeña unidad de carga, –1/3. Las demás cargas son pequeños múltiplos de este valor, tanto si los poseen los quarks como los leptones o los mensajeros. Antes de las GTU, no podía explicarse por qué las partículas no podían poseer cualquier valor de carga. La situación es distinta en las teorías unificadas. La razón estriba en que según estas teorías las partículas pertenecen a grupos de familias que pueden intercambiar partículas mensajeras que llevan unidades fijas de carga. Por ejemplo, en la desintegración del protón, cuando el quark "d" se convierte en un positrón y da una carga de –4/3 a la partícula X, el quark "u" que la absorbe tiene que poseer la carga adecuada para tener la carga antiquark correcta tras absorber la X. La aritmética tiene que ser consistente, lo cual significa que las distintas partículas de la familia deben poseer cargas que sean múltiples simples de las otras (o ninguna carga en absoluto).

En contra de la GTU, sin embargo, se halla el hecho de que no hay una teoría única y la escala de unificación es tan remota que no parece posible que llegue a ser accesible a la experimentación directa. ¿Cómo, entonces, vamos a discriminar entre teorías rivales? Si las GTU describen un mundo tan pequeño y tan energético que no podemos observarlo, ¿no se habrá transformado la física en una filosofía pura? ¿No nos hallamos en la misma posición que Demócrito y los demás filósofos griegos que rumiaban interminablemente acerca de las formas y propiedades de los átomos, sin la menor esperanza de llegar a observarlos nunca?

Algunos físicos esperan fervientemente que no, y señalan tres posibles salidas. Pasemos revista, una tras otra, a cada una de ellas.

9. ¿Un atisbo de la superfuerza?

LA DESINTEGRACIÓN DEL PROTÓN

La semana que el CERN anunció el descubrimiento de la partícula Z, Steven Weinberg asistía a una reunión de la Royal Society en Londres. Dijo que se sentía más bien deprimido acerca del futuro de la física fundamental. Esto puede parecer sorprendente. ¿Cómo es posible que Weinberg, cuya teoría acababa de ser espectacularmente confirmada aquella misma semana, se sintiera deprimido por el rumbo que tomaba la física?

Como todos los físicos teóricos brillantes, Weinberg iba muy por delante de los experimentadores. Su interés se había desplazado desde hacía tiempo más allá de la teoría de la fuerza electrodébil hasta la gran unificación y más lejos aún. La depresión de Weinberg se debía no al espléndido resultado positivo del CERN, sino al resultado negativo del lago Erie.

El experimento del lago Erie era uno de los varios realizados en todo el mundo que ofrecía la mejor, y quizá la única, esperanza de verificar la GTU. Todos aquellos experimentos tenían un solo objetivo: descubrir un protón en el acto de desintegrarse. La sensacional predicción de la GTU de que los protones son inestables cayó como una bomba entre muchos físicos, aunque de hecho la idea había estado flotando en el aire durante varios años. Hacía tiempo que se realizaban experimentos para establecer límites a la vida de los protones, pero todos eran de naturaleza rutinaria. Nadie esperaba seriamente descubrir un protón en plena desintegración.

Cuando a partir de la GTU se obtuvo que la escala de masa de la unificación era unas 10^{14} veces la masa del protón, se hizo evidente que los físicos nunca conseguirían explorar la gran física unificada a través de la experimentación directa. La única esperanza de verificación sería algún efecto indirecto de la GTU, y la desintegración de un protón era la elección obvia. La vida media del protón predicha por la teoría depende de qué versión de la GTU tomemos, pero la mayoría de ellas, incluida la más simple (conocida crípticamente como "SU[5] mínima") dan un valor de unos 10^{31} años. Esto representa 10^{21} veces la edad actual del Universo.

¿Cómo es posible que un proceso que requiere un tiempo incomparablemente más largo que la edad del Universo pueda ser observado por el hombre? La respuesta reside en el hecho de que no todos los protones necesitan 10^{31} años para desintegrarse. Según las reglas de la física cuántica, cada caso individual de desintegración es impredecible; 10^{31} años es la vida media, y esto significa que si reunimos 10^{31} protones es de esperar que uno de ellos se desintegre en un año o dos. Esta es la estrategia adoptada en todos los experimentos de desintegración de protones. Toneladas y toneladas de materia se reúnen en algún lugar apartado de los rayos cósmicos y se mantienen bajo control constante en busca de algún repentino y aislado proceso de desintegración. Los rayos cósmicos constituyen un problema importante porque abruman los delicados instrumentos con todo tipo de fenómenos indeseados. Para evitar esta contaminación, los experimentos deben realizarse bajo una montaña o en una mina profunda. Ni allí siquiera se está a salvo de los neutrinos.

Antes de las GTU, las mejores cotas de la vida del protón eran de 10^{28} años. Este es un número impresionante, aunque se refiera a un no-suceso. Debe ser el ejemplo más certificado de algo que sabemos que no ocurre. ¿De qué otra cosa sabemos por experimentación directa que *no* ocurre durante al menos 10^{28} años? Con la aparición de las GTU, los valores de la vida del protón dieron un enorme salto adelante. Para verificar la predicción de las GTU la exactitud experimental debía mejorarse por lo menos por un factor de mil, y esto representaba recurrir a un equipo experimental enormemente más complejo y costoso.

La perspectiva de detectar la desintegración de un protón era tan excitante que varios grupos investigadores se ocuparon de ello. Entre los primeros se hallaba un equipo conjunto japonés-indio que construyó una especie de pastel de hojaldre de planchas de hierro en las profundidades de una mina india. Este montón de materia superficialmente inerte estaba rodeado de un cordón de detectores de partículas, sintonizados para captar los productos de la desintegración del protón. A principios de la primavera de 1982 se emitió un comunicado. Se habían observado algunos "sucesos candidatos" que parecían indicar que los protones se desintegraban con una vida media de unos 10^{31} años, como predecían las GTU más simples.

La declaración fue recibida con gran interés pero con cierta reserva. Incluso en las profundidades donde se realizaba el experimento, los rayos cósmicos y los neutrinos podían imitar los efectos de la desintegración del protón. Serían necesarios otros experimentos para confirmar los resultados antes de que los físicos estuvieran seguros. Unos meses más tarde, un experimento del CERN bajo el Mont Blanc registró también un suceso prometedor, y el interés empezó a crecer. Parecía que nos hallábamos muy cerca del umbral de un nuevo dominio de la física.

Se analizaron con gran atención algunas de las consecuencias de la presunta inestabilidad del protón. Los protones son los elementos constituyentes de toda la materia nuclear. Si todos ellos deben desintegrarse, el Universo está condenado a desaparecer. No ocurrirá de repente, por supuesto. Gradualmente, a lo largo de los eones, la materia se esfumará inexorablemente. Si la estimación de 10^{31} años es correcta, es muy probable que durante nuestra vida desaparezca por lo menos un protón de nuestro cuerpo.

¿Y los demás constituyentes de los átomos, los neutrones y los electrones? El mismo proceso que causa la desintegración de los protones puede también destruir los neutrones, aunque muchos de ellos sucumbirán al proceso más convencional de desintegración beta. Cada protón que se desintegra deposita su carga eléctrica en un positrón, que es la contrapartida antimaterial del electrón. Cada nuevo positrón que emerge buscará y destruirá, en consecuencia, un electrón. Dado que hay el mismo número de electrones y protones en el Universo, es probable que la aniquilación electrón-positrón termine finalmente con todos los electrones. El resultado final será, pues, que las 10^{50} toneladas de materia del Universo visible serán reducidas a la nada.

Para estar seguros de ello, los físicos debían comprobar primero que la desintegración del protón era una realidad. Se pusieron en marcha en todo el mundo experimentos más refinados. Uno de los mejores tenía lugar en una mina de sal a 600 m por debajo del lago Erie. Los protones necesarios para el experimento llegaron en forma de 8.000 toneladas de agua altamente purificada contenida en un tanque cúbico de unos 18 m de diámetro. En el agua se dispusieron 2.000 tubos fotomultiplicadores. Su tarea era detectar los diminutos pulsos de luz que se producen cuando las veloces partículas cargadas circulan a través de un medio denso. La intención era localizar los productos energéticos de la desintegración de los protones registrando estos breves destellos de luz. Si la estimación de 10^{31} años era correcta, el experimento del lago Erie debería registrar varios sucesos en los primeros tres meses de funcionamiento. En realidad, no se detectó ni una sola desintegración protónica. Se empezó a pensar que los informes anteriores eran erróneos y se perdió la esperanza de presenciar la desintegración del protón.

Este resultado negativo no refuta la GTU, pero parece descartar las versiones más simples de la gran unificación. Hay teorías más complicadas que dan a los protones vidas mucho más largas, pero en tal caso es poco probable que llegue a registrarse nunca la desintegración de un protón: los experimentos se acercan rápidamente al límite teórico de precisión.

Si la desintegración del protón resulta ser un callejón sin salida, habrá que dedicar cada vez más atención al otro asidero experimental de la física unificada; es decir, al monopolo magnético.

EL MONOPOLO MAGNÉTICO

La simetría y belleza legendarias de las ecuaciones electromagnéticas de Maxwell han sido mencionadas con frecuencia en capítulos anteriores. Hay, sin embargo, una curiosa mancha que empaña la perfecta elegancia de esta teoría. Las ecuaciones no tratan por igual a la electricidad y al magnetismo. Aunque esas dos fuerzas están profundamente interconectadas, no entran en la teoría de una forma completamente simétrica. Los campos eléctricos son producidos bien por cargas eléctricas, bien por cambiantes campos magnéticos, mientras que los campos magnéticos son producidos únicamente por campos eléctricos cambiantes. Parece no existir ninguna razón compulsiva, sin embargo, por la cual los campos magnéticos no puedan ser producidos también por cargas magnéticas (y los campos eléctricos por corrientes magnéticas).

Una barra imantada corriente posee un polo norte y un polo sur, pero un análisis más profundo revela que el magnetismo es producido realmente por corrientes eléctricas a nivel atómico. Dado a que un circuito cerrado de corriente produce inevitablemente un *par* de polos magnéticos, uno norte a un lado del circuito y uno sur al otro, el imán será un "dipolo", es decir, tendrá un polo norte y un polo sur. No le es posible a un circuito cerrado de corriente producir un solo polo, del mismo modo que no le es posible a una moneda tener sólo una cara. En consecuencia, es imposible cortar un solo polo –un "monopolo"– de una barra imantada.

La investigación muestra que todos los imanes son dipolos. Los monopolos magnéticos, si existen, deben ser muy esquivos. Los análisis sistemáticos de rocas, incluidas rocas lunares y materiales del fondo de los océanos, han sido incapaces de revelar ni siquiera una sola carga magnética pura. De ahí que muchos físicos supongan que los monopolos magnéticos no existen. Si es así, el magnetismo no es más que un subproducto de la electricidad. Pero entonces no hay equilibrio natural entre electricidad y magnetismo.

En 1931, el físico teórico británico Paul Dirac descubrió que en la física cuántica hay un lugar para los monopolos magnéticos, aunque la naturaleza parece no haber querido beneficiarse de esta posibilidad. Dirac relacionó la existencia de los monopolos magnéticos a las fases de las ondas cuánticas, y al hacerlo descubrió una intrigante conexión entre cargas eléctricas y magnéticas. Si hay monopolos magnéticos, declaró Dirac, su carga magnética debe ser un múltiplo de una cantidad básica fija, que a su vez está determinada por la unidad fundamental de carga eléctrica. En consecuencia, si aparece un monopolo, al menos sabremos qué cantidad de carga magnética esperar.

Aunque el análisis de Dirac halló un lugar en la física para los monopolos magnéticos, no les obligó a existir. Durante cerca de medio siglo poco más se escribió sobre el tema. Luego, en 1975, la comunidad física se sobresaltó ante el anuncio de que se había descubierto un monopolo magnético entre los rayos cósmicos. La declaración resultó ser una falsa alarma, pero dio un nuevo impulso y reavivó el interés por el tema. Esta nueva oleada de excitación se debió también a algunas nuevas ideas teóricas que llevaron el concepto de monopolo mucho más allá del trabajo de Dirac. En esencia, los teóricos habían descubierto que los monopolos magnéticos son una consecuencia más o menos inevitable de las GTU.

El gran monopolo unificado (o GMU) fue inventado por 't Hooft, y también por Alexander Poliakov en Moscú. Su trabajo teórico indicaba que, si los GMU existen, deben poseer algunas propiedades bien extrañas. Para empezar, la masa de los monopolos se hallará algo por encima de la masa de unificación, es decir, cerca de 10^{16} veces la masa del protón, convirtiéndolos en algo tan pesado como una ameba. No serán partículas puntuales, sino que poseerán una compleja estructura interna, consistente en zonas de fuerza distribuidas como las capas de una cebolla.

Como la producción directa de partículas de masa tan enorme está fuera de lugar, los entusiastas del monopolo volvieron los ojos a la cosmología. ¿No es posible que se crearan GMU junto con la materia corriente en el *big bang* y hoy en día se conserven como reliquias? Se realizaron ansiosos cálculos para ver cuántos monopolos podrían existir. Ante el gran azoramiento de los teóricos, parecía haber una superabundancia de GMU. De hecho, según una de las estimaciones, debía haber tantos monopolos magnéticos como átomos en el Universo. A todas luces, algo estaba mal. Se obtuvo un límite más reducido tras un examen del campo magnético de la galaxia. En el mejor de los casos, se dijo, la razón entre el número de átomos y el de monopolos era 10^{16}.

Los teóricos siguen divididos todavía sobre el significado de estos datos y hablan del conflicto como del "problema del monopolo". En el Capítulo 12 echaremos una ojeada a algunas ideas recientes que parecen resolver el problema del monopolo de una forma muy limpia. Por el momento, la atención se centra en algunas de las consecuencias probables que deben esperarse si los monopolos magnéticos son tan abundantes como parecen indicar las observaciones astronómicas. Las estimaciones sugieren que más de 200 monopolos procedentes del espacio pueden alcanzar al año cada kilómetro cuadrado de superficie terrestre. La detección de sólo uno de ellos proporcionaría una confirmación espectacular a la gran unificación.

Esta perspectiva ha estimulado la búsqueda de monopolos cósmicos utilizando circuitos cerrados de corriente eléctrica. El principio que rige esos experimentos se centra en las propiedades de ciertos materiales denominados superconductores, que pierden completamente toda resistencia a la electricidad al ser enfriados a una temperatura muy baja. La superconductividad es esencialmente un efecto cuántico, y una de las propiedades importantes de una corriente eléctrica que fluye en torno a un bucle superconductor es que el campo magnético que genera se halla "cuantizado", es decir, se presenta solamente en ciertas unidades fijas de flujo. Si un monopolo magnético pasara a través del circuito, el flujo aumentaría súbitamente en un número conocido de unidades cuánticas.

El 14 de febrero de 1981, Blas Cabrera, de la Universidad de Stanford, detectó uno de estos saltos de un flujo. La observación causó sensación y el experimentador proclamó que se trataba de la primera observación clara de un monopolo magnético procedente del espacio. Otros grupos se apresuraron a montar sus propios experimentos para confirmar el resultado de Cabrera, pero hasta ahora no han tenido éxito. En el momento de escribir estas líneas se tiene la creciente impresión de que el monopolo de Cabrera fue otra falsa alarma.

Mientras tanto, nuevos teóricos han tratado de determinar qué otros efectos podremos observar si la Tierra se ve, de hecho, acribillada con monopolos procedentes del espacio. Uno de los rasgos característicos de un GMU es su enorme masa, y, por tanto, su enorme reserva de energía: 10^{16} veces la energía que puede ser liberada por un núcleo de uranio en un reactor nuclear. De hecho, la energía contenida en unas pocas docenas de monopolos sería suficiente para cubrir las necesidades energéticas diarias de un hogar medio.

Para liberar esta energía es preciso aniquilar un monopolo con un antimonopolo, es decir, un polo norte con un polo sur. La creación de cada polo norte se acompaña con la creación de un polo sur, y así, por término medio, la Tierra debe ser alcanzada por tantos polos norte como polos sur. Dado que los monopolos magnéticos deben mantener su estabilidad al ser sumergidos en materia corriente, en principio podrían ser recogidos sistemáticamente, separados en nortes y sures, y almacenados en alguna especie de "botellas" electromagnéticas. Llegado el momento, podrían mezclarse unos cuantos nortes con unos cuantos sures para liberar sorprendentes cantidades de energía. A gran escala, una disposición así podría dar lugar a una muy eficaz arma binaria.

Según algunos geofísicos, algo semejante puede estar ocurriendo de forma natural en el interior de la Tierra. Los monopolos pierden velocidad al hundirse en la Tierra, donde se dirigen hacia el núcleo y se acumulan. El campo geomagnético desvía los nortes hacia el norte y los sures hacia el sur, impidiendo así que se mezclen. En períodos de inversiones geomagnéticas, sin embargo, las dos poblaciones pueden cambiar de lugar, y durante su migración en direcciones opuestas deben producirse muchos encuentros norte-sur, con la consiguiente aniquilación. Se ha sugerido, incluso, que este proceso puede ser en gran parte el responsable del calor interno de la Tierra.

La búsqueda de la desintegración del protón y de monopolos magnéticos es el resultado de una esperanza cada vez más débil de vislumbrar experimentalmente la física a escala de la unificación. Es demasiado pronto para dar por perdidas estas investigaciones, pero muchos físicos están llegando a la conclusión de que la iniciativa se halla hoy en manos de los teóricos. Pocos físicos teóricos creen que las grandes teorías unificadas sean la última palabra. Después de todo, las GTU sólo consiguen fundir tres de las cuatro fuerzas fundamentales. ¿Qué nuevos panoramas serían visibles si se hallara disponible una auténtica teoría unificada?

SUPERFUERZA

La gravedad está fuera de la naturaleza. Las otras tres fuerzas pueden ser representadas por campos de fuerza que se extienden a través del espacio y el tiempo, pero la gravedad *es* el espacio y el tiempo. La teoría general de la relatividad de Einstein describe la gravedad como un campo de curvatura en la geometría del espaciotiempo. No es nada excepto vacío distorsionado.

La naturaleza geométrica del campo gravitatorio quizá sea elegante, pero tiene serias consecuencias para cualquier descripción cuántica. De hecho, la teoría general de la relatividad de Einstein ha resistido durante décadas todos los intentos de una formulación cuántica consistente. Pese al hecho de que se trata de un campo de estimación, la descripción de la gravedad en términos de intercambio de gravitones mensajeros sólo da resultados razonables en los tipos de procesos más simples. La dificultad, como siempre, reside en los términos infinitos asociados a los bucles cerrados de gravitones.

Los problemas de infinitud del campo gravitatorio son exacerbados por el hecho de que el gravitón mismo está gravitatoriamente "cargado". En este aspecto se parece al gluón, que es el mediador de la fuerza fuerte y sin embargo también posee "carga" de color. Puesto que todas las formas de energía –incluidos los gravitones– son una fuente de gravedad, podemos decir que los gravitones gravitan. Esto significa que dos gravitones pueden interactuar entre sí intercambiando un tercer gravitón, como se muestra en la figura 21. Podemos imaginar fácilmente redes de gravitones más complejas, y resulta claro que los bucles cerrados de gravitones (fig. 22) proliferarán rápidamente en el momento en que se presenten procesos distintos al simple intercambio de gravitones.

La aparición de interminables filas de infinitos en las ecuaciones de los gravitones se ve como un profundo problema de la gravedad cuántica basada en la teoría original de Einstein. La situación recuerda a la fuerza débil antes de su unión con el electromagnetismo. Ambas teorías son "no renormalizables". En el caso de la fuerza débil, la razón estriba en la simetría. La vieja teoría no bastaba. Una vez construida una potente simetría de estimación, los infinitos cayeron como por arte de magia. Guiados por esta lección, los teóricos empezaron hace diez años a buscar una nueva simetría, más potente que cualquier otra conocida, que fuera capaz de rescatar la gravedad del veneno de la no renormalización. Descubrieron la *supersimetría*.

La idea esencial de la supersimetría se centra en el concepto de spin, tal como se entiende en física de partículas. Cuando los físicos hablan del spin de una partícula, quieren dar a entender algo más que la simple noción de una esfera que gira en torno a un eje. En el Capítulo 2 vimos algunas de las sorprendentes propiedades del spin de las partículas. Una partícula dotada de spin posee una curiosa visión en "doble imagen" del Universo, algo en total desacuerdo con la intuición geométrica.

La existencia del spin es tan fundamental a la naturaleza de las partículas que las divide en dos clases distintas. A una de ellas pertenecen los "bosones", partículas que o bien no poseen spin (es decir, tienen spin 0), como la hipotética partícula de Higgs, o poseen unidades enteras de spin. Entre éstas se encuentran el fotón, la partícula W y la partícula Z, las tres con una unidad de spin, y el gravitón, con dos uni-

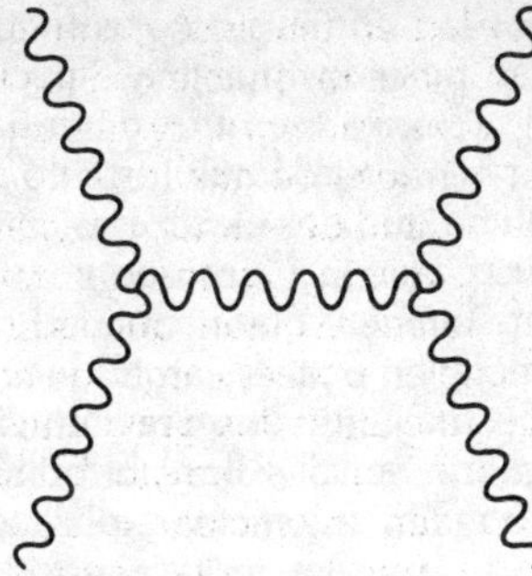

Figura 21. La gravedad gravita. La gravedad es en sí misma una fuente de gravedad, un efecto que a nivel cuántico permite a los gravitones (líneas onduladas) interactuar entre sí. En este proceso, dos gravitones experimentan una fuerza gravitatoria mutua intercambiando un tercer gravitón mensajero.

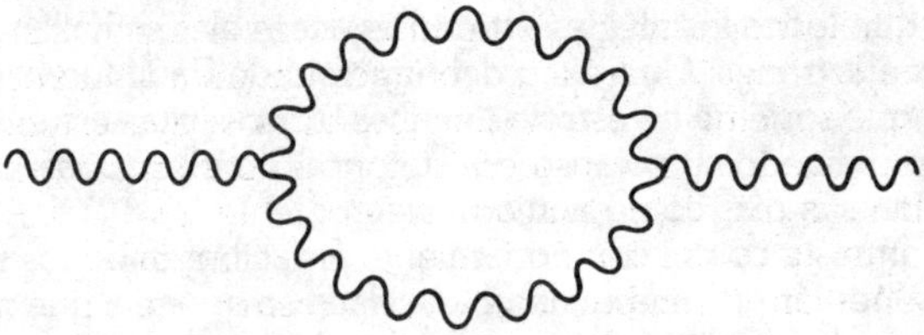

Figura 22. La capacidad de los gravitones de interactuar entre sí permite procesos con complejas redes de bucles de gravitones. Aquí se representa un bucle simple. Estos bucles dan lugar a términos infinitos incontrolables en la descripción matemática de la gravedad cuántica, convirtiendo la teoría en algo esencialmente inútil.

dades. El comportamiento de los bosones no choca con la intuición, en lo que a spin se refiere.

En la otra clase se hallan los "fermiones". Ésos poseen unidades semienteras de spin. Los quarks y leptones son fermiones, cada uno de los cuales posee media unidad de spin. El spin de los fermiones abruma la imaginación con su propiedad de doble rotación.

La distinción entre bosones y fermiones es muy importante en física. Se manifiesta especialmente cuando consideramos sus hábitos de agrupación. Los fermiones –con sus medias unidades de spin, como los electrones– se hallan poseídos por una especie de xenofobia y no permiten a sus hermanos que se acerquen demasiado. Cuando la física cuántica se halaba en su infancia, Pauli formuló su famoso "principio de exclusión", que prohíbe que dos electrones cualesquiera compartan el mismo estado cuántico. Esto significa que en un recipiente de tamaño fijo podemos meter solamente una cantidad determinada de electrones antes de que empiecen a protestar. (El efecto no tiene nada que ver con su repulsión eléctrica, que es un asunto distinto. Los neutrinos y neutrones son igualmente antisociales.) El principio de Pauli fue un notable éxito de la física cuántica, ya que explicaba por qué los electrones de los átomos pesados no caen todos al estado inferior de energía. Se alinean de una forma ordenada, llenando por turno cada nivel de energía. Sin esta disciplina, la química sería más bien confusa. Con la ayuda de la importante regla de Pauli, la organización de la tabla periódica de los elementos químicos queda inmediatamente explicada.

El principio de Pauli explica otras muchas cosas, como la diferencia entre conductores eléctricos y aislantes. En un conductor, algunos electrones pueden absorber energía de un campo eléctrico determinado y ascender a niveles energéticos superiores. En un aislante esto es imposible, ya que todos los niveles superiores accesibles se hallan ocupados por otros electrones. Otro éxito del principio de Pauli fue dar razón de la fuerza que sostiene las estrellas enanas blancas y las estrellas de neutrones, impidiendo su colapso gravitatorio. Sin ella, todas las estrellas terminarían sus días como agujeros negros.

En contraste con el comportamiento aislacionista de los fermiones, a los bosones les encanta estar juntos. Nada se opone a que muchos de ellos compartan la misma cama, por decirlo así. Aquí no actúa ningún principio de exclusión, y la conducta de los promiscuos bosones es completamente distinta de la de sus primos fermiones. Pueden apretujarse y apiñarse en el mismo estado y en el mismo espacio sin rechistar. Gracias a este comportamiento cooperativo, los bosones pueden trabajar juntos como un equipo, reforzando en vez de frustrar las actividades de los demás. De este modo, un enorme número de bosones puede actuar orquestadamente y producir efectos macroscópicos que podemos percibir directamente. Por ejemplo, ejércitos de fotones pueden unirse coherentemente y dar lugar al movimiento electromagnético de una onda de radio. Los fermiones no podrían hacerlo, ya que unos se interpondrían en el camino de los otros. De ahí que, pese al hecho de que los electrones poseen también una onda asociada, nunca vemos ondas macroscópicas de electrones.

Las grandes diferencias físicas entre fermiones y bosones han hecho que los físicos los encasillaran durante décadas en regiones más bien separadas del cerebro. En particular, todas las partículas mensajeras son bosones, mientras que los quarks y leptones son fermiones. Así, pues, los bosones tienden a asociarse con la *fuerza*, mientras que los fermiones se asocian con la *materia*. Esta clara demarcación explica quizá por qué, a principios de los años 70 se propuso el concepto de supersimetría, muchos físicos se sintieron desconcertados: porque la supersimetría *une* a bosones y fermiones en una sola teoría. Dadas las propiedades tan distintas de los dos grupos, puede parecer un matrimonio a punta de escopeta, pero puede realizarse apelando a una operación de simetría aún más poderosa que la simetría de Lorentz-Poincaré, la simetría que se encuentra en la base de la teoría de la relatividad. Matemáticamente, una operación de supersimetría se parece a la extracción de una raíz cuadrada de la simetría de Lorentz-Poincaré. Físicamente, corresponde a transformar un fermión en un bosón o viceversa. Por supuesto, es algo imposible en el mundo real, como lo es hacer girar un mando que varíe la "electronicidad" de un electrón en las simetrías de gauge discutidas en capítulos anteriores. Sin embargo, la operación puede explorarse matemáticamente y se pueden construir teorías que incorporen la supersimetría como una propiedad.

Poco después, los superteóricos dirigieron su atención a la gravedad. La supersimetría se halla relacionada muy de cerca con la geometría: si realizamos sucesivamente dos operaciones supersimétricas obtendremos una operación geométrica análoga a un cambio de posición espacial. De hecho, la matemática de la supersimetría se ha calificado de raíz cuadrada de la geometría. La gravedad, siendo como es geometría curvada, recibe una expresión natural en el lenguaje de la supersimetría, que nos brinda su naturaleza de campo de gauge de una forma aún más poderosa.

Al unir bosones y fermiones, la supersimetría incorpora partículas de distintos spins en la misma familia. Colecciones de partículas, unas con spin 0, otras con spin 1/2, 1, y así sucesivamente, pueden agruparse de tal modo que la familia resulta supersimétrica en su conjunto. En consecuencia, si afirmamos que la gravedad es una teoría supersimétrica, debemos mantener que el gravitón, con su valor de spin 2, no puede existir solo. Debe pertenecer a toda una familia de partículas que se relacionan con el spin 2 a través de una operación supersimétrica. Entre ellas hay partículas de spin 0, 1/2, 1, y, significativamente, 3/2. Nunca se ha visto ninguna partícula elemental de spin 3/2 (aunque es posible juntar tres quarks para obtener un spin de 3/2), y así la predicción de su existencia es uno de los nuevos rasgos de la supersimetría.

Las descripciones de la gravedad en esos términos constituyen la teoría de la *supergravedad*. La supergravedad difiere de la gravedad ordinaria en que el gravitón no es la única partícula responsable de transmitir la fuerza gravitatoria. Esto se realiza a través de toda una familia supersimétrica, con la ayuda especial de las enigmáticas partículas de spin 3/2, que los físicos han apodado "gravitinos".

Los detalles exactos de la estructura familiar dependen de cómo el teórico decida representar matemáticamente la supersimetría. La representación más potente se conoce como supergravedad "$N = 8$". En ella interviene una familia de partículas extraordinariamente numerosa: 70 con spin 0, 56 con spin 1/2, 28 con spin 1, y 8 con spin 3/2, además del gravitón solitario con spin 2, por supuesto. Pero entonces debemos preguntarnos: ¿Podemos identificar estas partículas con las partículas conocidas de la naturaleza, es decir, con los quarks, leptones y mensajeros? De ser así, tendremos a nuestra disposición una teoría unificada de la naturaleza que no sólo reúne a todas las partículas de la materia en una sola superfamilia, sino que también incluye a todos los mensajeros, y en consecuencia a todas las fuerzas. Así, la supergravedad proporciona un marco para la *unificación total*, en la cual el mundo en su totalidad se encuentra bajo el control de una única fuerza maestra –una superfuerza– que se despliega a través de distintas facetas –el electromagnetismo a través de los fotones mensajeros, la fuerza fuerte a través de los gluones, etc.–, pero todas ellas conectadas a través de la supersimetría (tabla 5).

De hecho, la supergravedad va incluso más allá. Nos ofrece una descripción unificada de la *fuerza* y la *materia*. Ambas se originan con las partículas cuánticas, pero los protones, las partículas W y Z y los gluones son todos bosones, mientras que los quarks y los leptones son fermiones. En la supersimetría todas están unidas. Naturalmente, del mismo modo que los gravitones poseen gravitinos asociados, todos los demás componentes del grupo de los mensajeros se acompañan también de nuevas partículas, los fotinos, winos, zinos y gluinos.

La existencia de todos esos "inos" tiene un efecto crucial en las matemáticas de la teoría, particularmente en relación con el irritante asunto de la renormalización. Hablando con muy poco rigor, los "inos", que son fermiones, dan lugar a términos infinitos de signo opuesto a los infinitos debidos a los bosones, como el gravitón. Hay, pues, una tendencia a la cancelación: los infinitos negativos del bucle del gravitino se anulan con los infinitos positivos del bucle del gravitón. En esencia, los infinitos se supersimetrizan mutuamente hasta la muerte.

Desde los primeros días de la supergravedad, los físicos se han hecho una candente pregunta: ¿es la supersimetría una simetría con suficiente potencia para renormalizar la supergravedad? Responder a

Tabla 5

Electricidad	Electromagnetismo (Maxwell, década 1850)	Fuerza electrodébil (Salam, Weinberg, 1967)	Grandes teorías unificadas (Glashow y otros, 1974)	Superfuerza (¿1990?)
Magnetismo				
Fuerza débil				
Fuerza fuerte				
Gravedad				

La sucesiva unificación de las fuerzas de la naturaleza se inició con la síntesis de la electricidad y el magnetismo de Maxwell en el siglo XIX. La unión de las fuerzas débil y electromagnética ha quedado bien establecida con el descubrimiento en 1983 de las partículas W y Z. Las pruebas de la gran unificación siguen siendo esquivas, pero se buscan ansiosamente. Los fundamentos teóricos de una teoría superunificada que amalgame todas las fuerzas de la naturaleza en una sola superfuerza están progresando rápidamente.

esta pregunta no ha sido fácil. La supergravedad no es una gran empresa, que ocupa la atención de docenas de teóricos y genera centenares de informes de investigación cada año. Su aparato matemático es tan complejo que muy pocas personas fuera del círculo inmediato de expertos poseen el más leve indicio de lo que significan los símbolos. Tengo a un experto en supergravedad en mi departamento, y normalmente acumula un montón de papeles de más de 10 cm de altura como parte de un único cálculo. La razón es que, por sencillos y elegantes que sean los fundamentos matemáticos de una teoría, comprobar todos sus detalles puede convertirse en un asunto complicado.

A causa de este tedio y de esta complejidad, no se obtienen muchas respuestas al problema de la renormalización, pero aquellas de las que disponemos son extremadamente alentadoras. Al parecer, la supergravedad va más allá de la simple renormalización, donde los infinitos permanecen en la teoría pero se evitan con unos cuantos trucos matemáticos. La supergravedad intenta hallar respuestas *finitas*; de hecho, en todos los cálculos realizados hasta ahora, los resultados han sido todos finitos, sin excepción. Hay una creencia general de que con la supergravedad los desastrosos infinitos que han plagado durante dos generaciones la teoría del campo han sido finalmente erradicados.

La supergravedad es la culminación feliz de la larga búsqueda de la unidad en física. Aunque se halla todavía en sus estadios constituyentes, ofrece grandes esperanzas de resolver tres importantes problemas de la física teórica, a saber: cómo unificar las cuatro fuerzas de la naturaleza en una sola superfuerza, cómo explicar la existencia de tantas partículas fundamentales –son necesarias para mantener la supersimetría–, y por qué la gravedad es mucho más débil que las demás fuerzas de la naturaleza.

La confianza en los resultados de estas investigaciones es tan alta en ciertos círculos que Stephen Hawking considera la supergravedad $N = 8$ como la culminación de la física teórica. En principio puede explicar la totalidad –todas las fuerzas y todas las partículas– del mundo físico. Si Hawking está en lo cierto –aunque quizá sea demasiado pronto para que los físicos teóricos empiecen a buscar trabajo en los departamentos de bioquímica–, la supergravedad diferirá en un aspecto fundamental de todas las demás teorías de la física. Hasta ahora, las teorías físicas han sido consideradas como simples modelos que describen aproximadamente la realidad de la naturaleza. A medida que mejoran los modelos, también mejora el encaje entre teoría y realidad. Algunos físicos afirman ahora que la supergravedad *es* la realidad, que el modelo y el mundo real se hallan en un perfecto acuerdo matemático. Esta es una posición filosófica muy importante y es una medida de la euforia generada por los recientes éxitos.

En contra de este entusiasmo teórico se hallan las pocas perspectivas de contrastar muchas de las nuevas ideas mediante la experimentación. En la reunión de la *Royal Society*, Weinberg se centró en este callejón sin salida: «La gravitación cuántica parece inaccesible a todo experimento imaginable», dijo. «De hecho, la física en general entra en una era donde las cuestiones fundamentales ya no pueden ser iluminadas por experimentos concebibles. Resulta inquietante hallarse en esta posición.» Le pregunté si con aquello quería dar a entender que la física estaba degenerando en filosofía pura. «No lo creo», respondió. «Creo más bien que el ingenio de los experimentadores hallará una salida.» Pero tuvo que admitir que no podía imaginar cuál podía ser esta salida.

Así, pues, en el momento de escribir esto la unificación de la física ha dado un paso adelante y las líneas generales de una teoría completa de la naturaleza pueden finalmente entreverse, aunque las pruebas experimentales son aún remotas. Como muchas ideas compulsivas, quizá no sea más que un espejismo, pero por primera vez en la historia de la ciencia nos encontramos ante lo que puede ser una teoría científica completa del mundo.

10. ¿Vivimos en once dimensiones?

LA PRIMERA TEORÍA DEL CAMPO UNIFICADO

Buena parte de la fascinación de la física reside en que frecuentemente explica el mundo en términos de cosas que no vemos y que quizá nunca seremos capaces de visualizar por mucho que forcemos nuestra imaginación. Hemos visto ya varios ejemplos: el spin de las partículas, la dualidad partícula-onda, y el espacio elástico. Hay quienes consideran que estas abstracciones son exasperantes o incluso indignantes; para otros son estimulantes e intrigantes. Aquellos que gustan de la ciencia ficción nunca dejan de hallar en la nueva física una mina de extrañas ideas.

Un ejemplo clásico del uso de conceptos abstractos para explicar la naturaleza se dio en 1915, cuando Einstein publicó su sensacional teoría general de la relatividad, uno de esos raros trabajos que señalan un punto crucial en la percepción del mundo por parte de la humanidad. La belleza de la teoría de Einstein descansa no sólo en la potencia y la elegancia de sus ecuaciones del campo gravitatorio, sino en el arrollador radicalismo de sus bases conceptuales; porque Einstein no sólo barrió de un plumazo la gravitación de Newton y su mecánica, sino que abolió la noción misma de que la gravedad es una fuerza. La teoría general de la relatividad establecía firmemente la idea de que la gravedad es un campo de distorsión geométrica. Así, Einstein reducía la gravedad a pura geometría. Donde antes había una fuerza que tiraba a través del espacio, había ahora una "curvatura espacial".

La teoría de Einstein representó un cambio de perspectiva tan sensacional que las demás fuerzas de la naturaleza fueron también sometidas muy pronto a un nuevo escrutinio. Por aquel entonces, la única otra fuerza que había sido definitivamente identificada era el electromagnetismo. Ésta, sin embargo, no daba la impresión de parecerse en absoluto a la gravedad. Además, había recibido ya una muy afortunada descripción hacía varias décadas por parte de Maxwell, descripción de la que no había ninguna razón para dudar.

Durante toda su vida, Einstein soñó en construir una teoría en la cual todas las fuerzas de la naturaleza se fundieran en un solo esquema descriptivo basado en la geometría pura. De hecho, dedicó una gran parte de sus últimos años a la búsqueda de este esquema. Irónicamente, las mejores esperanzas que tenemos de realizar el sueño de Einstein surgen del trabajo de un oscuro físico polaco, Theordor Kaluza, que ya en 1921 sentó las bases para un nuevo y audaz enfoque de la unificación de la física.

Kaluza se inspiró en la capacidad de la geometría para describir la gravitación y se propuso extender el trabajo de Einstein para incluir el electromagnetismo en la formulación geométrica de la teoría de campo. Quería conseguirlo sin alterar las sacrosantas ecuaciones electromagnéticas de Maxwell. Su labor es un ejemplo clásico de imaginación creativa e intuición física. Kaluza comprendió que era imposible que la teoría electromagnética de Maxwell pudiera convertirse en geométrica, tal como entendemos normalmente la palabra, ni siquiera aceptando las curvaturas espaciales. Su solución fue brillantemente simple. Amplió la geometría lo suficiente para acomodar la teoría de Maxwell. Lo hizo de un modo que es a la vez extraño y persuasivo. Kaluza mostró que el electromagnetismo es en realidad una forma de gravedad, pero no la gravedad de la física familiar. Es la gravedad de una dimensión invisible del espacio.

Los físicos ya estaban acostumbrados a considerar el tiempo como la cuarta dimensión. La teoría de la relatividad revela que espacio y tiempo no son en sí mismos cualidades físicamente universales. Al contrario, deben ser unificados en una sola estructura tetradimensional, llamada espaciotiempo. Kaluza fue más lejos y postuló que existe aún otra dimensión, una dimensión adicional del espacio; hay así cuatro dimensiones espaciales y cinco dimensiones en total. Pero entonces Kaluza demostró que ocurre una especie de milagro matemático: El campo gravitatorio de este universo pentadimensional se comporta exactamente como la gravedad normal *más* el campo electromagnético de Maxwell, al ser contemplado desde la restringida perspectiva de las cuatro dimensiones. Lo que decía Kaluza con su atrevida conjetura era que si ampliamos nuestra visión del Universo a cinco dimensiones, entonces no hay más que un solo campo de fuerza, la gravedad. Lo que llamamos electromagnetismo es tan sólo esta parte del campo gravitatorio que opera en la quinta dimensión, la nueva dimensión espacial que no habíamos reconocido.

La teoría de Kaluza no sólo amalgama gravedad y electromagnetismo en una misma teoría, sino que ofrece una formulación geométrica de los dos campos de fuerza. En su teoría, una onda electromagnética –por ejemplo, una onda de radio– no es más que una ondulación en la quinta dimensión. El movimiento característico de las partículas cargadas en los campos magnéticos y eléctricos se explica a la perfección suponiendo que hacen cabriolas en esta quinta dimensión. Visto de este modo, no hay fuerzas en absoluto, sólo está la curvada geometría pentadimensional, con partículas que serpentean libremente a través de un paisaje de estructurada nada.

El hecho de que, matemáticamente, el campo gravitatorio de Einstein en cinco dimensiones sea exacta y completamente equivalente a la gravedad más el electromagnetismo en cuatro dimensiones es a buen seguro más que una concidencia transitoria. De todos modos, la teoría de Kaluza sigue siendo desconcertante en un aspecto fundamental: no vemos la cuarta dimensión del espacio. El espacio de nuestras percepciones es clara e inalterablemente tridimensional. Si el espacio posee una cuarta dimensión, ¿dónde está? Antes de responder a esta pregunta, conviene dejar completamente claro qué significa realmente el concepto de dimensión.

¿QUÉ SON LAS DIMENSIONES?

Los escritores de ciencia ficción siempre han elogiado las dimensiones superiores del espacio. Muchos autores recurren a menudo a "otras dimensiones" para trasladar a sus personajes de un lugar del Universo a otro, evitándoles el tedio de atravesar el espacio normal de tres dimensiones al relativo paso de tortuga de la velocidad de la luz. En el libro de Arthur C. Clarke *2001: Una odisea del espacio*, una expedición a Saturno termina penetrando en otra dimensión cuya puerta de entrada se encuentra en una de las lunas de Saturno.

La fascinación que ejerce la dimensionalidad no empieza sin embargo con la ciencia ficción. Los griegos apreciaban claramente su importancia para la ciencia de la geometría. Un curioso ejemplo que pone de manifiesto los problemas de la dimensionalidad se refiere a las propiedades de los polígonos regulares (figuras cerradas con lados iguales, como cuadrados, pentágonos, octágonos, etc.). El número de polígonos regulares es ilimitado, los hay de cualquier número de lados. En cambio, hay solamente *cinco* tipos de poliedros regulares (cuerpos cerrados cuyas caras son polígonos regulares). Como siempre, los griegos insuflaron a su geometría un profundo sentido místico, y Tolomeo llegó incluso a escribir un estudio sobre la dimensionalidad en el que argumentaba que la naturaleza no podía tener más de tres dimensiones espaciales.

En los tiempos modernos, matemáticos como Riemann desarrollaron un estudio sistemático de los espacios de dimensiones superiores por su interés intrínseco. Un problema básico con que se encontraron fue dar una definición satisfactoria de dimensionalidad. Esto era muy importante, ya que los matemáticos deseaban probar teoremas sobre las propiedades de los espacios con distintas dimensiones.

Intuitivamente, dividimos las estructuras geométricas en una, dos o tres dimensiones, de acuerdo con la naturaleza de su extensión. Así, un punto, puesto que no tiene extensión, es cerodimensional. Una línea es unidimensional, una superficie bidimensional, y un volumen tridimensional. Podemos citar las definiciones dadas por el propio Euclides, aproxidamente en el año 300 a. de C.:

> «Un punto es lo que no tiene partes.
> Una línea es una longitud sin anchura.
> Una superficie es lo que tiene solo longitud y anchura.
> Un sólido es lo que tiene longitud, anchura y profundidad.»

Euclides señalaba luego que los extremos de una línea son puntos, el límite de una superficie es una línea, y el límite de un sólido es una superficie. De ahí surge la idea de definir la dimensionalidad jerárquicamente, empezando con el cero para el punto, y luego ascendiendo uno a uno. Así, un objeto unidimensional es el que está limitado por puntos, es decir, una línea. De este modo llegamos por inducción a la definición de una estructura tetradimensional como aquella que está limitada por volúmenes tridimensionales. El número de dimensiones que pueden definirse *lógicamente* de esta forma es ilimitado, aunque el proceso no tiene nada que ver con la situación física real.

Podemos conceptualizar mejor la tridimensionalidad imaginando algún modo de etiquetar puntos en el espacio. Supongamos, por ejemplo, que deseamos encontrarnos con un amigo en un lugar predeterminado. Una forma de hacerlo es dando una longitud y una latitud; podemos dar las coordenadas para el Empire State Building, por ejemplo. Esto nos deja todavía la libertad de especificar la altitud. ¿En qué piso nos vamos a encontrar? En total, se necesitan tres números independientes para definir un punto único en el espacio. Por esta razón se dice que el espacio es tridimensional.

La teoría de la relatividad nos revelaba cómo el espacio está entrelazado con el tiempo; no debemos pensar sólo en el espacio, sino en el espaciotiempo. ¿Cuándo vamos a encontrarnos con nuestro amigo en el Empire State Building? Fijar el tiempo de un acontecimiento requiere un solo número –la fecha–, y así el tiempo es unidimensional. Juntando espacio y tiempo, llegamos al espaciotiempo tetradimensional.

Si intentamos imaginar otras dimensiones, digamos una cuarta dimensión espacial, la intuición falla. Podemos conseguir alguna ayuda recurriendo a la analogía. Imaginemos una criatura bidimensional, un ser destinado a pasar toda su vida confinado en una superficie. No posee ningún concepto del "arriba" y el "abajo". La figura 23 nos representa el universo de esa criatura. Podemos ver que la superficie, de hecho, está inmersa en un espacio tridimensional, pero la criatura no goza de nuestra amplia perspectiva y percibe tan sólo los acontecimientos que ocurren sobre la superficie.

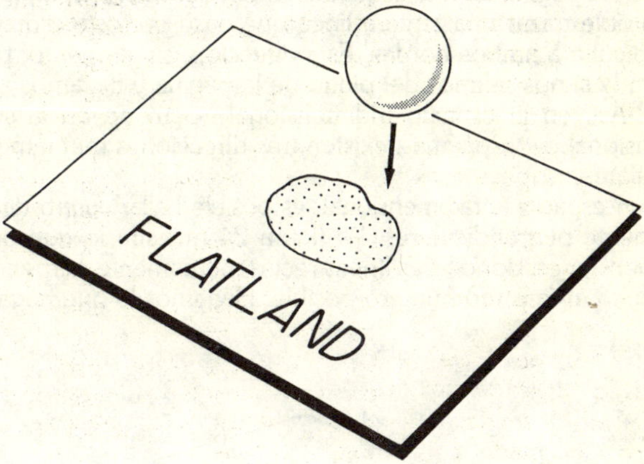

Figura 23. El universo bidimensional. Una criatura plana que viva en este hipotético Flatland o Planilandia no poseerá percepción ni del "arriba" ni del "abajo". La bola que está a punto de atravesar su superficie será percibida como una forma bidimensional cambiante.

Preguntémonos qué verá esta criatura cuando un objeto tridimensional atraviese su superficie. La superficie corta una sección del objeto, sección que cambiará de forma y tamaño a medida que el objeto se hunde. Una esfera, por ejemplo, se verá primero como un punto; luego se ampliará a un círculo, aumentando de tamaño hasta alcanzar su diámetro máximo; finalmente volverá a encogerse hasta transformarse en otro punto y desaparecer. Objetos más complicados producirán formas más complicadas.

Razonando por analogía, podemos suponer que las cuatro dimensiones de nuestro espaciotiempo se hallan englobadas en un universo de cinco (o incluso más) dimensiones, cuya geometría no podemos imaginar, pero que sin embargo posee una descripción perfectamente lógica en términos matemáticos. Por supuesto, hace mucho que los matemáticos extendieron las reglas de la geometría a espacios con cualquier número de dimensiones (incluido el infinito). Es, pues, posible dar sentido a espacios de más dimensiones aunque sólo tres de ellas se nos hagan manifiestas.

¿Qué rasgos poseerá un espacio tetradimensional? Un aspecto de la dimensionalidad tiene que ver con el número de direcciones mutuamente perpendiculares que hay. La superficie de esta página, por ejemplo, es bidimensional. Extendámosla plana sobre una mesa. Los bordes de la página en una esquina definen dos líneas en ángulo recto. Es imposible trazar una tercera línea que pase por esta esquina y sea perpendicular a ambos bordes. Esta dirección, sin embargo, podemos encontrarla si nos salimos del plano de la página y trazamos una línea vertical. Así, en el espacio tridimensional –pero no en la superficie bidimensional de la página– existen tres direcciones mutuamente perpendiculares.

En un espacio tetradimensional, es posible hallar *cuatro* direcciones mutuamente perpendiculares. La figura 24 muestra lo que ocurre en tres dimensiones, donde tres líneas rectas mutuamente perpendiculares constituyen el máximo número posible. Hagamos lo que hagamos, no

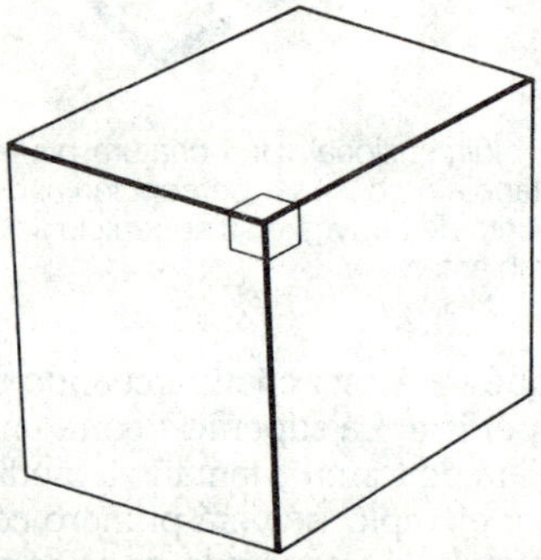

Figura 24. La aristas de un bloque rectangular forman tres líneas mutuamente perpendiculares. En el espacio tridimensional de nuestras percepciones no puede trazarse ninguna línea perpendicular a las tres.

podremos hallar una línea que forme un ángulo recto con las tres dentro de los confines del espacio normal. Cualquier línea perpendicular a las tres debe tener una dirección ajena a nuestro espacio. Aunque no podamos imaginar *dónde* va esta línea, resulta claro que *lógicamente* esta línea puede existir. Podemos describirla. Sus propiedades geométricas pueden ser evaluadas y catalogadas.

Un ejemplo simple de tales propiedades nos lo proporciona un famoso teorema que se enseña en todas las escuelas de enseñanza media, y que se debe al geómetra griego Pitágoras. El teorema habla de los triángulos rectángulos. En la figura 25, las longitudes de los lados del triángulo rectángulo son a, b y x. En símbolos, el teorema de Pitágoras afirma que esas tres longitudes están relacionadas por la simple fórmula: $x^2 = a^2 + b^2$. Veamos un ejemplo: si sabemos que $a = 3$ y $b = 4$, deducimos que $x = 5$, puesto que $5^2 = 3^2 + 4^2$.

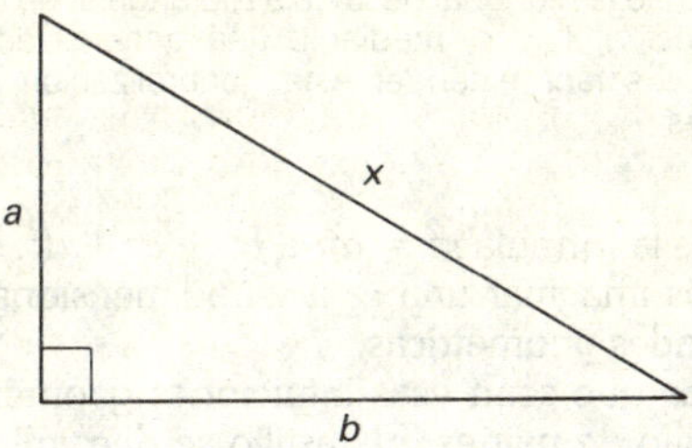

Figura 25. El famoso teorema de Pitágoras relaciona las longitudes *a*, *b* y *x* de los lados de un triángulo rectángulo. Este teorema puede generalizarse fácilmente a dimensiones superiores.

El triángulo de la figura 25 es, por supuesto, un objeto bidimensional, pero el teorema de Pitágoras puede generalizarse fácilmente a tres dimensiones. En la figura 26 se representa una caja rectangular. Las longitudes de los lados son a, b y c. El teorema hace referencia aquí a la distancia en diagonal entre las esquinas opuestas de la caja, denotada por x en la figura. En símbolos, el teorema de Pitágoras afirma ahora que $x^2 = a^2 + b^2 + c^2$. La forma de esta ecuación es muy similar a la del caso bidimensional, pero ahora necesitamos las longitudes de *tres* lados mutuamente perpendiculares, a, b y c, para calcular la longitud de la diagonal x.

En un espacio tetradimensional, la longitud de la diagonal deberá calcularse a partir de *cuatro* longitudes perpendiculares, a, b, c y d.

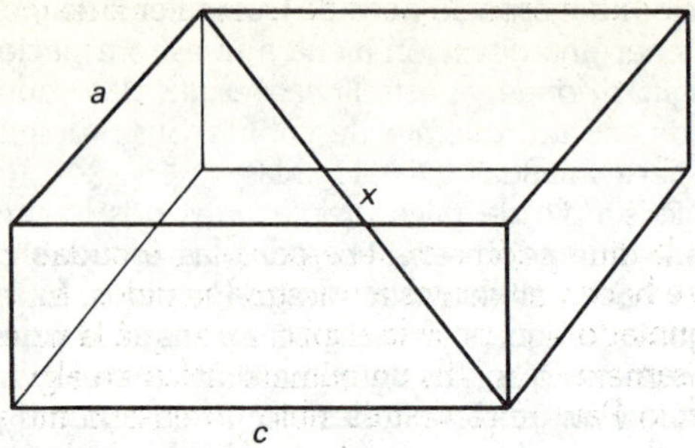

Figura 26. La longitud de la diagonal de la caja rectangular se relaciona con las longitudes de los lados, *a*, *b* y *c*, mediante una generalización sencilla del teorema de Pitágoras. Es fácil extender esta generalización a cuatro o más dimensiones espaciales.

Tendremos entonces la fórmula $x^2 = a^2 + b^2 + c^2 + d^2$. De este modo, aunque no podamos imaginar una caja tetradimensional, sí podemos discutir sus propiedades geométricas.

Por muy valiosas que sean esas intuiciones geométricas, resultan ser tan sólo un castillo de naipes. El castillo se derrumbó a finales del siglo XIX, con el desarrollo de una poderosa rama de las matemáticas conocida como teoría de conjuntos. Entre los sustos que recibieron los matemáticos se encuentra el descubrimiento de Georg Cantor de que hay tantos puntos en una línea como en una superficie. La idea intuitiva de que una superficie es de algún modo infinitamente más rica en puntos que una línea trazada en ella quedó completamente desacreditada. Esta sacudida dejó incrédulos incluso a matemáticos respetables. Algunos dijeron que Cantor estaba loco. Charles Hermite escribió, desechando la idea: «Leer los escritos de Cantor parece una verdadera tortura... La correspondencia entre una línea y una superficie nos deja absolutamente indiferentes... tales arbitrariedades... el autor hubiera hecho mejor esperando...», etc.

Hasta principios de siglo no se reparó el daño, al conseguir una definición satisfactoria de dimensión. Las importantes contribuciones de L. E. J. Brouwer, René Lesbesgue, y otros, establecieron finalmente un procedimiento sin puntos flacos para comparar dos espacios y decidir si poseían la misma dimensión. Estas pruebas se basan en ideas sutiles y abstractas de la teoría de conjuntos que están muy alejadas de la intuición. Solamente con mucho cuidado y atención al detalle pueden asegurarse los fundamentos lógicos de nuestra ciencia y de nuestra experiencia.

¿POR QUÉ TRES?

Sea cual fuere la dimensión real del espacio, es indudable que sólo tres dimensiones se hacen evidentes a nuestros sentidos. Muchos científicos se han preguntado si es posible explicar por qué la naturaleza ha seleccionado precisamente tres. ¿Es un número único en algún sentido?

En 1917 el físico Paul Ehrenfest escribió un ensayo titulado "¿De qué modo se pone de manifiesto en las leyes fundamentales de la física que el espacio posee tres dimensiones?" Ehrenfest dirigió su atención a la existencia de órbitas estables, del tipo seguido por los planetas en torno al Sol o por un electrón en torno al núcleo atómico. La omnipresencia de las leyes de la inversa del cuadrado es bien conocida. En el Capítulo 5 vimos como las fuerzas gravitatoria, eléctrica y magnética satisfacen todas ellas esta ley. En 1747 Immanuel Kant ya reconoció la profunda conexión entre esta ley y la tridimensionalidad del espacio. Las ecuaciones que describen los campos gravitatorio o eléctrico pueden ser generalizadas fácilmente a otras dimensiones. Sus soluciones revelan que en un espacio de n dimensiones tenemos que tratar con una ley de la inversa de la potencia $n - 1$. Así, en tres dimensiones, $n - 1 = 2$, y la ley es la inversa del cuadrado. En cuatro dimensiones, $n - 1 = 3$, obteniendo así una ley de la inversa del cubo. Y así sucesivamente. Puede demostrarse que si, por ejemplo, el Sol generara un campo gravitatorio de la inversa del cubo, los planetas trazarían una rápida espiral hacia él y serían absorbidos.

La situación con los átomos es similar. Aún teniendo en cuenta los efectos cuánticos, resulta que los electrones no poseen órbitas estables en espacios de más de tres dimensiones. Sin órbitas atómicas estables, la química, y en consecuencia la vida, sería imposible.

Otro fenómeno que depende sensiblemente de la dimensión es la propagación de las ondas. Se puede demostrar fácilmente que en espacios con un número par de dimensiones una onda no se propagará con nitidez, sino que producirá alteraciones con efectos de reverberación. Por esta razón es imposible transmitir señales bien definidas en una superficie bidimensional como una lámina de caucho. Discutiendo este tema en 1955, el matemático G. J. Whitrow llegó a la conclusión de que la vida avanzada sería imposible en un espacio de dimensionalidad par, ya que los organismos requieren una eficiente transmisión y procesado de la información a fin de operar con coherencia.

Estos estudios no muestran la imposibilidad de otras dimensiones espaciales, sino tan sólo que la física en un mundo no tridimensional sería profundamente distinta y, con toda probabilidad, mucho menos ordenada que en el mundo que percibimos.

¿Cómo encajar todo esto con la teoría de Kaluza de un Universo con cuatro dimensiones espaciales? Una posibilidad es considerar la nueva dimensión no percibida simplemente como un artificio, un truco matemático sin significado físico. Sin embargo, poco después de que Kaluza publicara su teoría original ya se propuso una idea más atractiva.

LA TEORÍA DE KALUZA Y KLEIN

En 1926, el físico sueco Oscar Klein encontró una respuesta maravillosamente simple a la pregunta de dónde había ido a parar la quinta dimensión de Kaluza. Según Klein, no percibimos la nueva dimensión porque, en un cierto sentido, se halla "enrollada" hasta alcanzar un tamaño minúsculo. La situación puede compararse a una manguera. Vista desde muy lejos, la mangera parece ser tan sólo una línea sinuosa. Un examen desde más cerca, sin embargo, nos revela que lo que habíamos tomado por un punto en la línea es en realidad un círculo en torno a la circunferencia de la manguera (fig. 27). Supongamos, dijo Klein, que así es nuestro Universo. Lo que normalmente tomamos por un punto en el espacio tridimensional es en realidad un pequeño círculo en la cuarta dimensión espacial. Desde cada punto del espacio parte un pequeño bucle en una dirección que no es arriba, ni abajo, ni a los lados, ni ninguna otra en el espacio de nuestros sentidos. La razón de que no observemos estos bucles es que su circunferencia es increíblemente pequeña.

Cuesta un poco habituarse a la idea de Klein. Parte del problema reside en que no podemos imaginar *dónde* se enrollan esos bucles. Los bucles no están *dentro* del espacio, extienden el espacio, del mismo modo que una circunferencia avanzando rápidamente forma un tubo. Podemos imaginar fácilmente la situación en dos dimensiones, pero no en cuatro. Sin embargo, la proposición sigue teniendo sentido. No hay problemas con las órbitas estables o la propagación de las ondas, ya que la materia y las ondas no pueden moverse libremente en la nueva dimensión. La quinta dimensión puede estar *aquí*, pero no se puede ir muy lejos en ella. Por supuesto, no hay ninguna posibilidad de utilizar la teoría de Kaluza-Klein para acortar el viaje espacial; lo siento por los escritores de ciencia ficción.

Klein consiguió calcular la circunferencia de los bucles en la quinta dimensión a partir de los valores conocidos de la unidad de carga eléc-

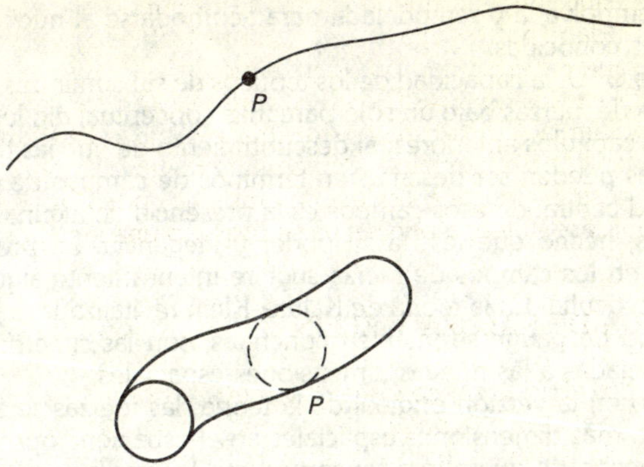

Figura 27. Desde una cierta distancia la manguera parece una línea sinuosa. Una inspección desde más cerca nos revela que un punto *P* de la línea se convierte en un círculo en torno a la circunferencia de la manguera. Es posible que lo que normalmente tomamos por un punto en el espacio tridimensional sea en realidad un pequeño círculo en torno a otra dimensión del espacio. Esta idea es la base de la teoría unificada de Kaluza y Klein de las fuerzas electromagnéticas y gravitatorias.

trica de los electrones y otras partículas y de la intensidad de las fuerzas gravitatorias entre partículas. El valor resultó ser de 10^{-32} cm, aproximadamente 10^{-20} veces el tamaño de un núcleo atómico. No es sorprendente que no hayamos observado la quinta dimensión, puesto que se halla enrollada hasta alcanzar una magnitud mucho menor que cualquier estructura percibida hasta la fecha, incluso en la física de partículas subnucleares. No es posible, pues, que un átomo se mueva en la quinta dimensión. Más bien debemos pensar en la nueva dimensión como algo que se halla dentro del átomo.

Pese a su ingeniosidad, la teoría de Kaluza-Klein fue poco más que una curiosidad matemática durante más de cincuenta años. Con el descubrimiento de las fuerzas débil y fuerte en la década de los 30, la idea de unificar gravedad y electromagnetismo perdió mucho de su atractivo. Cualquier teoría de campo unificado viable tendría que acomodarse no solamente a dós, sino a cuatro fuerzas. Este paso no pudo realizarse, pues, hasta que se tuvo una comprensión adecuada de las fuerzas débil y fuerte. A finales de los años 70, con las GTU y la supergravedad frescas en las mentes de los teóricos, alguien recordó la antigua teoría de Kaluza-Klein. Rápidamente fue sacada de entre la naftalina, desempolvada y remodelada para acomodarse al nuevo paquete de fuerzas conocidas.

En las GTU, la capacidad de los teóricos de subsumir tres tipos muy diferentes de fuerzas bajo un solo paraguas conceptual dio lugar, como vimos en capítulos anteriores, al descubrimiento de que las tres fuerzas implicadas pueden ser descritas en términos de campos de gauge. La propiedad central de esos campos es la presencia de algunas simetrías abstractas, hecho que les da su poder y elegancia. La presencia de simetrías en los campos de fuerza sugiere intensamente algún tipo de geometría oculta. En la teoría de Kaluza-Klein revitalizada, las simetrías del campo de gauge se vuelven concretas; son las simetrías geométricas asociadas a las nuevas dimensiones espaciales.

Como en la versión original de la teoría, las fuerzas se acomodan injertando más dimensiones espaciales en el espaciotiempo conocido, pero el hecho de que ahora tengamos tres fuerzas que acomodar requiere varias dimensiones adicionales. Un simple recuento del número de operaciones de simetría necesarias para la gran fuerza unificada nos lleva a una teoría en la cual debe haber *siete* nuevas dimensiones, sumando diez dimensiones espaciales en total, más el tiempo, o sea *once* dimensiones espaciotemporales. La versión moderna de la teoría Kaluza-Klein postula un Universo de once dimensiones.

Una vez más, es necesario suponer que estas siete dimensiones espaciales están "enrolladas" hasta alcanzar un tamaño muy pequeño, de modo que no las percibimos. Sólo hay una forma de enrollar una dimensión adicional, y es en un círculo. Los espacios de más dimensiones, sin embargo, pueden comprimirse de muy distintas formas. Por ejemplo, una superficie bidimensional puede unirse por los extremos para formar o bien la superficie de una esfera o bien la de un donut (conocido como un toro). Aunque ambas estructuras son cerradas y pueden hacerse muy pequeñas, difieren profundamente en su topología; el donut posee un agujero que lo atraviesa.

Con siete dimensiones, el número de topologías posibles es enorme. ¿Qué forma es la correcta? Una elección particularmente atractiva es el análogo heptadimensional de la esfera, conocido simplemente como heptaesfera. Si las dimensiones espaciales invisibles tienen realmente esta forma, entonces cada punto del espacio tridimensional es de hecho una diminuta "hiperesfera" de siete dimensiones. La heptaesfera llamó la atención de los matemáticos hace más de medio siglo debido a que posee unos rasgos peculiares que la dotan de interesantes propiedades geométricas. No vamos a ocuparnos aquí de los detalles, pero si la naturaleza tuviera que hallar una estructura geométrica cerrada que permitiera las fuerzas y campos que percibimos en el mundo real, entonces la heptaesfera sería la elección más simple. Es imposible obtener el tipo de estructuras que nos rodean, desde los átomos hasta las galaxias, con una disposición matemática más simple.

Una esfera es una figura altamente simétrica, y una heptaesfera posee muchas simetrías adicionales que no se encuentran en la esfera corriente. Con ellas se pretende identificar las simetrías de gauge subyacentes a los campos de fuerza. Sin embargo, una de las razones de que los físicos tardaran tanto tiempo en descubrir las fuerzas es que las simetrías se hallan a veces ocultas, e incluso interrumpidas, a la manera descrita en el Capítulo 8. En la teoría de Kaluza-Klein, esta interrupción de la simetría se consigue distorsionando la estructura heptadimensional de forma que no sea una esfera exacta. La heptaesfera "achatada" resulta ser la forma óptima en lo que respecta a las comprimidas dimensiones invisibles.

La teoría de Kaluza-Klein resucitada ha sido tan inspiradora que los físicos se han apresurado a reescribir las leyes de la física en once dimensiones. Un problema que surge de inmediato es comprender por qué el espaciotiempo adopta esta escisión siete-cuatro. ¿Es inevitable que siete de las once dimensiones se enrollen hasta hacerse invisibles, dejando tras ellas las cuatro dimensiones de la experiencia directa? ¿O existe alguna otra posible configuración distinta, digamos ocho-tres?

En su búsqueda de una razón por la cual siete de las dimensiones deberían comprimirse espontáneamente, los teóricos han supuesto que los sistemas físicos tienden siempre a buscar su estado más bajo de energía. Vimos un buen ejemplo de este principio en el Capítulo 8, con la esfera en el "sombrero mexicano": la esfera encuentra finalmente un estado estable de la más baja energía en el "borde del sombrero". Quizá una heptaesfera "achatada" es en cierto sentido la configuración de menor energía del espaciotiempo.

Pero es concebible que la configuración de la heptaesfera sea tan sólo una de las muchas disposiciones posibles. Es fascinante conjeturar que muy lejos en el Cosmos, más allá de los límites de nuestro Universo observable, el espacio posee otro número de dimensiones. Tras un viaje de miles de millones de años luz, quizá nos descubriéramos de pronto en un universo de cinco dimensiones espaciales en vez de tres. De ser así, puede que tengamos una respuesta a la pregunta "¿Por qué tres?" Es posible que el espaciotiempo de once dimensiones se organice a sí mismo en dominios de distinta dimensionalidad aparente. Puesto que la estructura de los campos de fuerza depende de las simetrías geométricas de las dimensiones comprimidas, esas fuerzas diferirán de un dominio a otro. Junto a esas diferencias estarán los muchos problemas sobre órbitas estables, movimiento ondulatorio, etc., discutidos anteriormente. Todo ello asegurará que las condiciones físicas en los dominios que no gozan de una escisión siete-tres sean muy distintas de las de nuestro propio Cosmos. Es dudoso que la vida puede florecer, o siquiera existir, en tales dominios. Los organismos vivos son altamente delicados y parecen depender críticamente de la oportuna y única colección de fuerzas reunidas en nuestra región del Universo. Esto parece indicar que nosotros, como observadores, hemos seleccionado con nuestra propia presencia una región de espaciotiempo con tres dimensiones espaciales perceptibles. Simplemente, no podríamos vivir en ninguno de los otros dominios dimensionalmente distintos que tal vez existan.

¿POR QUÉ ONCE?

El uso de este razonamiento "antrópico" para explicar la tridimensionalidad del espacio plantea otra intrigante pregunta. ¿Debe ser inevitablemente once el número total de dimensiones espaciotemporales, o puede variar de lugar a lugar? ¿Es posible un Universo de veintiuna dimensiones, diecisiete de las cuales están comprimidas y dotan al mundo de un esquema de campos de fuerza mucho más complejo que el formado por los cuatro de nuestra experiencia? ¿Quién sabe qué intrincadas estructuras, qué elaboradas formas de vida, pueden medrar en un Universo así?

A lo largo de la historia, hombres y mujeres se han sentido fascinados por la numerología. Los antiguos griegos daban a algunos números un significado místico y metafísico. Hoy en día, el número cuatro –el número de lados de un cuadrado– conserva aún un vestigio de su antigua asociación con la honestidad y la justicia en la expresión inglesa "*a square deal*", literalmente un trato cuadrado, para referirse a algo hecho con honestidad y buena fe. Para mucha gente aún hay números "de buena suerte" o "de mala suerte", como el tres, el siete o el trece. La Biblia hace un uso repetido de los números siete y cuarenta. Todavía se asocia el número 666 con el diablo.

Cuando los números se presentan de forma natural, es tentador buscarles un significado oculto. A veces parecen ser puramente accidentales, como con el número de planetas del sistema solar. Otros números que se presentan de forma natural parecen tener un significado más profundo. El número de hadrones resulta ser consecuencia del número de permutaciones disponibles de combinaciones de quarks. La dimensionalidad del espaciotiempo, ¿es tan sólo un accidente, como el número de los planetas? ¿O es algo que esconde una verdad profunda acerca de la estructura lógica y matemática del mundo físico?

Hay un curioso indicio de que el número once posee, de hecho, un profundo significado matemático. Este indicio procede de una rama de la física que, superficialmente al menos, no posee ninguna conexión con la teoría de Kaluza-Klein; se trata de la supergravedad.

En el capítulo anterior discutimos la formulación más prometedora de la supergravedad, conocida como $N = 8$. La críptica designación "$N = 8$" necesita alguna explicación. La operación de supersimetría relaciona partículas con distinto spin en una superfamilia de 163 partículas. Podemos preguntarnos por qué hay solamente 163 partículas en la superfamilia. Si la operación de supersimetría transforma una partícula con un valor de spin en una partícula con otro, ¿por qué no podemos seguir transformando y generar una interminable secuencia de partículas de spin arbitrariamente grande? La respuesta es que, para que la supersimetría sea propiamente una simetría, la familia tiene que estar "cerrada" bajo las operaciones. Puede generarse tan sólo una familia finita de partículas. Puesto que hay buenas razones matemáticas por las que no pueden existir partículas con un spin mayor que 2, una superfamilia con 163 miembros es la más numerosa posible.

La designación $N = 8$ hace referencia al número de posibles operaciones de conexión entre partículas con distinto spin. Dado que la dirección del spin puede apuntar tanto "arriba" como "abajo", su proyección puede variar de +2 (una partícula de spin 2 que apunta hacia arriba) a –2 (una partícula de spin 2 que apunta hacia abajo) en pasos semienteros. Hay ocho de tales pasos entre –2 y +2, es decir, se necesitan ocho operaciones de supersimetría para generar todas las proyecciones de spin requeridas para edificar la superfamilia de partículas. Este número está también relacionado con el número de especies de gravitinos, ocho en esta teoría.

Tal como se formula normalmente, el concepto de spin hace referencia a las propiedades de rotación de una partícula en el viejo espacio tridimensional. Hace años, sin embargo, los matemáticos se entretuvieron inventando descripciones de spin en espacios de otras dimensiones con el fin exclusivo de ver lo que ocurría. Sucede que, en lo tocante a la supergravedad, la teoría se simplifica si hay más de tres dimensiones disponibles. De hecho, la descripción más simple se obtiene con la versión de la teoría en *once* dimensiones. En once dimensiones, las ocho operaciones distintas de simetría de la supergravedad $N = 8$ se reducen a una sola: se obtiene una supergravedad "$N = 1$".

Imaginemos a un matemático entusiasta que no tuviera conocimiento de la dimensionalidad del Universo real, pero que por razones de elegancia y unidad descubriera la supergravedad. Se vería obligado a formular una teoría en la que el espaciotiempo tuviera once dimensiones y llegaría a la conclusión de que, si la naturaleza sabe lo que hace, once es el número de dimensiones del Universo real. ¿Es esta concurrencia del número once un mero accidente, o indica una profunda conexión entre supergravedad y la teoría de Kaluza-Klein? Muchos físicos esperan que esta conexión sea real y que las dos tradiciones de unificación en física –la supergravedad y las grandes teorías unificadas– se amalgamen en una descripción común. Salam ha escrito las siguientes palabras:

«Si esta teoría es correcta, puede que estemos muy cerca de una unificación completa y definitiva de todas las fuerzas en las que la materia y las cargas fundamentales son manifestaciones de dimensiones ocultas del espacio.»

LA GEOMETRIZACIÓN DE LA NATURALEZA

Hemos visto cómo el sueño de Einstein de obtener una teoría de campo unificado a partir de la geometría está casi a punto de realizarse. En la versión moderna de la teoría de Kaluza-Klein todas las fuerzas de la naturaleza, no sólo la gravedad, son tratadas como manifestaciones de la estructura del espaciotiempo. Lo que normalmente llamamos gravedad es una curvatura en las cuatro dimensiones del espaciotiempo de nuestras percepciones, mientras que las otras fuerzas se reducen a curvaturas espaciales de otras dimensiones. Todas las fuerzas de la naturaleza no son más que geometría oculta en acción.

Hace mucho tiempo, en 1870, el matemático W. K. Clifford habló a la prestigiosa Sociedad Filosófica de Cambridge "Sobre la teoría espacial de la materia". Clifford declaró:

«Que las pequeñas porciones de espacio son como colinas en una superficie que por lo general es plana... Que la propiedad de ser curvado o distorsionado se transmite constantemente de una porción del espacio a otra a la manera de una onda. Que esta variación de la curvatura del espacio es lo que ocurre realmente en ese fenómeno que llamamos *movimiento de la materia*. Que en el mundo físico no hay nada excepto esta variación.»

Esos pensamientos constituyen una profecía de la teoría general de la relatividad, desarrollada casi medio siglo después por Einstein. Clifford, sin embargo, parece ir más allá de la relatividad general al conjeturar que, del mismo modo que las fuerzas, las partículas de materia no son en sí mismas más que protuberancias y repliegues de un espacio vacío.

Sentimos una profunda compulsión a creer que el Universo entero, incluida toda la materia aparentemente concreta que asalta nuestros sentidos, es sólo un retozar de nada agitada, que en último término el mundo no es más que una escultura de puro vacío, un vacío autoorganizado. La geometría es la comadrona de la ciencia. El laborioso trabajo de generaciones de astrónomos que cartografiaron las trayectorias de los cuerpos celestes dio lugar a la revolución newtoniana y a la explicación del movimiento celeste en términos de fuerzas y campos. Ahora hemos dado un círculo completo: las fuerzas y campos se explican a sí mismos en términos de geometría.

A principios de los años 60, el físico teórico norteamericano John Wheeler amplió el trabajo de Clifford y Einstein para construir una teoría completa del mundo basada sólo en la geometría del espaciotiempo vacío. Llamó a su programa "geometrodinámica". Su objetivo era la explicación tanto de las partículas como de las fuerzas en términos de estructuras geométricas.

El modelo de Wheeler para la carga eléctrica proporciona una buena ilustración de la filosofía que anima el proyecto. Según este modelo, una partícula cargada es en realidad una especie de entrada o portal a un pequeño túnel que comunica un punto del espacio con otro, algo como un puente espacial en miniatura sobre otra dimensión. El otro extremo del túnel lo veremos como otra partícula de carga eléctrica opuesta. Así, los dos extremos del "agujero de Weeler" pueden ser un par electrón-positrón, por ejemplo. Mientras que los científicos del siglo XIX hubieran dicho que las "líneas de fuerza" eléctricas se concentran y terminan en la partícula cargada, Wheeler dice que las líneas simplemente se concentran a lo largo de ella para emerger intactas al otro lado (fig. 28). De esta manera no hacen falta fuentes de electricidad, sino tan sólo agujeros en el espacio para atrapar a los campos eléctricos.

La geometrodinámica tiene muchos encantos, pero nunca acabó de funcionar. El propio Wheeler escribió que "el fallo más evidente... es que no puede proporcionar un lugar natural al spin 1/2 en general y al neutrino en particular". En años más recientes ha adoptado la postura de que cualquier teoría que asuma el espaciotiempo no puede explicar también el espaciotiempo. En particular, la dimensionalidad del espaciotiempo le es impuesta a la teoría desde el principio, y así no puede obtenerse como una consecuencia de la teoría. Cualquier teoría completa de la naturaleza debe dar razón de la existencia de la "materia prima" –el propio espaciotiempo– que constituye el mundo geometrodinámico. Wheeler cree que la única solución surgirá de un estudio de la física cuántica y espera el día en que comprendamos que el cuanto, más que el espaciotiempo, es el constituyente fundamental de la realidad.

Con la ventaja de la retrospectiva podemos ver que el fracaso de la geometrodinámica de Wheeler se debe en parte a su restricción a cua-

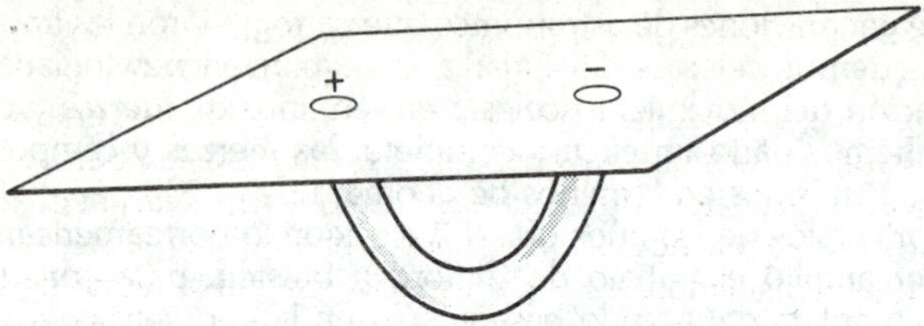

Figura 28. Wheeler conjeturó que una partícula cargada eléctricamente podía ser el extremo de un pequeño tubo que pasa a través de otra dimensión y concluye de nuevo en nuestro propio espacio tridimensional en el lugar de otra partícula con carga opuesta.

tro dimensiones. Con once dimensiones, la variedad y complejidad de las estructuras físicas que pueden construirse se amplía enormemente. En la teoría de Kaluza-Klein, las partículas no son "agujeros" en el espacio, sino *excitaciones* en una geometría de once dimensiones. Esperemos que esta geometría pueda ser explicada, como el propio Wheeler desearía, en términos del fenómeno cuántico.

LA EXPLORACIÓN DE LAS DIMENSIONES OCULTAS

Quizá la naturaleza sea hermosa, pero la sola belleza no convencerá a los físicos de la corrección de una teoría. Se exige también la prueba física. La potencia y la elegancia de la teoría de once dimensiones de Kaluza-Klein nos obliga a tomarla en serio, pero si no hay ninguna forma concebible de verificar que las siete dimensiones adicionales existen realmente, la teoría pierde mucho de su atractivo.

Afortunadamente, sin embargo, quizá sea posible demostrar físicamente la existencia de las otras dimensiones. Para que la teoría funcione, las siete dimensiones espaciales nuevas tienen que estar "enrolladas", probablemente en la forma de una heptaesfera, a una circunferencia de 10^{-32} cm. Sondear estructuras a esta escala ultramicroscópica es un reto importante: no poseemos control directo sobre ningún objeto tan pequeño, de modo que no podemos enviar nada "al interior" de la heptaesfera para que la explore.

La física cuántica asocia una escala de energía (o su equivalente, la masa) con una escala de longitud. Medida por medida, el diámetro de un núcleo (aproximadamente 10^{-12} cm) corresponde más o menos a la masa del pión. A medida que sondeamos dimensiones mas pequeñas, la energía necesaria empieza a aumentar. Para explorar el interior de un protón hay que recurrir a energías al menos diez veces superiores a la masa del protón. La masa de unificación se halla mucho más arriba en la escala de energía, a aproximadamente 10^{14} veces la masa del protón. Si pudiéramos disponer de una masa-energía tan enorme (y no podemos), sería posible penetrar en el mundo de las partículas X, a cuyo nivel la distinción entre quarks y leptones se desvanece.

¿Cuánta energía necesitamos para "penetrar" en la heptaesfera y explorar las otras dimensiones del espacio? Según la teoría de Kaluza-Klein es necesario ir mucho más allá de la escala de unificación, a una energía equivalente a 10^{19} veces la masa del protón. Tan sólo a esta energía inimaginable se manifestarán directamente las nuevas dimensiones.

El enorme valor de 10^{19} veces la masa del protón se conoce como "escala de Planck", ya que fue descubierto originalmente por Max Planck, el inventor de la teoría de los cuantos. A la energía de Planck, las cuatro fuerzas de la naturaleza se fundirían en una sola superfuerza y las diez dimensiones espaciales tendrían los mismos derechos. Si pudiéramos concentrar la energía suficiente para ascender por encima de la escala de Planck, la dimensionalidad del espacio quedaría expuesta en todo su esplendor.

Demos rienda suelta a la imaginación y pensemos en el día en que la humanidad controlará la superfuerza. Tendremos entonces la capacidad de manipular el mayor poder del Universo, puesto que, en último término, la superfuerza genera todas las fuerzas y todas las estructuras físicas. Es el manantial de toda existencia. Con la superfuerza liberada, podremos cambiar la estructura del espacio y del tiempo, atar nuestros propios nudos en la nada, y dar orden a la materia. Controlar la superfuerza nos permitirá crear y transformar partículas a voluntad, generando exóticas formas de materia. Quizá seamos capaces de manipular la dimensionalidad del propio espacio, creando extraños mundos artificiales con propiedades inimaginables. Con la superfuerza nos convertiremos en los señores del Universo.

Pero ¿cómo puede conseguirse este control? En primer lugar, necesitamos dominar la energía suficiente. Para hacernos una idea de lo que esto significa, comparemos: el acelerador lineal de Stanford tiene 3 km de largo y puede lanzar electrones a la energía equivalente a unas veinte veces la masa del protón. Alcanzar la energía de Planck requeriría un acelerador de longitud unas 10^{18} veces mayor, lo que lo haría tan largo como la Vía Láctea... 100.000 años luz. ¡No es el tipo de proyecto que pueda realizarse de la noche a la mañana!

En la teoría unificada de las fuerzas podemos distinguir tres umbrales cruciales o escalas de energía. El primero es la energía de Weinberg-Salam, aproximadamente unas noventa masas de protón, más allá de la cual las fuerzas electromagnética y débil se funden en una sola fuerza electrodébil. El segundo es la energía de unificación, 10^{14} masas de protón, que marca el inicio de la física de la GTU. Finalmente está la energía de Planck, 10^{19} masas de protón, que representa la escala de energía a la que toda la física adquiere una espectacular simplicidad. Uno de los grandes problemas abiertos es dar razón de estos tres números y en particular explicar por qué el abismo entre el primero y el segundo es tan enorme.

La tecnología actual solamente puede llevarnos hasta el primero de estos umbrales. Como vimos en el capítulo anterior, la desintegración del protón nos puede proporcionar medios indirectos de sondear la física a la escala de unificación, pero no parece haber ninguna esperanza en absoluto de obtener directamente la energía de unificación, y mucho menos la energía de Planck.

¿Debemos concluir que nunca seremos capaces de observar directamente la acción de la superfueza y percibir las siete dimensiones invisibles del espacio? Lo que sí es cierto es que, con el futuro Desertrón, nos estamos acercando rápidamente al final del camino tecnológico. Sin embargo, la tecnología humana no agota la totalidad de las circunstancias físicas. Está la propia naturaleza. El Universo es un enorme laboratorio natural donde hace 18.000 millones de años tuvo lugar el más grande de los experimentos en física de partículas. Lo llamamos el *big bang*. Veremos que esta violencia primigenia consiguió desencadenar la superfuerza. Fue sólo un momento, pero quizá fue suficiente para dejar una huella permanente de su antigua existencia.

11. Fósiles cósmicos

EL ORIGEN DE LOS ELEMENTOS

Un soleado día de primavera de 1822, un joven doctor rural, Gideon Mantell, fue a visitar a un paciente cerca del pueblo donde vivía, Lewes, en Sussex, Inglaterra. Le acompañó su esposa Mary Ann, que aprovechó la oportunidad para dar un paseo por el campo mientras su esposo atendía a su paciente. Al pasar junto a un montón de adoquines, la señora Mantell observó un curioso objeto marrón y reluciente. Al examinarlo más de cerca, descubrió que era una pieza de piedra arenisca que contenía unos dientes muy largos. La señora Mantell mostró esos dientes a su esposo, un geólogo aficionado, que se emocionó sobremanera. Los dientes recordaban los de la iguana, y el doctor Mantell conjeturó que habían pertenecido hacía mucho tiempo a una especie de enorme reptil herbívoro que vivió en la Tierra antes de que existieran los mamíferos. Llamó a la criatura *Iguanadonte*. Los Mantell habían descubierto e identificado correctamente el primer fósil de dinosaurio.

El accidental descubrimiento de la señora Mantell llegó en un momento crítico para la ciencia. Por tradición, se creía que la edad de la Tierra era de varios miles de años, una creencia reforzada por el relato bíblico del Génesis. Sin embargo, a finales del siglo XVIII, la geología se estaba convirtiendo en una disciplina científica, y muchos geólogos empezaban a reconocer que habían sido necesarios enormes intervalos de tiempo para completar actividades geológicas tales como la sedimentación y la erosión. De todos modos, ya en 1779 el geólogo francés George Louis Leclerc había calculado la edad de la Tierra en tan sólo 75.000 años. A mediados del siglo XIX este lapso de tiempo se amplió a centenares de millones, o incluso a miles de millones de años. Hoy, la edad de la Tierra se ha determinado con técnicas radiactivas en 4.600 millones de años.

Los nuevos fósiles de dinosaurios empezaron pronto a ser reconocidos como los restos de criaturas hoy extintas que merodearon por la Tierra hace entre 200 y 65 millones de años. Es sorprendente pensar que examinando las rocas de hoy podamos deducir algo acerca del mundo en un pasado tan remoto: 200 millones de años es un lapso de tiempo tan enorme que se resiste a la imaginación humana. Más recientemente, nuevas investigaciones han puesto al descubierto restos fósiles de organismos vivos que datan de al menos 3.000 millones de años y quizá de cerca de 4.000 millones de años.

Aunque la mayor parte de la gente asocia los fósiles con las huellas impresas de criaturas que vivieron alguna vez en el planeta, hay muchos otros objetos físicos que llevan impresa una grabación inanimada del pasado remoto. Por ejemplo, las superficies llenas de cráteres de la Luna, Marte y Mercurio son el testimonio de una fase de violento bombardeo en el amanecer del sistema solar. En cierto sentido, todas las cosas físicas son fósiles. Cada objeto posee algún tipo de historia y encierra información acerca de las circunstancias que le dieron vida. Hay que ser lo suficientemente listo como para descifrar la información.

Un juego interesante consiste en tomar el objeto que nos resulta más familiar –nuestro propio cuerpo– y ver qué puede decirnos acerca del pasado.

Para empezar, está la información biológica. Se halla oculta en nuestros genes, que están formados por las moléculas de ADN. Toda la vida sobre la Tierra se basa en el ADN, que podemos considerar, por tanto, una reliquia del origen de la vida de la Tierra, hace unos 4.000 millones de años. Nuestra particular estructura genética lleva incontables huellas de las condiciones físicas que nuestros antepasados encontraron a lo largo de los eones, y que contribuyeron a modelar el sendero de la evolución seguido por nuestra especie. Nuestros cuerpos son, pues, fósiles vivientes que encierran una historia en clave de nuestro planeta.

La información biológica se relaciona con el modo como los átomos de carbono, hidrógeno, oxígeno y otros elementos presentes en los organismos vivos se unen entre sí en formas complejas. Pero ¿qué hay que decir de los propios átomos, la materia prima de que están formados nuestros cuerpos y todos los objetos que nos rodean?

Según las modernas ideas de la cosmología, los átomos no existieron siempre, sino que son reliquias de procesos físicos que ocurrieron hace mucho tiempo, en la prehistoria de la Tierra, allá en las profundidades del Universo. Son fósiles cósmicos. Como vimos en el Capítulo 2, el constituyente primario de la materia cósmica es el hidrógeno; le sigue el helio, que aporta aproximadamente el 10% de todos los átomos, mientras que los otros noventa y pico elementos representan tan sólo una diminuta fracción del conjunto. Gran parte de la materia de nuestro cuerpo, pues, consiste en elementos de procedencia cósmica enormemente concentrados. Su origen debe buscarse en los complejos procesos que ocurren en el interior de las estrellas.

Cuando se inició el Universo, la materia cósmica prácticamente no contenía ni núcleos medios ni pesados. Estos elementos son las cenizas de los fuegos nucleares que mantienen a las estrellas. En una estrella como el Sol, el núcleo es un reactor de fusión nuclear cuyo combustible consiste primariamente en núcleos de hidrógeno (protones). El intenso calor del horno solar agita los protones con tal violencia que ocasionalmente se producen choques, incluso entre protones que se repelen entre sí con una potente fuerza eléctrica. Si los protones en colisión entran dentro del radio de la fuerza nuclear fuerte, la fusión es posible. Un núcleo consistente en dos protones es inestable, pero si un protón se transforma en un neutrón a través de una interacción débil (esencialmente la inversa de la desintegración beta), entonces se forma un núcleo estable de deuterio, con liberación de energía, que ayuda a mantener ardiendo el horno. Otras reacciones de fusión son el resultado de la conversión del deuterio en helio. En las estrellas viejas la síntesis de los núcleos más pesados a partir de los ligeros se halla más desarrollada. Sucesivos procesos de fusión producen primero carbono y luego toda una secuencia de núcleos cada vez más complejos.

Cuando una estrella se acerca al límite de sus reservas de combustible, su estructura interna se parece a la piel de una cebolla: cada una de las capas de elementos químicos representa un estadio distinto en la larga secuencia de síntesis. A lo largo de su vida, una estrella vieja se ha ido transformando gradualmente de casi puro hidrógeno primigenio y helio a un depósito de cenizas nucleares en la forma de elementos químicos pesados. Durante su fase final de actividad, la estrella puede volverse inestable. Las vacilantes reacciones nucleares son incapaces de mantener el intenso calor y presión internos necesarios para sostener la estrella contra su propio tremendo peso. Entonces la gravedad queda fuera de control y en un momento determinado el núcleo de la estrella implosiona. Un enorme pulso de energía en forma de neutrinos y ondas de choque procedentes del núcleo hace estallar las capas superiores de la estrella y las lanza al espacio, enviando los elementos pesados a las profundidades de la galaxia. Este estallido es la explosión de una supernova (ver Capítulo 5). Cada una de estas explosiones enriquece la materia galáctica con elementos vitales para la formación de planetas sólidos como la Tierra y las formas de vida que habitan en ellos. Nuestros cuerpos se han formado, pues, a partir de los restos fosilizados de estrellas en su tiempo brillantes que se aniquilaron a sí mismas eones antes de que existieran la Tierra o el Sol.

Los elementos pesados del mundo que nos rodea registran una historia violenta, pero los elementos ligeros –el hidrógeno y el helio– datan de una época aún más violenta de nuestra historia cósmica: el *big bang*. Debemos preguntarnos si estos elementos han estado presentes desde un principio o también son fósiles de alguna otra fase anterior.

El intenso calor que acompañó al *big bang* nos da la clave del Universo primitivo. En su forma más simple, la teoría del *big bang* afirma que el Universo surgió espontáneamente al estallar desde un estado de compresión y valor infinitos. A medida que se producía la expansión, la temperatura se hizo finita, rápidamente primero, más lentamente después, hasta que el Universo se enfrió lo suficiente para que se formaran las estrellas y galaxias. En los primeros 100.000 años la temperatura permaneció por encima de varios miles de grados, impidiendo la formación de átomos. Durante 100 milenios la materia cósmica permaneció en la forma de un resplandeciente plasma de hidrógeno y helio ionizados. Hasta que el Universo no se hubo enfriado a más o menos la temperatura de la superficie del Sol no empezaron a formarse los primeros átomos. Losátomos, pues, son reliquias de 100.000 años después de la creación.

Queda en pie, sin embargo, una cuestión más interesante. ¿Cuál es el origen de los núcleos de hidrógeno y helio? ¿También ellos son reliquias de procesos físicos que ocurrieron en épocas aún más tempranas? Durante los primeros minutos después del *big bang*, la temperatura del plasma cósmico estaba por encima de 10^6 K, que es suficiente para que se produzcan reacciones nucleares. Utilizando modelos computerizados combinados con datos nucleares, los astrofísicos pueden reconstruir los detalles de la actividad nuclear que tuvo lugar en los primeros minutos del Universo.

Al final del primer segundo la temperatura era de 10^{10} K, demasiado alta para que existieran los núcleos compuestos. En vez de ello, una "sopa" de protones y neutrones aislados en caótico movimiento llenaba el espacio, mezclada con electrones, neutrinos y fotones (radiación calorífica). El Universo primitivo se expandió con extrema rapidez, de modo que apenas había pasado un minuto cuando la temperatura había descendido a 10^8 K, y tras algunos minutos había caído por debajo del nivel al que son posibles las reacciones nucleares. Hubo, pues, un período relativamente breve de unos cuantos minutos durante los cuales los protones y los neutrones pudieron unirse en núcleos compuestos.

La principal reacción nuclear fue la fusión de protones y neutrones para formar núcleos de helio, que consisten cada uno en dos protones y dos neutrones. Dado que los protones son marginalmente más ligeros que los neutrones, su abundancia es algo mayor, de modo que cuando se hubo completado la producción de helio, quedaron algunos protones libres. Los cálculos muestran que muy poca otra cosa ocurrió en el corto tiempo disponible; así, la composición del plasma resultante era un 10% de núcleos de helio y un 90% de núcleos de hidrógeno, lo cual refleja con satisfactoria precisión la abundancia observada de esos elementos en el Universo actual. Debemos concluir que el elemento helio es un resto fósil del horno primigenio que ardió durante los primeros minutos siguientes a la creación.

Es una suerte que la materia primigenia fuera tan rica en protones, porque del residuo de protones no emparejados procede el hidrógeno del Universo. Sin hidrógeno el Sol no ardería ni habría agua en el Cosmos. Parece muy poco probable que la vida pudiera existir en tales circunstancias.

FÓSILES DEL PRIMER SEGUNDO

El hecho que los astrofísicos hayan identificado un fósil de los primeros minutos de existencia es un logro sorprendente. Pero los científicos nunca se sienten satisfechos; siempre quieren ir más allá de los límites conocidos en su tema de estudio. Esta es la esencia de la investigación. Dar razón de los elementos químicos requiere un conocimiento del Universo al final del primer segundo. Pero ¿qué podemos decir de los momentos anteriores, del período *dentro* del primer segundo?

Embarcarse en este estudio es penetrar en un mundo de misteriosos estados de materia y fuerzas no familiares. Es sondear de muy cerca el mayor misterio de todos, el propio suceso de la creación. Para formarnos una idea del Universo cuando aún no tenía un segundo de edad, supongamos que subimos a bordo de una máquina del tiempo que nos llevará hacia atrás momento a momento a partir del primer segundo y en dirección al instante de la explosión. Pero ¡cuidado! La mayor parte de nuestra concepción actual del primer segundo está basada en conjeturas y extrapolaciones. La evidencia confirmadora es muy difícil de obtener. Lo que sigue, tanto aquí como en los siguientes capítulos, es el resultado de un modelo teórico en buena parte discutible y especulativo.

Para poner en claro los acontecimientos que se desarrollaron en los primeros instantes del Universo, es necesario comprender la naturaleza de la actividad cósmica. Si pudiéramos viajar hacia atrás en el tiempo a partir del día de hoy descubriríamos que, cuanto más atrás fuéramos, más rápido sería el ritmo de los acontecimientos. En los 4.600 millones de años de la historia de la Tierra, el cambio ha sido lento. Las escalas geológicas del tiempo se computan en millones de años. Si viajáramos hacia atrás hasta unos cuantos millones en vez de unos cuantos miles de millones de años del *big bang*, descubriríamos que las cosas ocurrían mucho más rápidamente. Las galaxias se formaron en el espacio de unos cuantos cientos de millones de años, mientras que las estrellas se formaron más deprisa aún, quizá en unas cuantas decenas de millones.

Antes de los 100.000 años de vida, el Universo carecía relativamente de rasgos. Esta es la fase del plasma resplandeciente. Podemos determinar el ritmo de los acontecimientos de esta época a partir de los índices de expansión cósmica y de descenso de la temperatura. La expansión era unas 100.000 veces más rápida de lo que es hoy. La temperatura era de varios miles de grados. Con anterioridad, el ritmo era aún más rápido y la temperatura más alta. A la edad de un segundo el Universo doblaba su tamaño en aproximadamente un segundo y su temperatura era de 10^{10} K. Dentro de este primer segundo, el ritmo de cambio era aún más rápido, aumentando de forma ilimitada a medida que nos acercamos al instante de la creación.

Matemáticamente, este acelerado índice de actividad se califica de relación "recíproca". Por ejemplo, el índice de expansión es proporcional a $1/t$ y la temperatura a $1/\sqrt{t}$, donde t es el tiempo transcurrido desde la creación. A medida que t se hace más y más pequeño, las cantidades ascienden más y más deprisa hacia valores infinitos. Puesto que el nivel de actividad asciende acusadamente a medida que viajamos en el tiempo en dirección al primer momento, es probable que se produjeran cambios importantes en intervalos de tiempos cada vez más breves. En esas circunstancias es más razonable dividir el tiempo "en potencias de diez". Por ejemplo, ocurrieron tantas cosas durante el intervalo comprendido entre 0,1 segundo y 1 segundo, como en el intervalo comprendido entre 0,01 segundo y 0,1 segundo. Y así sucesivamente. Cada vez que el intervalo se divide por diez descubrimos un grado de cambio comparable comprimido en el intervalo más pequeño.

Ahora bien, ¿cuán atrás podemos extrapolar nuestro modelo del Universo primitivo con una cierta confianza? Recuerdo que cuando era estudiante, a finales de los años 60, asistí a una conferencia sobre cosmología en la que se mencionó la recientemente descubierta radiación calorífica cósmica de fondo. El conferenciante parecía incómodo al discutir los cálculos de abundancia de helio basados en las reacciones nucleares que ocurrieron en los primeros minutos. La mayoría de los asistentes se echaron a reír abiertamente ante la audacia del proyecto y tenían la clara sensación de que proponer un modelo del Universo en una época tan temprana era inaceptablemente especulativo. Hoy la opinión ha cambiado espectacularmente. El cálculo del helio se ha convertido en parte de la doctrina cosmológica establecida y la atención se centra en épocas mucho más primitivas que la fase de la nucleosíntesis.

A menudo resulta una sorpresa descubrir que las condiciones extremas que prevalecieron durante la mayor parte del primer segundo del Universo se hallan dentro de las posibilidades experimentales corrientes. Los modernos aceleradores de partículas pueden, por un breve instante, simular las condiciones físicas que reinaban a los 10^{-12} segundos, cuando la temperatura era de 10^{16} K y la totalidad del Universo hoy observable estaba comprimido en una región no más extensa que el sistema solar. Así, en nuestro viaje hacia atrás al extraño mundo del Cosmos primigenio, nuestra guía durante parte del camino puede ser tanto la experimentación como la teoría.

A medida que retrocedemos en el pasado, encontramos condiciones físicas más extremas. El parámetro más importante para medir nuestro avance es la energía. La energía que posee una partícula típica cuando hace cabriolas en el plasma primigenio asciende cada vez más rápidamente a medida que nos acercamos al primer instante. A 1 minuto, debemos enfrentarnos con energías nucleares. A 1 segundo, llegamos a energías que pueden ser alcanzadas por algunas emisiones radiactivas. A 1 microsegundo (1 μs), la energía de una partícula típica es comparable a la de los primeros aceleradores de partículas. Cuando alcanzamos 10^{-12} segundos (1 psicosegundo [1 ps]), nos estamos acercando a las fronteras de la actual física de partículas de alta energía. Más allá de este punto, la teoría es nuestra única ayuda.

En capítulos anteriores hemos visto cómo las cuatro fuerzas de la naturaleza son hoy consideradas partes de una sola fuerza maestra, la superfuerza. Nuestro error al atribuir identidades separadas a las cuatro fuerzas se debe a que normalmente observamos el mundo a energías relativamente bajas. A medida que aumenta la energía, las fuerzas empiezan a mezclarse. Primero la fuerza electromagnética se une con la fuerza débil. La unión tiene lugar a una energía equivalente a unas noventa masas de protón y corresponde a una temperatura de aproximadamente 10^{15} K. Los aceleradores existentes pueden alcanzar justo este régimen, al que son liberadas las partículas W y Z. La fusión ulterior de las fuerzas electrodébil y fuerte, y finalmente la gravedad, no ocurre hasta alcanzar energías enormemente mayores. Para ello debemos ascender a las escalas de unificación y de Planck, billones de veces más energéticas que la escala electrodébil.

Podemos contemplar el Universo primigenio como un enorme laboratorio natural en el que la energía del *big bang* desencadena una serie de procesos físicos que están más allá de nuestro alcance. Aunque es posible que nunca seamos capaces de experimentar directamente con la superfuerza, podemos apelar a la cosmología para que nos proporcione los indicios de su efímera actividad en los primeros momentos de existencia cósmica.

10^{-12} segundos tras el *big bang*, la temperatura era tan alta que todas las partículas y antipartículas conocidas pudieron ser creadas a partir de la alta energía disponible. El Universo contenía en este momento proporciones casi idénticas de materia y antimateria. Más tarde, cuando los pares partícula-antipartícula se aniquilaron, quedó un residuo de materia. La densidad de las partículas era tan alta que la energía disponible se hallaba repartida democráticamente entre todas ellas.

La naturaleza de la materia cósmica en este estadio era completamente distinta de cualquier cosa de la que poseemos experiencia directa. Al estar tan densamente apretados, los hadrones no poseían identidad individual. Protones y neutrones no eran entidades separadas. La materia cósmica consistía en un fluido de quarks que se movían con mayor o menor independencia. Además, a estas energías no había distinción entre fuerza débil y electromagnética, y la naturaleza de los leptones y los quarks era muy peculiar. Partículas tan corrientes hoy en día como electrones, muones y neutrinos no existían en su forma habitual. Las identidades de los fotones y de las partículas W y Z estaban inextricablemente mezcladas. La materia se presentaba en una fase totalmente desconocida para el hombre, en la que las partículas aún no habían adquirido el aspecto por el que hoy pueden ser identificadas por el físico.

La clave de esta extraña fase de la materia es la interrupción de la simetría. En el Capítulo 8 vimos cómo una simetría de gauge puede ser interrumpida espontáneamente para producir partículas con masa y permitir la distinción entre las fuerzas electromagnética y débil. Es una regla general de la naturaleza que las altas temperaturas tienden a restaurar la simetría. Un buen ejemplo de esta regla lo proporcionan las dos fases del agua, líquido y hielo. Un cristal de hielo exhibe ciertas direcciones preferidas en el espacio, a lo largo de los bordes del reticulado cristalino. Cuando el hielo se funde, la estructura cristalina desaparece. La gota de agua que reemplaza al hielo no muestra ninguna dirección preferida en el espacio, es decir, es simétrica. El efecto de elevar la temperatura es restaurar la simetría de orientación subyacente que había sido interrumpida espontáneamente por el cristal de hielo. Cuando la materia se calienta a 10^{16} K, se produce un cambio de fase análogo al del hielo a agua. Ahora, sin embargo, la simetría restaurada es la simetría de gauge subyacente a la fuerza electrodébil.

Nuestra visión del Universo a 1 ps (10^{-12} s) es, pues, notable. El Universo está lleno de un misterioso medio fluido, desconocido desde entonces en todo el Cosmos. Los habitantes de ese Universo no son partículas reconocibles. Pero esta fase particular de la materia no puede persistir. Al descender la temperatura se produce un brusco cambio de fase que recuerda el del agua al congelarse para formar el hielo. Súbitamente, todas las partículas familiares –electrones, neutrinos, fotones, quarks– son identificables. La simetría de gauge se ha interrumpido y la fuerza electromagnética se separa de la fuerza débil.

Si seguimos la evolución de la materia cósmica a lo largo del tiempo, observaremos que se produce otro crucial cambio de fase aproximadamente a 1 milisegundo (1 ms). La densa masa de agitados quarks se congela súbitamente en un mar de bien definidos hadrones. Ahora podemos identificar por separado a protones, neutrones, mesones y otras partículas de intensa interacción: los quarks se han unido en grupos diferenciados de dos y de tres. Más tarde aún, a medida que la temperatura baja, todas las restantes antipartículas, como los positrones, se aniquilan produciendo grandes cantidades de radiación gamma. La materia cósmica contiene ahora la mezcla ya más familiar de protones, neutrones, electrones, neutrinos y fotones que preparan el escenario para la síntesis del helio tras un lapso de unos pocos segundos.

Nuestro estudio del Universo desde los 10^{-12} segundos en adelante nos ha ofrecido una nueva y fascinante perspectiva de la naturaleza de la materia. Podemos ver que protones y neutrones –los constituyentes del Universo– no han existido siempre, sino que se congelaron en un caldo de quarks aproximadamente a los 10^{-3} segundos. Esas partículas nucleares son, pues, fósiles del primer milisegundo. Más extraño aún es el hecho de que leptones y quarks, que iban a formar toda la materia, no adoptaran sus actuales identidades hasta aproximadamente los 10^{-12} segundos. Son fósiles del primer psicosegundo.

Ya empieza a emerger una imagen sistemática. Podemos rastrear el origen de los elementos hasta las épocas distantes de las calcinaciones estelares y a la nucleosíntesis de los primeros minutos del Universo. Los protones y neutrones que constituirán estos elementos surgieron en momentos aún más anteriores, mientras que los leptones, y los quarks que constituirán a su vez las partículas nucleares, son reliquias de un tiempo en que el Universo tenía sólo una billonésima de segundo. Pero aún queda un misterio, un misterio que nos retrotrae a una época mucho más anterior aún: a la denominada era GTU.

EL ORIGEN DE LA MATERIA

La primera formulación de la teoría del *big bang* no incluía ninguna explicación convincente de cómo apareció la materia que entró en erupción en la explosión primigenia. Los cosmólogos tuvieron que recurrir a la suposición de que la materia que forma el Universo estaba presente ya en el inicio. Ningún proceso físico conocido en aquella época podía dar origen a esta materia. En la actualidad, la nueva cosmología nos proporciona una explicación muy plausible del origen de la materia, basada en las actividades de la superfuerza.

La posibilidad de crear materia a partir de la energía concentrada se conoce desde hace varias décadas. Y no faltaba energía en el *big bang* para generar toda la materia del Universo visible: unas 10^{50} toneladas en total. El misterio es cómo esta materia surgió sin ir acompañada de una cantidad igual de antimateria, un problema mencionado brevemente en el Capítulo 2. Cuando se crea materia en el laboratorio, también se produce antimateria, y la simetría entre materia y antimateria parece estar profundamente arraigada en las leyes de la física. Pero entonces, ¿dónde ha ido a parar la antimateria?

Antes que nada debemos asegurarnos de que el Universo está realmente compuesto en su totalidad por materia. Una roca de antimateria tendría desde todos los ángulos el mismo aspecto que una roca hecha de materia. No podríamos distinguirlas por la simple observación visual. Existe, sin embargo, una forma absolutamente segura de determinar cuál es cuál. Si cada una de ellas se pone en contacto con un trozo de materia, la roca de antimateria desaparecerá en medio de un estallido de proporciones nucleares. Incluso un tenue chorro de gas haría que la materia reaccionara violentamente, esparciendo a su alrededor una intensa radiación gamma. Podemos, pues, estar seguros de que la Tierra está constituida en un 100% de materia.

¿Pero se da esta asimetría en el Universo en conjunto? Al parecer, sí. Si nuestra galaxia contuviera cantidades sustanciales de antimateria, las inevitables colisiones que se producirían entre gases, polvo, estrellas, planetas y otros objetos, produciría un diluvio de radiaciones gamma a medida que la antimateria chocara con la materia y se aniquilara a sí misma. Radiaciones gamma tan intensas serían evidentemente detectadas, pero los astrónomos han puesto el límite al contenido de antimateria en nuestra galaxia en una parte sobre 10^3. Si excluimos los ocasionales antiprotones hallados en los rayos cósmicos, la galaxia parece estar formada completamente de pura materia.

Es concebible que algunas otras galaxias estén constituidas casi enteramente por antimateria, con muy poca materia. Sin embargo, incluso las galaxias colisionan de tanto en tanto, y en el pasado estaban mucho más juntas. Los rayos gamma de esos encuentros serían detectables aún hoy. Más aún, tomando el Universo en conjunto, es difícil imaginar cómo una mezcla inicial de materia y antimateria pudo llegar a separarse en regiones incomunicadas del espacio. Dado el peso de la evidencia, muchos cosmólogos creen que el Cosmos está formado predominantemente de materia, y que esta asimetría la presenta el Universo desde sus primeros momentos.

Hace diez años, la única explicación que podía darse del desequilibrio primordial entre materia y antimateria era que había sido impuesto desde el principio, que la materia surgida del *big bang* poseía una desproporcionada cantidad de materia en comparación con la antimateria. Este tipo de "explicación" –recurrir a condiciones iniciales artificiosas– es como decir que las cosas son como son debido a que eran como eran. No puede llamársele ciencia. Virtualmente cualquier composición de la materia primordial puede ser explicada de la misma forma. No nos da ninguna idea de la magnitud del desequilibrio. Parece no existir ninguna buena razón por la cual, digamos, no se creó el doble, o un millón de veces más, materia que antimateria.

LAS GTU AL RESCATE

En vez de aceptar que el exceso de materia del Universo es un regalo de los dioses, es más satisfactorio suponer que inicialmente existía una completa simetría entre materia y antimateria y que, de algún modo, la preponderancia de la materia tuvo lugar más tarde por causas naturales y luego quedó "congelada" en el Universo. Así ya no será necesario creer en una condición inicial arbitraria; el estado de igualdad exacta (exceso cero) es única. El exceso observado de materia sobre la antimateria puede entonces ser explicado cuantitativamente en términos de una teoría física.

Para que esta idea funcione es necesario disponer de un mecanismo físico que interrumpa la simetría materia-antimateria, una de las reglas tradicionalmente inviolables de la física. A finales de los años 70 se encontró un posible mecanismo interruptor de esta simetría bajo el atuendo de las grandes teorías de la unificación (GTU). Como se ha explicado en capítulos anteriores, una de las predicciones más sensacionales de la GTU es que los protones son inestables y se desintegran en positrones. La relación entre la desintegración del protón y la asimetría materia-antimateria puede verse tomando en consideración el destino posible a largo plazo de un átomo de hidrógeno (un protón más un electrón). Cuando el protón se desintegra, emite un pión y un positrón. El pión se desintegra en dos fotones, mientras que el positrón puede aniquilar al electrón para dejar paso a otros dos fotones. Lo que empezó siendo un átomo de materia termina como pura energía radiante. Mediante este proceso la materia se ha transformado completamente en energía sin tener ningún encuentro con la antimateria. Ahora bien, cada proceso físico es invertible; por tanto, es posible concebir que la energía se transforma en materia sin la producción de antimateria. Este proceso, acelerado enormemente, puede explicar el origen de la materia.

Para construir un modelo detallado del proceso de la creación, es necesario retroceder a la denominada era GTU, unas buenas veinte potencias de diez más allá de la época electrodébil que hemos tomado en consideración en la sección anterior. ¡Esto significa intentar describir un Universo de tan sólo 10^{-32} segundos de edad! En ese instante, el Cosmos debía estar lleno de un caldo de partículas extrañas e irreconocibles, algunas de ellas extraordinariamente pesadas, prensadas a una densidad de 10^{73} kg por m^{-3}, y bañadas en calor a una temperatura de 10^{28} K. El Universo era tan joven que la luz no había tenido tiempo de recorrer la distancia equivalente a la cienmillonésima parte del diámetro de un protón desde el instante inicial.

Los ingredientes cruciales de este exótico caldo son las partículas superpesadas que transmiten la gran fuerza unificada, las partículas X que mencionamos en el Capítulo 8. Son estas partículas las que pueden introducir la asimetría entre materia y antimateria: cuando una partícula X se desintegra puede producir muchas partículas hermanas de las que, digamos, 2/3 pueden ser materia, pero solamente 1/3 antimateria. Los detalles exactos de esta asimetría dependen de la GTU adoptada, pero en todo caso la desintegración de la partícula X puede dar lugar a una preponderancia de la materia.

Hay, sin embargo, una dificultad. El caldo primigenio contendrá también antipartículas X, denominadas normalmente $\bar{X}$. Nuestra suposición, recordemos, es que el Universo era originariamente simétrico, de modo que había tantas partículas X como $\bar{X}$. Cuando las $\bar{X}$ se desintegran, invierten la asimetría, dando lugar a 2/3 de antimateria y 1/3 de materia. El efecto neto es que la simetría inicial permanece intacta.

Para escapar de este callejón sin salida, los teóricos suponen que debe existir un desequilibrio fundamental en los índices de desintegración de las partículas X y las $\bar{X}$. De este modo, la desintegración de las antipartículas $\bar{X}$ no compensaría por completo la desintegración de las partículas X. Existe quizá una desviación de uno entre mil millones a favor de las partículas X, dando así una preponderancia de uno entre mil millones de materia sobre la antimateria.

¿Hasta qué punto es razonable esta suposición? Los físicos son agudos historiadores, especialmente en lo que respecta a su propio tema. Las lecciones de la historia nunca se hallan lejos de sus mentes cuando se trata de construir nuevas teorías. Una de esas lecciones ocurrió en 1956. Dos físicos norteamericanos de origen chino, T. D. Lee y C. N. Yang, dieron un vuelco a la situación establecida mostrando que la fuerza débil viola una hasta entonces sacrosanta simetría de la naturaleza, la simetría especular. Hasta entonces, los físicos habían supuesto, más o menos sin pensarlo demasiado, que las fuerzas de la naturaleza eran indiferentes a la distinción entre derecha e izquierda. En realidad, hay muchos ejemplos de estructuras naturales con una "derechización" o una "izquierdización" innatas, entre los cuales el más famoso es el ADN. Las moléculas del ADN tienen forma de escalera de caracol que gira siempre hacia la derecha. Aunque no se produce nunca naturalmente un ADN orientado hacia la izquierda, no hay ninguna ley fundamental de la física que lo impida. El hecho de que toda la vida terrestre posea ADN orientado hacia la derecha se debe presumiblemente a que la primera molécula autoduplicable resultó estar orientada de este modo. Éste es un buen ejemplo de interrupción espontánea de la simetría: la estructura real es asimétrica, aunque las fuerzas físicas subyacentes sigan siendo simétricas.

Cuando un físico dice que las fuerzas de la naturaleza poseen simetría especular quiere dar a entender que los procesos fundamentales inducidos por las fuerzas serían igualmente permisibles observados en un espejo que observados directamente. Imaginemos que tomamos una película de la desintegración de alguna partícula, y la proyectamos invirtiéndola de derecha a izquierda. Si las fuerzas responsables de la desintegración poseen simetría especular, ningún físico se dará cuenta del engaño.

Tan confiados se sentían los físicos de que las partículas subatómicas son incapaces de distinguir derecha de izquierda, que no creyeron que fuera necesario efectuar ninguna comprobación práctica de la materia. Entonces llegaron Lee y Yang, que cuestionaron la suposición. Rápidamente, otro chino-americano, la señora C. S. Wu, realizó un experimento y ante la consternación de todo el mundo se descubrió que Lee y Yang tenían razón. La fuerza débil viola a todas luces la simetría especular. El experimento de Wu, que implicaba medir el número de electrones que se movían a la derecha o a la izquierda y que eran emitidos por núcleos de cobalto radiactivo cuidadosamente alineados, marcó un punto crucial en la física. A partir de entonces, ninguna simetría estaba a salvo.

En 1964 se produjo un segundo shock. Se había despertado un gran interés por el intrigante comportamiento de una partícula peculiar, el llamado mesón neutro K. La violación de la simetría especular se aceptaba desde hacía tiempo, pero se suponía que las antipartículas la violaban siempre en sentido inverso a las partículas. (Normalmente las antipartículas muestran propiedades inversas a las de las partículas.) Si, de hecho, éste era el caso, no habría forma de que el Universo pudiera dar lugar a la preponderancia de la materia sobre la antimateria, ya que por cada proceso de creación de una partícula habría otro proceso especular en algún lugar en el que se creara una antipartícula. Las peculiaridades del mesón neutro K, que es una especie de híbrido partícula-antipartícula, hizo posible contrastar esas ideas.

El experimento crucial fue realizado por V. L. Fitch y J. W. Cronin en el Laboratorio Nacional de Brookhaven. Descubrieron que la simetría especular *no* se viola de modo igual y opuesto por partículas y antipartículas, al menos en lo que al mesón K se refiere. Hay, aquí también, una pequeña pero altamente significativa desviación. Esta asimetría refleja un desequilibrio fundamental en la naturaleza de las fuerzas que rigen la desintegración de algunas partículas, proporcionando una evidencia experimental en favor de la asimetría entre materia y antimateria.

A finales de los años 70 los teóricos empezaron a estudiar la fase GTU del *big bang* basándose en la suposición de que la asimetría mencionada más arriba se da en la gran fuerza unificada. Obtuvieron cifras que indicaban que el desequilibrio entre materia y antimateria era de uno en mil millones. Así, pues, por cada mil millones de antipartículas se crean mil millones una partículas. Aunque pequeño, el ligero exceso de partículas demuestra ser absolutamente crucial. Cuando el Universo se enfría finalmente, la antimateria se aniquila destruyendo casi toda la materia. Pero no toda por completo, puesto que el exceso de una parte de materia por cada mil millones de antimateria permanece. De este pequeñísimo residuo –casi una idea tardía de la naturaleza– estamos hechos todos los objetos del Universo, incluidos nosotros. Así, en definitiva, *toda* la materia es fósil, una reliquia de la era GTU, a sólo 10^{-32} segundos de la creación.

Si hay que creer en este análisis, la abrumadora mayoría de materia que emergió del *big bang* desapareció, antes de que hubieran transcurrido los primeros segundos, en compañía de toda la antimateria cósmica. Ahora sabemos por qué hay tan poca antimateria en el Universo. Pero esta materia desvanecida ha dejado un eco de su antigua existencia en forma de energía. La aniquilación materia-antimateria produjo aproximadamente mil millones de fotones de rayos gamma por cada electrón y cada protón que quedaba incólume. Hoy en día, esta radiación se ha enfriado debido a la expansión cósmica y forma la radiación calórica de fondo que llena el Universo. Aparte la energía encerrada en la materia, este calor de fondo representa la mayor parte de la energía del Universo. Tenemos, pues, a mano una teoría que no solamente explica el origen de la materia, sino también la relación materia-energía en el Universo.

Antes del advenimiento de las GTU, la temperatura de la radiación calórica cósmica de fondo no podía ser explicada. El nivel de energía calórica radiante era otro parámetro cósmico aparentemente arbitrario, incorporado en el Universo desde su creación. No se conocía ninguna razón por la cual la temperatura no tenga que ser 0,3 ó 30 K, en vez de los 3 K que es. Las grandes teorías unificadas nos dan un medio de explicar esa temperatura a partir de la física. Una temperatura actual de 3 K corresponde aproximadamente a 10^9 fotones por cada protón y electrón en el Universo, y este valor encaja perfectamente con el típico exceso de una partícula sobre mil millones antipartículas predicho por las GTU. Uno de los parámetros fundamentales de la cosmología puede explicarse así en términos de procesos físicos que ocurrieron durante la era GTU. Fue en este inimaginable primer momento de existencia cuando se sentaron las bases de la estructura del Universo actual.

12. ¿Cuál fue la causa del *big bang*?

LA PARADOJA DEL GÉNESIS

Siempre que doy una conferencia sobre cosmología me hacen la misma pregunta: ¿Cuál fue la causa del *big bang*? Hace unos pocos años no tenía ninguna auténtica respuesta. Hoy, creo que sabemos cuál fue la causa del *big bang*.

La pregunta, en realidad, es un par de preguntas. Queremos saber por qué el Universo empezó con una explosión, qué desencadenó este estallido inicial. Pero tras este enigma físico yace un misterio metafísico más profundo. Si el *big bang* representa el origen de la existencia física, incluidas la del espacio y el tiempo, ¿en qué sentido puede decirse que algo *fue la causa* de este hecho?

Desde una perspectiva puramente física, la brusca aparición del Universo en una enorme explosión es en cierto modo una paradoja. De las cuatro fuerzas de la naturaleza que controlan el mundo, tan sólo la gravedad actúa sistemáticamente a escala cósmica, y según nuestra experiencia la gravedad es una fuerza de atracción. Pero la explosión que señaló la creación del Universo parece requerir una fuerza de repulsión de potencia inimaginable para esparcir el Cosmos en todas direcciones e iniciar el sendero de la expansión que aún prosigue hoy en día.

La gente se siente a menudo desconcertada por la creencia de que, si el Universo está dominado por la fuerza de la gravedad, debería estar contrayéndose, no expansionándose. Como fuerza de atracción, la gravedad hace que los objetos implosionen, no que explosionen. Por ejemplo, una estrella muy compacta será incapaz de sostener su propio peso y se hundirá sobre sí misma dando lugar a una estrella de neutrones o un agujero negro. En el Universo primigenio, la compresión de la materia era superior a la estrella más densa; ¿por qué, pues, el

Cosmos primigenio no se convirtió desde un principio en un agujero negro?

La respuesta tradicional deja algo que desear. Se argumenta que la explosión originaria debe ser aceptada como una condición inicial. Ciertamente, bajo la influencia de la gravedad el índice de expansión cósmica se ha ido reduciendo constantemente desde el primer momento, pero en el instante de su creación el Universo se expandió con una rapidez infinita. Ninguna fuerza hizo que estallara de esta manera, simplemente empezó con una expansión inicial. Si el vigor explosivo hubiera sido menor, la gravedad hubiera superado muy pronto la expansión de la materia, invirtiendo el proceso y sumiendo todo el Cosmos en una catastrófica implosión que acabaría con algo parecido a un agujero negro. Tal como ocurrieron las cosas, la explosión fue suficiente para permitir que el Universo escapara a su propia gravedad y siguiera expandiéndose bajo el ímpetu inicial, o al menos para sobrevivir durante varios miles de millones de años antes de sucumbir a la implosión y a la aniquilación.

El problema con este cuadro tradicional es que en ningún sentido constituye una explicación del *big bang*. Una vez más, el rasgo fundamental del Universo se atribuye a una condición inicial *ad hoc*. El *big bang* simplemente ocurrió. Se nos deja sin comprender por qué la fuerza de la explosión tuvo la potencia que tuvo. ¿Por qué no estalló el Universo con más violencia aún, en cuyo caso se estaría expandiendo hoy en día con mucha más rapidez? Alternativamente, ¿por qué no se expande con mucha mayor lentitud, o no se contrae en la actualidad? Por supuesto, si el Cosmos hubiera sido incapaz de estallar con la suficiente violencia y hubiera sido dominado por un rápido colapso, nosotros no estaríamos ahora aquí para formular estas preguntas; pero eso no es ninguna explicación.

Una investigación más atenta muestra que la paradoja del génesis es en realidad más profunda todavía. Una cuidadosa medición sitúa el índice de expansión muy cerca de un valor crítico que indica que el Universo escapará por los pelos a su propia gravedad y se expandirá eternamente. Un poco más lenta y el Cosmos se hundiría; un poco más rápida y la materia cósmica se habría dispersado completamente hace mucho tiempo. Es interesante preguntarse exactamente con cuánta delicadeza fue "ajustado" el índice de expansión para que coincidiera con esta estrecha línea divisoria entre dos catástrofes. Si transcurrido 1 segundo (en cuyo momento el esquema de expansión se hallaba ya firmemente establecido) el índice de expansión hubiera diferido de su valor real en más de 10^{-18}, hubiera sido suficiente para destruir el delicado equilibrio. El valor explosivo del Universo se halla, pues, ajustado con una exactitud casi increíble a su poder gravitatorio. El *big bang* no fue un simple estallido, sino una explosión de magnitud exquisitamente calculada. En la versión tradicional de la teoría, se nos pide que aceptemos no sólo que la explosión ocurrió porque sí, sino que ocurrió de un modo increíblemente ingenioso. Las condiciones iniciales tuvieron que ser, de hecho, muy especiales.

El índice de expansión es tan sólo uno de los varios "milagros" cósmicos aparentes. Otro tiene que ver con el modo de expansión. Tal como lo observamos en la actualidad, el Universo es extraordinariamente uniforme a gran escala en lo que respecta a la distribución de materia y energía. Desde el punto de vista de una distante galaxia, la estructura general del Cosmos tendría un aspecto casi idéntico al que tiene desde la Tierra. Las galaxias están diseminadas por el espacio con una densidad media constante y desde cualquier punto el Universo tiene el mismo aspecto en todas las orientaciones. La radiación calórica primigenia que baña el Universo llega a la Tierra con una temperatura uniforme desde todas direcciones, con una precisión de uno entre diez mil. Esta radiación ha viajado hasta nosotros cruzando miles de millones de años luz de espacio y tiene que llevar las huellas de todas las desviaciones de la uniformidad con las que se ha encontrado por el camino.

La uniformidad del Universo a gran escala se conserva con el tiempo a medida que éste se expande. De ello se deduce que la propia expansión tiene que ser uniforme en un grado muy alto. No sólo el índice de expansión es el mismo en todas direcciones, sino que es el mismo de región a región dentro del Cosmos. Si el Universo se expandiera más rápidamente en una dirección que en otras, haría que la temperatura de la radiación calórica de fondo procedente de esa dirección fuera menor, y distorsionaría también el esquema de movimiento de las galaxias tal como las vemos desde la Tierra. Así pues, el Universo no sólo empezó con un estallido de muy exacta magnitud, sino que fue también una explosión altamente orquestada, de un vigor simultáneo exactamente uniforme en todas partes y en todas las direcciones.

La extrema improbabilidad de que una erupción tan coherente y sincronizada pueda ocurrir espontáneamente resulta exacerbada por el hecho de que, en la teoría del *big bang* tradicional, las distintas regiones del Cosmos primigenio debían hallarse causalmente aisladas. Tengamos en cuenta que, según la teoría de la relatividad, ninguna influencia física puede propagarse más rápidamente que la luz. En consecuencia, las distintas regiones del Universo pueden entrar en contacto causal tan sólo después de que haya transcurrido un período de tiempo. Por ejemplo, un segundo después de la explosión inicial, la luz puede haber viajado como máximo un segundo luz, es decir 300.000 kilómetros. Las regiones del Universo separadas por distancias mayores no pudieron, a 1 segundo, haber ejercido ninguna influencia una sobre otra. Pero en aquel momento, el Universo que observamos hoy ocupaba una región de espacio de al menos 10^{14} km de diámetro. En consecuencia, debieron existir más de 10^{27} regiones separadas causalmente, todas las cuales, sin embargo, se expandían exactamente en la misma proporción. Incluso hoy, cuando observamos las radiaciones calóricas procedentes de lados opuestos del Cosmos, estamos recibiendo huellas idénticas de regiones del Universo que se hallan separadas entre sí por noventa veces la distancia que la luz pudo haber viajado desde el momento en que la radiación calórica fue emitida hacia nosotros.

¿Cómo es posible explicar este notable grado de cooperación entre partes distintas del Universo que al parecer nunca han estado en comunicación? ¿Cómo han llegado a comportarse de un modo tan parecido? La respuesta tradicional es, de nuevo, volver a caer en unas condiciones iniciales especiales. La extrema uniformidad de la explosión primigenia se considera simplemente como un hecho bruto: «El Universo empezó así.»

La uniformidad a gran escala del Universo es aún más misteriosa si se tiene en cuenta el hecho de que, a una escala algo más pequeña, el Universo *no* es uniforme. La existencia de galaxias y cúmulos galácticos indica un alejamiento de la exacta uniformidad, un alejamiento que, además, es de la misma magnitud y escala en todas partes. Debido a que la gravedad tiende a amplificar cualquier agrupamiento inicial de materia, la falta de uniformidad requerida para producir galaxias fue mucho menor durante el *big bang* que en la actualidad. Sin embargo, debe haber existido algún pequeño grado de irregularidad en la fase primordial; de otro modo, las galaxias nunca hubieran empezado a formarse. En la antigua teoría del *big bang* esas irregularidades primitivas se tomaban también como condiciones iniciales. Así, se nos pidió que creyéramos que el Universo empezó en un estado peculiar de orden extraordinario pero no absolutamente perfecto.

La explicación puede resumirse como sigue: con la atracción gravitatoria como única fuerza cósmica disponible, el *big bang* debe ser aceptado como un regalo de los dioses, un acontecimiento sin causa, una condición inicial dada. Más aún, fue un acontecimiento de sorprendente fidelidad, puesto que el Cosmos actual, tan altamente estructurado, no hubiera surgido a menos que el Universo se hubiera montado adecuadamente desde un principio. Esta es la paradoja del génesis.

LA BÚSQUEDA DE LA ANTIGRAVEDAD

Aunque la paradoja del génesis no ha sido resuelta hasta hace muy poco, pueden hallarse indicios de la idea esencial muchos años atrás, en una época anterior a la de la teoría del *big bang* o de la expansión del Universo. Ya Newton se dio cuenta de que había algo profundamente desconcertante en la estabilidad del Cosmos. ¿Cómo es posible que las estrellas estén en el espacio sin ningún apoyo? La fuerza universal de la gravedad, siendo como es una fuerza de atracción, debería hacer que la colección de estrellas se hundiera sobre sí misma.

Para escapar a este absurdo, Newton utilizó un curioso argumento. Si el Universo se colapsara bajo su propia gravedad, cada estrella se vería obligada a caer hacia el centro del conjunto estelar. Pero supongamos que el Universo fuera infinito, y las estrellas estuvieran distribuidas uniformemente por todo el espacio. Entonces no habría ningún centro hacia el cual pudieran caer: en un Universo infinito cada región es idéntica a cualquier otra. Cualquier estrella recibirá la atracción gravitatoria de todas sus vecinas, pero ésta llegará uniformemente de todas direcciones, de modo que no habrá ninguna fuerza sistemática que envíe a una estrella hacia un lugar en particular de la congregación general.

Cuando Einstein reemplazó la teoría de la gravitación de Newton 200 años más tarde, se sintió también turbado por el problema de evitar el colapso del Universo. Su primer ensayo sobre cosmología se publicó antes del famoso descubrimiento de Hubble del Universo en expansión, y Einstein presumió, como Newton, que el Cosmos era estático. Su solución al problema de la estabilidad fue, sin embargo, mucho más directa. Einstein creía que para impedir que el Universo implosionara bajo su propia gravedad debía existir otra fuerza cósmica que actuara contrariamente a la fuerza gravitatoria. Esta nueva fuerza debía ser de repulsión y no de atracción. En este aspecto, podía ser considerada como una "antigravedad", aunque "fuerza de repulsión cósmica" es una descripción más exacta. Einstein no conjura la fuerza de repulsión cósmica de una forma *ad hoc*. Descubrió que sus ecuaciones del campo gravitatorio contenían un término opcional que daba lugar a una fuerza con exactamente las propiedades deseadas.

Aunque la idea de una fuerza repulsiva que actúa contra la gravedad del Universo es lo bastante simple para ser captada a grandes rasgos, las propiedades de la fuerza son decididamente extrañas. No hace falta decir que no observamos ninguna fuerza de este tipo en la Tierra, como tampoco hay ningún indicio de que haya sido detectada durante los varios siglos de astronomía planetaria. Evidentemente, si existe una fuerza de repulsión cósmica, debe poseer la propiedad de no actuar abiertamente a corto alcance sino acumular su fuerza a distancias astronómicas. Un comportamiento de este tipo era contrario a todas las experiencias anteriores con fuerzas, que tienden a intensificarse con la proximidad y a debilitarse con la distancia. Las fuerzas eléctrica y gravitatoria, por ejemplo, tienden progresivamente a cero de acuerdo con la ley de la inversa del cuadrado. Pese a todo, una fuerza de este tipo peculiar surgía de forma natural de la teoría de Einstein.

La repulsión cósmica descubierta por Einstein no debe ser considerada una quinta fuerza de la naturaleza. Más bien es un extraño subproducto de la propia gravedad. De hecho, los efectos de la repulsión cósmica pueden ser atribuidos a la gravedad normal, si la fuente del campo gravitatorio resulta ser un medio con propiedades bastante infrecuentes. Un medio material corriente, como un gas, ejercerá una presión, pero el hipotético medio cósmico que discutimos aquí necesita poseer una presión, o tensión, *negativa*. Para hacernos una idea de lo que esto significa, supongamos que llenamos un recipiente con esta hipotética materia cósmica. En vez de empujar contra las paredes del recipiente como un gas normal, el medio cósmico intentará tirar de las paredes hacia dentro.

Así, podemos imaginar la repulsión o bien como una especie de anexo de la gravedad, o bien como el producto de la gravedad normal de un medio fluido invisible con una presión negativa y que llena todo el espacio. Incidentalmente, no hay ningún conflicto entre el hecho de que una presión negativa aspire de las paredes de un recipiente, y el hecho de que el medio hipotético ejerza una repulsión sobre las galaxias en vez de una atracción. El efecto repulsivo es debido a la *gravedad* del medio, no a su acción mecánica. En cualquier caso, las fuerzas mecánicas surgen de las diferencias de presión, no de la presión como tal, y se supone que el medio llena todo el espacio. No puede ser confinado a un recipiente. De hecho, un observador inmerso en el medio no percibirá ninguna sustancia tangible en absoluto. El espacio tendrá la apariencia de estar completamente vacío.

Pese a estos rasgos más bien extraños, Einstein declaró que poseía un modelo convincente de un Universo en equilibrio entre la fuerza de atracción de la gravedad y la recién descubierta fuerza cósmica repulsiva. Con la ayuda de la aritmética, calculó la fuerza necesaria para que la fuerza repulsiva equilibrara la gravedad del Universo. Einstein pudo constatar que la repulsión tenía que ser tan ligera en el interior del sistema solar, e incluso de la galaxia, que nunca podríamos observarla directamente. Por un momento pareció que un viejísimo y desconcertante problema había sido brillantemente resuelto.

Luego las cosas empezaron a ir mal. Primero hubo dificultades con la estabilidad. La idea esencial era emparejar exactamente las fuerzas de atracción y repulsión. Pero como muchos actos de equilibrio, éste resultó ser un asunto delicado. Si, por ejemplo, el Universo estático de Einstein se expandía un ápice, la fuerza de atracción de la gravedad (que disminuye con la separación) descendería un poco, mientras que la fuerza de repulsión cósmica (que aumenta con la distancia) se incrementaría. Esto daría lugar a un desequilibrio en favor de la repulsión, que provocaría una expansión aún mayor y acabaría con la dispersión final del Universo bajo una repulsión cada vez más dominante. Por otra parte, si el Universo se encogía un poco, la fuerza gravitatoria aumentaría y la de repulsión disminuiría, haciendo que la gravedad ganara la partida, y obligaría al Universo a concentrarse cada vez más aprisa hacia el colapso total que Einstein había querido evitar. Así, pues, el menor hipo cósmico destruiría el cuidadoso equilibrio, lanzándonos al desastre universal.

Luego, en 1927, Hubble descubrió la expansión del Universo. Todos los actos de equilibrio se fueron al garete. Se hizo evidente de inmediato que el Universo se salva de la *implosión* por hallarse en plena *explosión*. Si Einstein no se hubiera desviado con la fuerza repulsiva, seguramente hubiera llegado por el camino teórico a esta deducción y hubiera predicho la expansión del Universo una década antes de su descubrimiento por los astrónomos. Sería un hecho que figuraría en la historia como una de las más grandes predicciones teóricas de todos los tiempos. Tal como fueron las cosas, Einstein tuvo que abandonar a disgusto la fuerza de repulsión. "El mayor error de mi vida", diría, lamentándose, más tarde. Pero no acaba aquí la historia.

Einstein inventó la repulsión cósmica para resolver un problema inexistente, a saber, cómo explicar un Universo estático. Pero al igual que todos los genios, cuando éste salió de la botella no quiso entrar de nuevo, y la posibilidad de que la dinámica universal sea una competición entre dos fuerzas, atractiva y repulsiva, siguió en pie. Las observaciones astronómicas no revelaban la acción de la repulsión cósmica, pero tampoco podían demostrar su inexistencia. Quizá fuera demasiado débil para ser apreciada con los medios disponibles.

Las ecuaciones de campo de Einstein admitían una fuerza repulsiva de modo natural, pero no ponían restricción alguna sobre la *intensidad* de la fuerza. Einstein era libre de postular, tras su amarga experiencia, que la fuerza era exactamente cero, eliminando así la repulsión de un plumazo. Pero no había ninguna razón compulsiva para hacerlo. Otros científicos prefirieron retener la repulsión, aunque ya no fuera necesaria para su propósito original. En ausencia de pruebas de lo contrario, razonaban, nadie puede justificar que la fuerza sea cero.

Las consecuencias de mantener la fuerza repulsiva en la escena del Universo en expansión pueden enumerarse fácilmente. En los primeros momentos de la vida del Cosmos, cuando el Universo está comprimido, la repulsión puede ser ignorada. Durante esta fase, el efecto de la atracción gravitatoria es reducir el ritmo de expansión, de la misma forma que un misil disparado verticalmente es frenado por la gravedad de la Tierra. Si se supone, sin ninguna explicación, que el Universo empieza a expandirse rápidamente, la gravedad actuará hasta reducir el índice de expansión al valor que observamos hoy en día. Con el tiempo, la fuerza gravitatoria se debilita a medida que la materia cósmica se dispersa. Pero la repulsión cósmica crece, al separarse las galaxias unas de otras. Finalmente, la fuerza de repulsión empieza a superar la atracción gravitatoria y el índice de expansión aumenta de nuevo, haciéndose cada vez mayor. El Universo está dominado por la repulsión cósmica y pasará toda la eternidad en una acelerada expansión.

Los astrónomos piensan que este extraño comportamiento de un Universo que primero aminora la marcha y luego vuelve a acelerarse debería manifestarse en el movimiento observado de las galaxias. Cuidadosas observaciones astronómicas no han podido proporcionar ningún indicio convincente de un tal cambio de sentido, aunque de tanto en tanto se afirma haberlo encontrado.

Curiosamente, la idea de un Universo atrapado en una expansión acelerada ya había sido señalada por el astrónomo holandés Wilhelm de Sitter en 1916, varios años antes de que Hubble descubriera que el Universo se expandía. De Sitter argumentó que si el Universo no contuviera materia corriente, la fuerza gravitatoria estaría ausente y el Cosmos se hallaría bajo la única influencia de la repulsión. Esto haría que el Universo se expandiera. (Por aquel entonces ésta era una idea nueva.)

Para un observador –que sería incapaz de ver el curioso medio fluido invisible con presión negativa– el espacio vacío estaría expandiéndose. La expansión podría constatarse colocando objetos en distintos lugares y observando cómo se separan entre sí. La idea de un espacio vacío en expansión fue considerada como poco menos que una curiosidad por aquel entonces, aunque resultó ser notablemente profética, como vamos a ver.

¿Qué conclusión puede extraerse de esta saga? El hecho de que los astrónomos no vean la acción de una fuerza repulsiva cósmica no implica lógicamente que la fuerza sea inexistente. Es posible que sea demasiado débil para ser detectada con los actuales instrumentos. Todas las observaciones tienen un margen de error y lo más que puede obtenerse es una cota superior de la intensidad de la fuerza. Dado que no ha sido observada, puede argumentarse cor razones estéticas que las leyes de la naturaleza serían más simples si la repulsión cósmica estuviera ausente. Este inconcluyente debate acerca de la existencia de la "antigravedad" llevaba arrastrándose varios años cuando se produjo de pronto un giro completamente nuevo que dio al tema una inesperada importancia.

INFLACIÓN: EL *BIG BANG* EXPLICADO

En el apartado anterior hemos visto que si existe una fuerza repulsiva cósmica, ésta debe ser muy débil, tanto que no habrá podido tener ningún efecto significativo sobre el *big bang*. Pero esta conclusión se apoya en la suposición de que la intensidad de la fuerza repulsiva no cambia con el tiempo. En la época de Einstein todo el mundo hacía esta suposición porque la fuerza había sido puesta "a mano" en la teoría. Nadie tenía en cuenta la posibilidad de que la repulsión cósmica fuera *generada* por otros procesos físicos que pudieran cambiar a medida que el Universo se expandía. Si esa posibilidad se hubiera tenido en cuenta, entonces la historia de la cosmología sería muy distinta, porque admitiría la posibilidad de un escenario en el cual, bajo las condiciones extremas del Universo primitivo, la repulsión cósmica dominara momentáneamente la gravedad, haciendo que el Universo estallara.

Este escenario general es precisamente el que surge de los recientes trabajos sobre el comportamiento de la materia y las fuerzas en el Universo primigenio. Ahora resulta claro que una enorme repulsión cósmica es un subproducto inevitable de las actividades de la superfuerza. La "antigravedad" que Einstein echó por la puerta ha vuelto a entrar por la ventana.

La clave para comprender la repulsión cósmica es la naturaleza del vacío cuántico. Hemos visto cómo esta repulsión puede ser producida por un extraño medio invisible que tiene un aspecto idéntico al del espacio vacío pero que posee una presión negativa. Actualmente los físicos creen que ésta es exactamente la apariencia del vacío cuántico.

En el Capítulo 7 vimos que el vacío es un fermento de actividad cuántica, prolífico en partículas virtuales y lleno de complejas interacciones. Es importante tener en cuenta que, a nivel cuántico, el vacío es la estructura dominante. Lo que llamamos partículas son sólo alteraciones menores que burbujean en este mar de fondo pletórico de actividad.

A finales de los años 70 se puso de manifiesto que la unificación de las cuatro fuerzas requería una drástica revisión de la naturaleza física del vacío. Según la teoría, la energía del vacío podía disponerse de diversos modos. Para decirlo más simplemente, el vacío podía ser excitado y aportar un cierto número de estados de muy distintas energías, de la misma forma que un átomo puede ser excitado a niveles superiores de energía. Si pudiéramos verlos, estos distintos estados del vacío tendrían el mismo aspecto, pero poseerían propiedades muy distintas.

En primer lugar, la cantidad de energía implicada varía enormemente de un estado del vacío a otro. En las grandes teorías unificadas, por poner un ejemplo, el abismo entre la energía menor y la mayor es casi incomprensiblemente amplio. Para hacernos una idea de la enormidad de los números implicados, consideremos la energía liberada por el Sol a lo largo de toda su vida de unos 5.000 millones de años. Tomemos ahora esta colosal cantidad de energía y comprimámosla en un volumen de espacio menor al que ocupa el sistema solar. De este orden es la densidad de energía contenida en un estado de vacío de una GTU.

Además de estas asombrosas diferencias de energía, los estados del vacío presentan enormes cambios de presión. Pero aquí llega lo importante: todas las presiones son *negativas*. El vacío cuántico se comporta exactamente como el medio hipotético responsable de la repulsión cósmica, sólo que esta vez los números son tan grandes que la intensidad de la fuerza repulsiva es 10^{120} mayor que la que necesitaba Einstein para apuntalar su Universo estático.

Tenemos ahora vía libre para una explicación del *big bang*. Supongamos que, en un principio, el Universo se hallaba en un estado excitado de vacío (los físicos lo llaman un "falso" vacío). En este estado, el Universo estaría sujeto a una fuerza de repulsión cósmica de tal magnitud que causaría una inmediata expansión de tremendas proporciones. De hecho, durante esta fase, el Universo se parecería al modelo de de Sitter mencionado en el apartado anterior. La diferencia estriba en que, mientras que de Sitter imaginaba un Universo que se expandía tranquilamente a una escala de tiempo astronómica, la fase de de Sitter originada por el falso vacío cuántico dista mucho de ser tranquila. ¡Una región típica del espacio doblaría su tamaño cada 10^{-34} segundos!

El modo de desarrollo de esta hiperexpansión es clara: las distancias se incrementan a un ritmo exponencial. (Hallamos el concepto de cambio exponencial en el Capítulo 4.) Esto significa que cada 10^{-34} segundos cada región del Universo dobla su tamaño, y luego vuelve a doblarse y a doblarse de nuevo, y así sucesivamente. Este tipo de expansión desbocada ha sido denominada "inflación" por Alan Guth, quien concibió la idea en 1980. Bajo el impacto de esta expansión desmesuradamente veloz y acelerada, el Universo se halló de pronto hinchándose a una velocidad explosiva. Esto fue el *big bang*.

De algún modo, la fase inflacionaria tenía que acabar. Como todos los sistemas cuánticos excitados, el falso vacío es inestable y tiende a la desintegración. Cuando esto ocurre, la fuerza de repulsión desaparece. Así debió concluir la inflación, dejando el Universo bajo el control de la gravedad normal. El Universo siguió expandiéndose, por supuesto, gracias al ímpetu inicial proporcionado por el episodio inflacionario, pero a un ritmo progresivamente decreciente. El único rastro que queda ahora de la repulsión cósmica es esta menguante expansión.

Según el modelo inflacionario, el Universo se inició en un estado de vacío, desprovisto de materia o radiación. Aunque la materia y la radiación estuvieran presentes inicialmente, toda huella hubiera sido pronto erradicada en razón del enorme factor de expansión de la fase inflacionaria. A lo largo de esta brevísima fase, la región del espacio que hoy forma el Universo observable pasó de tener una milmillonésima parte del tamaño de un protón a varios centímetros. La densidad de cualquier materia preexistente hubiera descendido esencialmente a cero.

Al final de la inflación el Universo era vacío y frío. Pero al cesar la inflación, se vio repentinamente lleno de un intenso calor. Esta cálida llamarada que iluminó el Cosmos debía su origen a las enormes reservas de energía encerradas en el falso vacío. Cuando el falso vacío se desintegró, su energía se liberó en forma de radiación que instantáneamente calentó el Universo a unos 10^{27} K, el calor suficiente para que se produjeran los procesos de la GTU. A partir de ahí, el Universo evolucionó de acuerdo con la teoría del *big bang*. La energía calórica creó materia y antimateria, el Universo empezó a enfriarse, y en una sucesión de pasos apareció toda la estructura que hoy observamos.

El espinoso problema de la causa del *big bang* se halla, pues, resuelto por la teoría inflacionaria: el propio espacio vacío estalló bajo el poder repulsivo del vacío cuántico. Pero aún queda un enigma. La colosal energía de la explosión original –la energía que generó toda la materia y radiación que hoy vemos en el Universo– tuvo que salir de algún lugar. No habremos explicado la existencia del Universo hasta que hayamos rastreado la fuente de la energía primigenia.

LOS CORDONES DE LAS BOTAS CÓSMICAS

El Universo nació en medio de un enorme estallido de energía. Esta energía sobrevive en la radiación calórica de fondo y en la materia cósmica –los átomos que constituyen las estrellas y los planetas– en forma de "masa" o energía almacenada. También se manifiesta en la huida de las galaxias y en las actividades giratorias de todos los cuerpos astronómicos. La energía primigenia puso en marcha al recién nacido Universo y sigue conduciéndolo hoy en día.

¿De dónde procedía esta energía vital que dio vida a nuestro Universo? Según la teoría inflacionaria, la energía brotó del espacio vacío, del vacío cuántico. ¿Pero es ésta una respuesta plenamente satisfactoria? Podemos seguir preguntándonos cómo el vacío llegó a adquirir esta energía.

Al preguntarnos de dónde procedió la energía hacemos una importante suposición acerca de la naturaleza de la energía. Una de las leyes fundamentales de la física es la ley de la *conservación* de la energía, que dice que aunque podemos transformar la energía de una forma en otra, la cantidad total permanece fija. Es fácil pensar en ejemplos que verifican esta ley. Supongamos que tenemos un motor y una reserva de combustible, y que utilizamos el motor para hacer funcionar un generador eléctrico que a su vez alimenta un calentador. Cuando el combustible se quema, su energía química almacenada se convierte, a través de la energía eléctrica, en energía calórica. Si utilizáramos el motor para alzar un peso hasta lo alto de una torre y luego lo dejáramos caer, el impacto con el suelo generaría la misma cantidad de energía calórica que obtendríamos con el calentador. Lo importante es que, con independencia de dónde la traslademos o cómo la transformemos, la energía no puede ser creada ni destruida. Es una ley que los ingenieros aplican cada día.

Si la energía no puede ser creada ni destruida, ¿cómo surgió la energía primigenia? ¿Fue simplemente inyectada al principio de los tiempos, otra condición inicial *ad hoc*? Si es así, ¿por qué contiene el Universo la cantidad de energía que contiene? Hay aproximadamente unos 10^{68} julios de energía en el Universo observable; ¿por qué no 10^{99} ó $10^{10.000}$ o cualquier otro número?

La teoría de la inflación es una posible respuesta científica (en oposición a metafísica) a este misterio. Según la teoría, el Universo inicial carecía prácticamente de energía, pero logró conjurar la que ahora posee durante los primeros 10^{-32} segundos. La clave de este milagro reside en uno de los hechos más notables de la cosmología: la ley de la conservación de la energía *falla* en su sentido habitual cuando se aplica al Universo en expansión.

De hecho, ya hemos topado antes con este extremo. La expansión cosmológica hace que la temperatura del Universo descienda. La energía calórica radiante que era tan intensa en la fase original disminuyó hasta una temperatura próxima al cero absoluto. ¿Dónde fue a parar toda esta energía calórica? La respuesta es que, en cierto sentido, se agotó por completo al ayudar al Universo a expandirse, añandiendo su presión a la violencia explosiva del *big bang*. Cuando un fluido normal se expande, su presión empuja hacia fuera y realiza trabajo, gastando de este modo su energía. Así, si expandimos un gas corriente, su energía interna descenderá para pagar el trabajo efectuado. En severo contraste con este comportamiento convencional, la repulsión cósmica actúa como un fluido de presión *negativa*. Cuando un fluido tal se expande, su energía *aumenta* en vez de disminuir. Esto es precisamente lo que ocurrió en el período inflacionario, cuando la repulsión cósmica llevó al Universo a una acelerada expansión. La energía total del vacío siguió aumentando hasta que, al cesar la era inflacionaria, había una enorme cantidad acumulada. Tan pronto como la inflación se detuvo, esta energía se liberó en un único gran estallido, generando todo el calor y materia que finalmente emergieron del *big bang*. A partir de entonces, la expansión convencional de presión positiva tomó el mando y la energía empezó de nuevo a declinar.

La creación de la energía primigenia posee un cierto aire de magia. El vacío, con su extraña presión negativa, parece poseer una capacidad realmente increíble: por un lado produce una poderosa fuerza repulsiva, originando su propia expansión acelerada; por otro lado, esta misma expansión sigue elevando la energía del vacío más y más. El vacío se paga a sí mismo con enormes cantidades de energía. Posee una inestabilidad innata que le permite seguir expandiéndose y generando ilimitadas cantidades de energía sin costo alguno. Tan sólo la desintegración cuántica del falso vacío pone freno a esa mina.

El vacío es el milagroso cuerno de la abundancia de energía en la naturaleza. En principio no hay límite a la cantidad de energía que puede autogenerarse por la expansión inflacionaria. Es un resultado revolucionario en total desacuerdo con la vieja tradición secular de que "nada puede surgir de la nada", una creencia que data al menos de tiempos de Parménides, en el siglo V a. de C. La idea de una creación a partir de la nada pertenecía, hasta recientemente, sólo al reino de la religión. Los cristianos han creído desde hace mucho tiempo que Dios creó el Universo de la nada, pero la posibilidad de que toda la materia y la energía cósmicas aparezcan espontáneamente como resultado de un proceso puramente físico hubiera sido considerado como algo absolutamente insostenible por los científicos de hace sólo una década.

Para aquellos que se sienten incómodos con el concepto mismo de obtener algo por nada, he aquí otra forma de concebir la creación de energía por un Universo en expansión. Dado que las fuerzas gravitatorias son normalmente de índole atractiva, es necesario realizar trabajo para separar la materia en contra de su propia gravedad. Esto significa que la energía gravitatoria de una colección de cuerpos es negativa; si se añaden más cuerpos al sistema, se libera energía y la energía gravitatoria se vuelve más negativa para pagar la energía liberada. En el contexto del Universo inflacionario, puede considerarse que la aparición de calor y materia queda exactamente compensada por la energía gravitatoria negativa de la masa que se crea, en cuyo caso la energía total del Universo es cero, ¡y no aparece energía neta después de todo! Ahora bien, por atractiva que parezca esta forma de explicar la creación, no debe ser tomada demasiado en serio, ya que el prestigio del concepto mismo de energía es bastante dudoso en lo que respecta a la gravedad.

Las travesuras del vacío nos recuerdan la historia, muy apreciada por los físicos, del chico que cae en un pantano y escapa tirando de los cordones de sus propias botas. El Universo autocreado es casi como ese chico, puesto que también él tira "de los cordones de sus propias botas": tomándola enteramente de su propia naturaleza física, el Universo se infunde toda la energía necesaria para crear y animar la materia, dirigiendo su propio origen explosivo. Son los cordones de las botas cósmicas. Debemos nuestra existencia a su sorprendente poder.

LOS ÉXITOS DE LA INFLACIÓN

Una vez Guth hubo debatido la idea básica de que el Universo pasó por un primer período de rápida expansión, se dio cuenta de que con ella podía dar razón de muchos de los rasgos que la cosmología del *big bang* debía aceptar sin explicación.

En un apartado anterior hemos tropezado con varias paradojas de "sintonización" relativas a cómo la explosión primigenia fue al parecer altamente orquestada y exactamente dispuesta. Una de esas notables "coincidencias" se refería al perfecto encaje entre la intensidad de la explosión y la fuerza gravitatoria del Cosmos, de tal modo que el índice de expansión actual se encuentra en equilibrio en la línea divisoria entre el recolapso y la rápida dispersión. Una prueba crucial para el modelo inflacionario es calcular si da lugar a un *big bang* de esta precisa magnitud. Ahora bien, debido a la naturaleza de la expansión exponencial –el rasgo característico de la fase inflacionaria–, la energía explosiva se ajusta automáticamente para dar con exactitud el valor correspondiente a un Universo que escapa a su propia gravedad. La inflación no puede proporcionar otro índice de expansión que el observado.

Un segundo problema se refiere a la uniformidad a gran escala del Universo. Esto también queda inmediatamente explicado por la inflación. Todas las irregularidades inicialmente presentes en el Universo desaparecen con la enorme distensión, del mismo modo que las arrugas de un globo deshinchado desaparecen al hincharlo. Cuando las regiones del espacio se expanden por factores de 10^{50}, cualquier desorden anterior se hace insignificante.

Hemos visto, sin embargo, que no hay *completa* uniformidad, ya que fue necesario cierto grado de amontonamiento en el Universo primitivo para justificar la existencia actual de las galaxias y los cúmulos galácticos. Los astrónomos esperaban que la existencia de las galaxias pudiera ser explicada como un resultado de la acumulación gravitatoria. Una nube de gas tenderá a contraerse bajo su propia gravedad y luego fragmentarse en nubes más pequeñas, que a su vez se fragmentarán en nubes aún más pequeñas, y así sucesivamente. Es posible imaginar que los gases emergieron del *big bang* uniformemente distribuidos, aunque se acumularon al azar en algunos puntos. La gravedad reforzó esta tendencia, haciendo que las regiones con acumulación crecieran y reunieran más materia y luego se condensaran y se fragmentaran. Los fragmentos más pequeños se convirtieron en estrellas. En este caso, se obtiene una jerarquía de estructuras: las estrellas se acumulan en grupos, los cuales a su vez se acumulan en galaxias y en cúmulos galácticos.

Desgraciadamente, la formación de las galaxias por este mecanismo requeriría mucho más tiempo que la edad del Universo si no hubiera irregularidades en el gas inicial, ya que el proceso de condensación y fragmentación se halla en competencia con la expansión del Universo, que tiende a dispersar los gases. En la antigua versión de la teoría del *big bang* era necesario suponer que la semilla de las galaxias se encontraba ya en la estructura del Universo cuando éste fue creado. Más aún, estas irregularidades iniciales debían poseer exactamente la magnitud correcta: si fueran menores, las galaxias no se hubieran formado nunca; si mayores, las regiones superdensas se hubieran colapsado en enormes agujeros negros. No sabemos por qué el tamaño de las galaxias es el que es, o por qué los cúmulos galácticos contienen el número de galaxias que contienen.

Ahora es posible concebir una mejor explicación de la estructura galáctica basada en el modelo inflacionario. La idea esencial es bastante simple. La inflación tiene lugar cuando el estado cuántico del Universo se halla suspendido en el estado inestable de "falso" vacío. Finalmente, el falso vacío se desintegra y su exceso de energía se transforma en calor y materia. En este punto la repulsión cósmica desaparece y la inflación cesa. De todos modos, la desintegración del falso vacío no ocurre exactamente en el mismo instante en todo el espacio. Como en todos los procesos cuánticos, habrá fluctuaciones. Algunas regiones del Universo se desintegrarán ligeramente más aprisa que otras. En estas regiones la inflación terminará antes. En consecuencia, aparecerán irregularidades en el estado final. Se espera que estas irregularidades hagan de centros de aglomeración gravitatoria que finalmente conduzcan a las galaxias y a los enjambres galácticos. Los teóricos han simulado matemáticamente el mecanismo de fluctuación, aunque con éxito irregular. En general, el efecto es demasiado grande, las irregularidades calculadas demasiado pronunciadas. Pero los modelos utilizados son burdos; un intento más sofisticado puede dar mejores resultados. Aunque la teoría en este estadio es aún tentativa, al menos es posible ver qué tipo de mecanismo puede dar origen a las galaxias sin necesidad de condiciones iniciales particulares.

En la versión original de Guth del modelo inflacionario, el falso vacío se desintegraba bruscamente en el vacío "auténtico", el estado de vacío de menor energía que hoy en día identificamos con el espacio. El mecanismo de este cambio se consideraba similar a una fase de transición, como la de gas a líquido por ejemplo. Se pensaba que en el falso vacío se formaban al azar burbujas de vacío auténtico que luego se expandían a la velocidad de la luz para abarcar volúmenes de espacio cada vez mayores. Para permitir que el falso vacío viviera lo suficiente para que la inflación obrara su magia, los dos estados se hallaban separados por una barrera de energía a través de la cual el sistema se veía obligado a horadar un "túnel cuántico", de una forma parecida a la descrita en el Capítulo 2 en el caso de los electrones. Este modelo, sin embargo, sufría de una deficiencia importante: toda la energía que el falso vacío liberaba se concentraba en las paredes de las burbujas y no había ningún mecanismo capaz de distribuirla regularmente en su interior. Cuando las burbujas chocaran y se fusionaran, la energía terminaría en planos entrelazados. El Universo resultante contendría importantes irregularidades y el trabajo de la inflación para conseguir una uniformidad a gran escala se vería arruinado.

Se han obtenido versiones mejoradas del modelo inflacionista que obvían esas dificultades. En la nueva teoría no hay túneles entre los dos estados de vacío, pero los parámetros se eligen de tal modo que la desintegración del falso vacío es muy lenta y el Universo tiene tiempo suficiente para hincharse. Cuando se produce la desintegración, la energía del falso vacío se libera por toda la "burbuja", que se calienta rápidamente hasta más de 10^{27} K. Se supone que todo el Universo observable se halla contenido dentro de una sola burbuja. Así, a escala ultragrande el Universo puede ser muy irregular, pero nuestra propia región (y mucho más allá) se halla dentro de una zona de tranquila uniformidad.

Curiosamente, la razón original de Guth para crear el modelo inflacionario fue obviar un problema cosmológico completamente distinto, la ausencia de monopolos magnéticos. Como explicamos en el Capítulo 9, según la teoría del *big bang* se creó una superabundancia de monopolos en la fase primigenia. Ahora bien, estos monopolos suelen ir acompañados por otros extraños objetos conocidos como "cuerdas" y "hojas" que son sus análogos mono y bidimensionales. El problema es cómo librar al Universo de esas indeseables entidades. La inflación resuelve el monopolo y problemas afines automáticamente, ya que la enorme hinchazón del espacio los diluye hasta alcanzar densidad cero.

Aunque el modelo inflacionario sigue siendo una teoría especulativa y parcialmente desarrollada, ha suscitado una serie de ideas que prometen transformar definitivamente el rostro de la cosmología. Ahora no sólo podemos contar con una explicación de por qué hubo una gran explosión, sino que podemos empezar a comprender por qué fue tan grande y por qué tomó la forma que tomó. Podemos empezar a ver por qué la uniformidad a gran escala del Universo se acompaña de irregularidades a pequeña escala como las galaxias. La explosión primigenia que produjo lo que llamamos el Universo ya no debe ser considerada un misterio fuera del alcance de la ciencia física.

EL UNIVERSO AUTOCREADOR

Pese al gran éxito de la inflación en explicar el origen del Universo, queda aún un misterio. ¿Cómo llegó el Universo al estado de falso vacío? ¿Qué ocurrió *antes* de la inflación?

Un relato científico completamente satisfactorio de la creación tendría que explicar cómo el espacio (estrictamente, el espaciotiempo) llegó a existir, para que luego pudiera sufrir la inflación. Algunos científicos se contentan con suponer que el espacio existió siempre, o que su creación se halla más allá del alcance de la ciencia. Otros, sin embargo, son más ambiciosos y creen que es posible dilucidar cómo el espacio en general y el falso vacío en particular surgieron literalmente de la nada mediante procesos físicos que son en principio susceptibles de estudio.

Como ya se ha señalado, la creencia de que nada puede surgir de la nada no se ha empezado a poner en tela de juicio hasta hace poco. Los cordones de las botas cósmicas se aproximan al concepto teológico de la creación *ex nihilo*. Por supuesto, es cierto que en el mundo familiar de la experiencia los objetos deben normalmente su existencia a otros objetos. La Tierra se formó a partir de la nebulosa solar, la nebulosa solar a partir de los gases galácticos, y así sucesivamente. Si nos encontráramos con un objeto que apareciera repentinamente de la nada, nos sentiríamos inclinados a considerar que había ocurrido un milagro: imaginemos que cerramos una caja de caudales vacía y la abrimos unos cuantos meses después ¡para encontrarla llena de monedas, de cubiertos o de dulces! En la vida diaria esperamos que todo proceda de algún lugar, que surja de algo.

Por otra parte, la situación no es tan clara en el caso de cosas menos concretas. ¿De qué se crea, por ejemplo, un cuadro? Por supuesto, se necesitan pinceles, pinturas y una tela, pero esto son sólo herramientas. La *forma* del cuadro –la elección de líneas y colores, la textura, la composición– no la crea ni la pintura ni el pincel. Es el resultado de ideas.

Los pensamientos y las ideas, ¿se crean a partir de algo? Por supuesto, los pensamientos existen, y quizá todos los pensamientos necesiten un cerebro, pero el cerebro es el modo de realización de los pensamientos, no su causa. Los cerebros solos no crean más pensamientos que los ordenadores crean cálculos. Los pensamientos pueden ser creados por otros pensamientos, pero eso deja sin explicar el origen de los pensamientos. Las sensaciones dan lugar a algunos pensamientos; la memoria también los produce. Muchos artistas, sin embargo, consideran que su trabajo es el resultado de una inspiración *espontánea*. Si es así, crear un cuadro –o al menos la idea de un cuadro– es una forma de creación a partir de la nada.

De todas formas, ¿podemos concebir que los objetos físicos –que todo el Universo– surjan de la nada? Una posibilidad tan atrevida como ésta se toma en serio en la costa este de Estados Unidos, donde hay una curiosa concentración de físicos teóricos y cosmólogos que manipulan las matemáticas en un intento de descubrir la verdad sobre la creación *ex nihilo*. En ese círculo esotérico se hallan Alan Guth del MIT, Sidney Coleman de Harvard, Alex Vilenkin de la Universidad de Tufts, y Ed Tryon y Heinz Pagels de Nueva York. Todos ellos creen que en un sentido u otro "nada es inestable", y que el Universo físico floreció espontáneamente en la nada con el concurso de las leyes de la física. «Estas ideas son simples especulaciones», admite Guth, «pero a cierto nivel son probablemente ciertas... A veces se dice que no hay comida gratis. El Universo, sin embargo, es una comida gratis.»

En todas estas conjeturas, el factor cuántico es la clave. El rasgo central de la física cuántica, como vimos en el Capítulo 2, es la desintegración del vínculo causa-efecto. En la vieja física clásica, la ciencia de la mecánica ejemplificaba el rígido control de la causalidad. La actividad de cada partícula, cada giro y cada vuelta, estaba regulada con detalle por las leyes del movimiento. Todo cuerpo se movía constantemente en una dirección bien definida de acuerdo con el esquema de fuerzas que actuaban sobre él. Las leyes del movimiento encarnaban el vínculo entre causa y efecto en su propia definición, y así se suponía que el Universo en su conjunto estaba regulado hasta el más mínimo detalle por la estructura de la actividad existente, como un gigantesco mecanismo de relojería. Esta causalidad, que lo abarcaba todo y nunca defraudaba, promovió la afirmación de Pierre Laplace de que una potente calculadora sería capaz de calcular toda la historia y destino del Cosmos a partir de la acción de las leyes mecánicas. El

Universo, según esta perspectiva, avanza para siempre por un camino predeterminado.

La física cuántica rompió el ordenado, pero estéril, esquema laplaciano. Los físicos aprendieron que en el ámbito atómico materia y movimiento son vagos e impredecibles. Las partículas pueden comportarse erráticamente, rebelándose contra los movimientos rígidamente prescritos, girando en lugares inesperados sin razón discernible e incluso apareciendo y desapareciendo sin advertencia previa.

La causalidad no se halla ausente del todo en el reino cuántico, pero es vacilante y ambigua. Si un átomo, por ejemplo, es excitado por la colisión con otro átomo, normalmente regresará con rapidez a su estado de menor energía emitiendo un fotón. La aparición del fotón es, naturalmente, una consecuencia directa de la excitación del átomo. Podemos decir con toda seguridad que la excitación fue la causa de la creación del fotón. En ese sentido, causa y efecto están vinculados. Sin embargo, el momento exacto de la creación del fotón es impredecible; el átomo puede emitirlo en cualquier instante. Los físicos saben calcular el tiempo esperado, o medio, que debe transcurrir antes de que el fotón aparezca, pero no podrán saber cuándo ocurrirá este acontecimiento en ningún caso particular. Quizá sea mejor describir esta situación diciendo que la excitación del átomo "incita", más que causa, la creación del fotón.

En consecuencia, el micromundo cuántico no está regido por un esquema rígido de influencias causales, sino más bien por un pandemónium de órdenes y sugerencias libremente obedecidas. En el viejo esquema newtoniano una fuerza se dirigía a un cuerpo con el indiscutible imperativo: "¡Muévete!" En física cuántica, la comunicación es más una invitación que una orden.

¿Por qué consideramos tan increíble la idea de que un objeto aparezca bruscamente de la nada? ¿Qué hay en un hecho así que nos hace pensar en milagros y en lo sobrenatural? Quizá la respuesta resida en la familiaridad. Nunca nos encontramos con la aparición de objetos sin causa en la vida cotidiana. Cuando el mago conjura al conejo y éste sale del sombrero sabemos que hay truco.

Supongamos que vivimos realmente en un mundo donde de vez en cuando hay objetos que aparecen de la nada, sin ninguna razón, de una forma completamente impredecible. Una vez nos acostumbremos a ello, dejaremos de maravillarnos. La creación espontánea será aceptada como una peculiaridad de la naturaleza. Quizá en un mundo así sería fácil imaginar que todo el Universo físico surgió de la nada.

Este mundo imaginario no es, de hecho, tan distinto del mundo real. Si pudiéramos observar el comportamiento de los átomos directamente con nuestros órganos de los sentidos, y no por mediación de instrumentos especiales, frecuentemente veríamos aparecer y desaparecer objetos sin razones bien definidas.

El fenómeno conocido más cercano a la idea de creación a partir de la nada se produce cuando un campo eléctrico se hace muy intenso. A una intensidad crítica, empiezan a aparecer de la nada electrones y positrones totalmente al azar. Según los cálculos, cerca de la supeficie de un núcleo de uranio el campo eléctrico es suficientemente intenso para casi inducir este efecto. Si pudieran construirse núcleos de unos 200 protones (el uranio tiene 92), la creación espontánea de electrones y positrones sería observable. Desgraciadamente, lo más probable es que un núcleo con tantos protones fuera demasiado inestable, aunque no estamos seguros al respecto.

La creación espontánea de electrones y positrones en un campo eléctrico intenso puede ser interpretada como un tipo extraño de radiactividad: es el espacio vacío el que se desintegra. Ya nos hemos topado con la idea de un estado de vacío que se desintegra en otro. Aquí el vacío se desintegra en un estado que contiene partículas.

Aunque la desintegración del espacio es difícil de conseguir con la ayuda de un campo eléctrico, un proceso análogo en el que interviene la gravedad puede muy bien producirse de forma natural. Cerca de la superficie de los agujeros negros, la gravedad es tan intensa que el vacío chisporrotea con un fluir continuo de partículas recién creadas. Esta es la famosa radiación de los agujeros negros descubierta por Stephen Hawking. La gravedad es, en último término, la responsable de la creación de radiaciones; pero no las causa en el antiguo sentido newtoniano: ninguna partícula dada debe aparecer en ningún lugar y tiempo particulares como resultado de fuerzas gravitatorias. En cualquier caso, la gravedad es solamente una curvatura del espaciotiempo, y así podemos decir que es el espaciotiempo el que induce la creación de materia.

La aparición espontánea de materia en el espacio vacío se califica a menudo de creación "a partir de la nada", y se acerca al espíritu de la creación *ex nihilo* de la doctrina cristiana. Para el físico, sin embargo, el espacio vacío está muy lejos de la nada: es una buena parte del Universo físico. Si deseamos dar respuesta a la cuestión de cómo surgió el Universo, no basta suponer que el espacio vacío estaba presente desde el principio. Tenemos que explicar de dónde procedía el mismo espacio. La idea de que el *espacio* se crea puede parecer exótica, pero en cierto sentido ocurre constantemente a nuestro alrededor. La expansión del Universo no es más que un constante hincharse del espacio. Cada día, la región del Universo accesible a nuestros telescopios se hincha unos 10^{18} años luz cúbicos. ¿De dónde "procede" todo este espacio? La analogía con una cinta elástica puede sernos de ayuda.

Cuando la cinta elástica se estira, da "más de sí". El espacio es como una cinta superelástica que puede estirarse indefinidamente (por todo lo que sabemos) sin "romperse".

El proceso de estirar y curvar el espacio se parece también a la cinta elástica en cuanto el "movimiento" del espacio se halla sometido a las leyes de la mecánica al igual que la materia. Se trata de las leyes de la gravedad. Si la teoría de los cuantos se aplica a las actividades de la materia, se aplica también al espacio y al tiempo. En capítulos anteriores vimos que la gravedad cuántica es un útil indispensable en la búsqueda de la superfuerza, lo cual sugiere una curiosa posibilidad: si la teoría cuántica permite que las partículas de materia surjan de la nada, ¿puede también, cuando se aplica a la gravedad, permitir que el espacio surja de la nada? Y si es así, la aparición espontánea del Universo, hace 18.000 millones de años, ¿es en realidad una sorpresa?

¿COMIDA GRATIS?

El concepto de cosmología cuántica –la aplicación de la teoría cuántica a todo el Universo de espaciotiempo y materia– se toma cada vez más en serio por los teóricos. Superficialmente, la cosmología cuántica parece una contradicción en términos. La física cuántica aborda los sistemas más pequeños, mientras que la cosmología es el estudio de los más grandes. Sin embargo, el Universo fue en un tiempo muy pequeño, y entonces los efectos cuánticos fueron importantes. Según los cálculos, la física cuántica no puede ser ignorada en la era GTU (10^{-32} s), y probablemente lo dominó todo en la era Planck (10^{-43} s). Fue en algún momento entre esas dos épocas cuando, según algunos teóricos como Vilenkin, el Universo cuántico surgió. En palabras de Sidney Coleman, «Dimos un salto cuántico de la nada al tiempo.» El espaciotiempo, al parecer, es un fósil de esta era.

El "salto cuántico" de Coleman puede ser descrito como una forma de "horadar un túnel". Hemos visto como en la teoría de la inflación original el estado de falso vacío debía horadar un túnel a través de una barrera de energía para alcanzar el estado de vacío auténtico. Sin embargo, en el caso de la aparición espontánea del Universo cuántico a partir de la nada nuestra intuición se tensa hasta el límite. Uno de los extremos del "túnel" representa el Universo físico espaciotemporal que "llegó" a través del túnel cuántico desde la nada; así, en el otro extremo del túnel debe haber ¡"nada"! Quizá sería mejor decir que hay solamente un extremo del túnel; el otro extremo no existe.

Un problema importante de estos intentos de explicar el origen del Universo es dar razón del hecho de que el Cosmos fue creado en un estado de falso vacío. Si el recién creado espaciotiempo se hubiera hallado en el vacío auténtico, la inflación nunca hubiera ocurrido, la gran explosión se hubiera visto reducida a un lloriqueo y el espaciotiempo hubiera desaparecido tras un fugaz instante de existencia, devorado por cualquiera de sus actividades cuánticas. De no hallarse en el falso vacío, el Universo nunca hubiera podido aferrarse a los cordones de las botas cósmicas para dar solidez a su efímera existencia. Es posible que el estado de falso vacío se viera favorecido por las condiciones extremas que prevalecían en aquel momento. Por ejemplo, si el Universo se creó a una temperatura inicial lo suficientemente alta y luego se enfrió, pudo muy bien verse varado en un falso vacío. En el momento de escribir estas líneas, hay muchas cuestiones técnicas de este tipo aún sin resolver.

Sea cual fuere la verdad sobre esos profundos detalles conceptuales, el Universo tuvo que surgir de algún modo, y la física cuántica es la única rama de la ciencia en la cual el concepto de un suceso sin causa tiene sentido. Además, cuando hablamos del espaciotiempo, no se puede hablar de causa en el sentido habitual. La causalidad se halla arraigada en la noción de tiempo, de modo que cualquier idea sobre una entidad que crea el tiempo tiene que recurrir a un concepto más amplio de causalidad que el que es habitual en la ciencia de nuestros días.

Si el espacio es realmente decadimensional, la teoría nos dice que en los estadios primitivos las diez dimensiones gozaron todas de la misma condición. Una atractiva posibilidad es que la "compresión" –o enrollado– espontáneo de siete dimensiones se relacione con el fenómeno de inflación. Más precisamente, la fuerza conductora de la inflación se obtiene como un subproducto de las fuerzas que se manifiestan a través de las dimensiones espaciales adicionales. El espacio decadimensional puede entonces evolucionar naturalmente de tal modo que tres de sus dimensiones se embarcan en la inflación a expensas de las otras siete, que se reducen hasta hacerse invisibles. Así, un microscópico glóbulo cuántico de espacio decadimensional sufre un espasmo que hincha tres dimensiones para formar el Universo y atrapa a las siete restantes en un permanente microcosmos desde el cual se manifiestan, tan sólo indirectamente, bajo el aspecto de fuerzas de la naturaleza. Es una atractiva teoría.

Aunque gran parte del trabajo teórico en física del Universo primigenio está aún por hacer, es posible dar una visión general de los acontecimientos que han configurado el Cosmos actual. Al principio, el Universo surgió espontáneamente de la nada. En un fermento informe de energía cuántica empezaron a hincharse a un ritmo acelerado burbujas de espacio vacío que producían colosales reservas de energía.

Este falso vacío, pleno de energía autocreada, era inestable y empezó a desintegrarse, liberando su energía en forma de calor, llenando cada burbuja con una bola de fuego. La inflación cesó, pero la gran explosión se puso en marcha. La hora era 10^{-32} segundos.

De esa bola de fuego surgió toda la materia y todas las estructuras físicas. A medida que la bola de fuego se enfriaba, el material cósmico sufrió una secuencia de transiciones de fase. A cada transición, más y más estructuras "solidificaron" en la materia originaria. Una tras otra fueron separándose las fuerzas de la naturaleza. Paso a paso, los objetos que ahora llamamos partículas subatómicas adquirieron los rasgos de su actual identidad. A medida que la sopa de materia se hacía más y más compleja, a mayor escala las irregularidades dejadas por la fase inflacionaria empezaron a transformarse en galaxias. Con la posterior estructuración y especialización de la materia, el Universo empezó a adquirir una forma más reconocible: el plasma ardiente se condensó en átomos, formando estrellas, planetas, y finalmente la vida. Así, el Universo se hizo autoconsciente.

Materia, energía, espacio, tiempo, fuerzas, campos, orden y estructura: estos son los elementos del Creador, los requisitos indispensables para un Universo. La nueva física mantiene la tentadora promesa de explicar a partir de la ciencia cómo emergieron *todas* estas cosas. Ya no necesitamos "ponerlas a mano" al empezar. Podemos ver que todos los rasgos fundamentales del mundo físico surgieron *automáticamente*, como una consecuencia de las leyes de la física, sin necesidad de suponer que el Universo fue colocado inicialmente en un estado muy especial. La nueva cosmología nos dice que el estado cósmico inicial carece de importancia, que toda la información que contenía fue destruida durante la fase inflacionaria. El Universo que vemos lleva solamente las huellas de los procesos físicos que han ocurrido desde el comienzo de la inflación.

Durante milenios, la humanidad ha creído que nada puede surgir de la nada. Hoy podemos argumentar que todo ha surgido de la nada. Nadie debe pagar por el Universo. Es la comida gratis definitiva.

13. La unidad del Universo

Todas las cosas, por un poder inmortal
Cerca o lejos
Ocultamente están unidas entre sí
De tal modo que no puedes agitar una flor
Sin trastornar una estrella.

FRANCIS THOMPSON (1859-1907)

EL CONCEPTO DE UNIVERSO

La palabra *Universo* tiene el mismo origen que *unidad* y *uno*. Significa, literalmente, el conjunto de las cosas consideradas como un todo. Curiosamente, en inglés, la palabra que significa "totalidad", *wholly*, deriva del mismo origen que la palabra *holy* ("sagrado"), lo cual refleja las profundas asociaciones místicas y metafísicas de la cosmología. De hecho, hasta el siglo XX, el estudio del universo como una totalidad era objeto casi exclusivamente de la religión. La cosmología científica es un tema muy reciente.

El atractivo místico de la cosmología tiene una considerable popularidad tanto entre los científicos como entre el público en general. Por supuesto, mucha gente hace escasa distinción entre la cosmología científica, el misticismo y los estrafalarios tópicos de lo denominado paranormal. Pese a esta confusión, creo que el amplio interés por la cosmología es una buena cosa en un mundo cuya fragmentación y conflicto triunfan frecuentemente sobre la unidad.

Hablar de "el Universo" se ha hecho tan común que ha oscurecido lo que quizá es el más notable de todos los hechos cosmológicos, que el concepto de Universo no es un concepto vacuo. ¿Cómo es posible que podamos tratar el conjunto de la existencia física como una totalidad?

Hay un profundo elemento filosófico en esta pregunta. La ciencia se funda en los conceptos de ley y de contrastación experimental. Una teoría científica es un informe coherente sobre algunos aspectos de la naturaleza basado en una colección de principios consistentes, expresados preferentemente de forma matemática. La teoría pretende ser un modelo de parte del mundo. Se acepta o se abandona según su utilidad. Se invita a otros científicos a realizar experimentos que determinen hasta qué punto el modelo encaja con la realidad. Si estos experimentos confirman repetidamente la exactitud del modelo, la confianza en la teoría crece y ésta se convierte en parte del cuerpo aceptado de ciencia hasta el momento en que aparece una teoría mejor, más exacta o que abarca más.

Una parte esencial del método científico descansa en la repetibilidad de las pruebas experimentales. Para poner un ejemplo sencillo, Galileo afirmó que todos los cuerpos sufren la misma aceleración al caer, de modo que dos cuerpos dejados caer juntos llegarán juntos al suelo, aunque su peso sea distinto. Esta afirmación fue recibida con un escepticismo general debido a que desde siglos se aceptaba la doctrina aristotélica según la cual los cuerpos más pesados caen más aprisa, una idea que quizá encaja mejor con la intuición. Sean cuales sean las creencias, es fácil contrastar la afirmación de Galileo con el simple expediente de dejar caer unas cuantas cosas y ver qué ocurre. Cuando esto se hubo hecho las veces suficientes, se empezó a aceptar la versión de Galileo de la caída de los cuerpos materiales.

En este ejemplo es fácil contrastar la teoría, dada la disponibilidad de una reserva ilimitada de cuerpos pequeños que dejar caer. La situación en cosmología es completamente distinta. Por definición, existe un solo Universo. No hay manera de disponer de una "ley cósmica", ya que una ley así nunca podrá ser contrastada repitiendo experimentos en una colección de sistemas similares. Pero entonces, ¿cómo podemos aplicar el razonamiento científico al Universo como un todo?

En la práctica, los cosmólogos recurren a la extrapolación. Las leyes de la física que se obtienen con ayuda de la experimentación y la observación de partes del Universo se aplican sin alteración a la totalidad. Así, la teoría general de la relatividad (nuestro mejor modelo actual de la gravedad), que se contrasta principalmente a través de observaciones en el sistema solar, se utiliza, sin embargo, para calcular el movimiento de todo el Universo. Este procedimiento parece funcionar. El uso de las leyes que se aplican a un fragmento del Universo para describir la totalidad del Cosmos parece ofrecer una explicación plausible del estado de cosas observado. ¿Por qué?

Responder a esta pregunta me lleva de vuelta al problema original de por qué podemos hablar con sentido de "el Universo". Hay aquí una analogía con la sociedad humana. Un político puede razonar como sigue: "Me gusta que se reduzcan los impuestos, a mis amigos les gusta que se reduzcan los impuestos, a la gente entrevistada en los sondeos de opinión le gusta que se reduzcan los impuestos. En consecuencia, a todo el país le gusta que se reduzcan los impuestos." Se supone que la sociedad como un todo posee una especie de conciencia colectiva que refleja las predilecciones de sus miembros individuales. Esto permite que los mismos principios que funcionan para los individuos sean aplicados a la totalidad. Sin embargo, el razonamiento funciona sólo si la sociedad está formada por individuos de mentalidad razonablemente parecida. En lo que a reducción de impuestos se refiere, la mayor parte de la gente opina igual. El resultado podría ser muy distinto si el tema abordado fuera, digamos, los usos religiosos.

Al aplicar las leyes de la física al Universo como un todo efectuamos el mismo tipo de salto lógico que en el caso de la reducción de impuestos. El Universo está compuesto de grupos (quizá en número infinito) de sistemas similares o idénticos. A gran escala podemos concebir el Universo como una colección de galaxias; a escala más fina como una colección de átomos. A su nivel más profundo, el Universo es una colección de campos cuánticos. El hecho de que a lo largo y a lo ancho del Universo observable vemos siempre el mismo tipo de objetos es algo que frecuentemente se da por sentado. Sin embargo, no es en absoluto obvio que tenga que existir esta sorprendente universalidad.

La universalidad de los sistemas físicos es el punto de partida de la cosmología científica. La observación del cielo nos revela que las estrellas son muy semejantes a nuestro Sol y que las otras galaxias se parecen extremadamente a nuestra Vía Láctea, tanto en tamaño como en estructura. Un análisis más detenido nos revela que estos cuerpos distantes están compuestos por los mismos átomos que descubrimos en la Tierra. Un átomo terrestre es indistinguible de un átomo en el límite mismo del Universo observable. Los procesos físicos que se producen en las más remotas regiones del Cosmos parecen ser exactamente los mismos que los procesos que ocurren en nuestra inmediata vecindad. Además, y sobre todo, las fuerzas de la naturaleza son universales. Por ejemplo, la intensidad de la fuerza electromagnética en los distantes quasars puede ser inferida a partir de un atento estudio de su espectro luminoso. No hay diferencia apreciable con respecto a la fuerza electromagnética que observamos en el laboratorio.

Cada vez que los astrónomos han ampliado sus horizontes para abarcar nuevas regiones del Universo han encontrado una y otra vez lo mismo. No está claro en absoluto por qué debe ser así. Hace siglos, la humanidad creía que la Tierra era el centro de la creación, única en su forma y situación. Desde Copérnico, toda la evidencia apunta a lo contrario, es decir, que la Tierra es un planeta típico en una galaxia típica situada en una región típica del Universo, y que el Universo está constituido por una gran abundancia de cosas más o menos semejantes.

Los científicos formalizan esas ideas en algo llamado el "principio cosmológico" que, en líneas generales, dice que nuestra inmediata vecindad es una parte típica del conjunto del Universo. Esto se aplica no sólo a los átomos, estrellas y galaxias, sino también a la organización y distribución general de materia y de energía. El Universo es extraordinariamente uniforme, tanto en el modo de distribución de las galaxias en el espacio como en su orientación a nuestro alrededor. Hasta donde podemos ver, no hay lugares o direcciones privilegiados en el Cosmos. Más aún, esta uniformidad se conserva con el tiempo, a medida que el Universo se expande; el índice de expansión es el mismo en todas las regiones del espacio y en todas direcciones. Por supuesto, es difícil imaginar un Universo mucho más simple que sea consistente con la existencia de observadores vivos. En capítulos anteriores hemos hallado una razón muy persuasiva para esta cooperación cósmica a gran escala en la denominada teoría inflacionaria del Universo.

La imagen científica del Cosmos es, pues, una imagen de uniformidad, coherencia y simplicidad a gran escala. Si el Universo estuviera expandiéndose a ritmos drásticamente distintos en distintas direcciones, o si presentara grandes variaciones en la densidad y disposición de la materia, es dudoso que existiera la cosmología científica. (De hecho, probablemente no existirían tampoco científicos.) Su uniformidad, coherencia y simplicidad son las que nos permiten hablar de "el Universo" como una entidad única. Hasta muy recientemente el origen de estas propiedades era un misterio. Ahora podemos ver que las instrucciones para edificar un Cosmos coherente y uniforme están escritas en las leyes de la física. La superfuerza posee exactamente los rasgos precisos para hacerse cargo del Universo primitivo y organizarlo en una estructura unificada con la simplicidad a gran escala que observamos ahora.

EL PRINCIPIO DE MACH: EL VÍNCULO ENTRE LO GRANDE Y LO PEQUEÑO

Aunque todos podemos reconocer la penetrante unidad de *forma* del Universo, deseamos encontrar una unidad cósmica más profunda que vincule íntimamente nuestra región local con la gran totalidad. Enlazar lo grande y lo pequeño, lo global y lo local, posee el fuerte atractivo de hacernos sentir unidos a toda la creación, un objetivo místico común a la mayoría de las religiones del mundo. Indudablemente mucha gente se siente unida espiritualmente a la totalidad de las cosas, pero hay también en la ciencia una tradición paralela de forjar tales vínculos.

Uno de los primeros argumentos científicos en favor de la existencia de una profunda conexión entre la estructura a gran escala del Universo y la física local fue enunciado por el físico y filósofo austríaco Ernst Mach (1838-1916), inmortalizado también por el uso de los "números de Mach" como unidad de la velocidad del sonido. Aunque Mach abrazó algunas ideas erróneas (no creía en los átomos), su trabajo sobre la naturaleza de la inercia, posteriormente dignificado con el título de principio de Mach, ha demostrado ser una de las especulaciones más duraderas de la ciencia. Las ideas de Mach ejercieron una profunda influencia en el joven Einstein en sus intentos de formular la teoría general de la relatividad. Einstein reconoció explícitamente su deuda con Mach en una carta escrita en junio de 1913, tras la publicación del libro de Mach *La ciencia de la mecánica* el año anterior.

Mach nació en la ciudad de Turas, en lo que ahora es Checoslovaquia. Fue profesor de matemáticas y de física en la Universidad de Graz. Luego se trasladó a Praga y más tarde a Viena, donde fue profesor de filosofía y se unió al denominado movimiento positivista. Mach creía que la realidad debe arraigarse en las observaciones, punto de vista éste que hizo extensivo a sus ideas cosmológicas.

Mach estaba profundamente interesado en la naturaleza del movimiento y, en particular, por la distinción que se había hecho entre movimiento real y aparente. Nuestros antepasados creían que los cielos giraban en torno a la Tierra, que la Tierra estaba fija en el centro del Universo, y que el Sol, la Luna y las estrellas seguían, todos ellos, trayectorias curvas. Era una creencia perfectamente natural, ya que vemos como los cuerpos celestes se mueven de un lado a otro del cielo. Pero en el siglo XVII estas ideas estaban ya desacreditadas y se consideraba que el movimiento de los cuerpos celestes era sólo aparente. En realidad, es la Tierra la que gira.

¿Cómo demostraríamos a un escéptico que la rotación de las estrellas es tan sólo aparente y que es la Tierra la que gira sobre su eje? Podríamos apelar a la dinámica de Newton. La Tierra en rotación experimenta efectos centrífugos que provocan su abultamiento en el ecuador. Cuidadosas mediciones muestran que la Tierra es 43 km más ancha en el ecuador que de polo a polo. La razón de este abultamiento del ecuador se debe a la existencia de la inercia.

La inercia es una propiedad de la materia con la que todos nosotros estamos familiarizados. Los objetos pesados poseen una gran inercia, lo cual significa que son difíciles de mover, pero una vez hemos logrado que se muevan son difíciles de detener. Los objetos ligeros se pueden mover mucho más fácilmente. Gracias a la inercia, la Tierra sigue moviéndose por el espacio. Sin su inercia, la Tierra se detendría en su órbita y caería hacia el Sol. La inercia nos proyecta fuera del asiento cuando el coche frena de golpe, y "deja nuestros estómagos atrás" en un ascensor que baja bruscamente. Es nuestra inercia la que nos empuja hacia fuera en el tiovivo y nos aplasta contra la pared de una rueda giratoria. Esta tendencia de la inercia a "expulsar" la materia de los cuerpos que giran –llamada a veces fuerza centrífuga– es la responsable del abultamiento ecuatorial de la Tierra.

¿Qué relación hay entre la inercia y las demás fuerzas de la naturaleza? Para responder esta pregunta retrocedamos hasta el propio Newton y su primera descripción sistemática de las leyes del movimiento. La característica principal de la obra de Newton fue reconocer que el movimiento uniforme –movimiento a velocidad constante– es totalmente relativo. Supongamos que estamos encerrados en una caja opaca en las profundidades del espacio. No hay modo alguno de determinar si la caja está inmóvil o se desplaza uniformemente. Este estado de cosas es muy parecido a lo que ocurre a bordo de un avión en vuelo uniforme. Nuestra experiencia de fuerza y movimiento en el avión es indistinguible de la que tenemos en una habitación en el suelo. El movimiento uniforme del avión no afecta de ninguna manera el comportamiento de los objetos en su interior; caminar, comer, respirar, y todas las demás actividades parecen normales.

¿Por qué, entonces, decimos que el avión se mueve? Si miramos por la ventanilla podremos ver que el suelo se desliza bajo nuestros pies, pero lo que aquí realmente entendemos por movimiento es el hecho de que el avión se mueve *con relación* al suelo. El suelo, por supuesto, no está inmóvil. La Tierra gira en torno al Sol (tampoco sentimos este movimiento) y el Sol gira en torno a la galaxia.

Es importante tener presente que el espacio en sí no posee puntos de referencia, y así es imposible medir nuestro movimiento como tal a través del espacio. Una región cualquiera del espacio es indistinguible de todas las demás. No podemos ver o sentir cómo el espacio "pasa junto a nosotros", como tampoco puede hacerlo un pez que nada en medio del océano. No hay "estelas" que nos ayuden a medir nuestra velocidad. Permanecer "inmóvil" en el espacio no posee ningún significado observable; éste es un hecho del que Newton fue muy consciente: «Porque es posible que no exista realmente ningún cuerpo inmóvil con quien pueda compararse la situación y el movimiento de los demás.»

La relatividad del movimiento uniforme está presente en las leyes de la mecánica de Newton, que afirman que no hace falta ninguna fuerza o agente físico para mantener el movimiento uniforme. Al contrario, un cuerpo seguirá moviéndose uniformemente a menos que intervenga algo que altere su estado. En ausencia de fuerzas externas, la inercia del cuerpo lo impulsa constantemente hacia delante.

En la Tierra es muy difícil eliminar el efecto de otras fuerzas. El deslizamiento de un disco de jockey sobre una superficie de hielo se acerca mucho al movimiento libre. La inercia del disco hace que, una vez en movimiento, siga moviéndose a una velocidad razonablemente constante, sin necesidad de ninguna fuerza propulsora. Un automóvil, por el contrario, experimenta tanta fricción y resistencia del aire que su inercia se ve pronto superada por estas fuerzas. El automóvil se detendrá muy pronto una vez parado el motor.

En contraste con la relatividad del movimiento uniforme, el movimiento acelerado o no uniforme posee un carácter completamente distinto. Si un avión se ladea bruscamente, entra en picado, o aumenta su velocidad, los pasajeros notan inmediatamente esta interrupción de su movimiento anterior. Incluso dentro de una caja opaca en medio del espacio, una aceleración del movimiento será instantáneamente percibida.

¿Cómo reconocemos tan fácilmente una aceleración del movimiento? La clave está en la inercia. Los cuerpos sometidos a aceleración intentan resistirse a ella. La rotación es un caso particular de movimiento acelerado o no uniforme. Si la caja opaca empezara a girar sobre sí misma, nos sentiríamos empujados contra sus paredes al tiempo que nuestro cuerpo intentaría seguir un rumbo rectilíneo y la caja le obligaría a seguir su trayectoria curva. Podemos, pues, decir que, si el movimiento uniforme es relativo a otros cuerpos, el movimiento acelerado es absoluto.

Algunos científicos y filósofos han sido incapaces de aceptar esta conclusión. El filósofo y obispo irlandés George Berkeley –casi contemporáneo de Newton– escribió: «Creo que podemos descubrir que todo movimiento absoluto imaginable no es más, en el fondo, que movimiento relativo.» La argumentación de Berkeley era que, puesto que el espacio no posee rasgos distintivos, no podemos concebir *ninguna* forma de movimiento a través del espacio como tal. Sólo en referencia a otros cuerpos materiales podemos dar sentido a este concepto:

«Basta con reemplazar "espacio absoluto" por un espacio relativo determinado por el cielo de las estrellas fijas... Movimiento e inmovilidad, definidos por este espacio relativo, pueden utilizarse convenientemente en vez de los absolutos.»

Berkeley introduce aquí un factor crucial e intrigante, las "estrellas fijas". Hoy sabemos que las estrellas no son realmente fijas, sino que se mueven en la galaxia. Sin embargo, este movimiento es apenas discernible debido a su lejanía. La importante sugerencia que hace Berkeley es que los objetos muy distantes del Universo actúan en cierta medida como un marco de referencia respecto al cual podemos juzgar todo movimiento.

Tras este debate sobre el movimiento está la cuestión misma de la naturaleza del espacio y la distinción entre espacio y nada. Aristóteles proclamó que la "naturaleza aborrece el vacío", y argumentó que el vacío es la nada y que, por tanto, no puede existir. El espacio aparente entre los cuerpos es concebible sólo en tanto está lleno de sustancia, sea etérea o de otro tipo.

La tradición del vacío –espacio desprovisto de materia que existe por derecho propio– tuvo también sus partidarios. Entre ellos se hallaba Newton, que consideró lo que llamó «El espacio absoluto... sin relación con nada externo.» El espacio absoluto de Newton fue ridiculizado por su rival, Gottfried Leibniz, quien declaró: «No hay espacio donde no hay materia.»

La física moderna cierra esta antigua controversia al reemplazar el espacio con un vacío cuántico que proporciona una especie de textura a lo que superficialmente es tan sólo vacuidad. Pero el vacío cuántico, que está repleto de partículas virtuales, se halla a una gran distancia del fluido continuo imaginado por Aristóteles.

Newton creía que podía probar científicamente la existencia del espacio absoluto a partir de los efectos de la inercia. El abultamiento ecuatorial de la Tierra demuestra que es la Tierra la que gira, no las estrellas. La rotación de la Tierra, declaró Newton, no lo es sólo en relación a las estrellas; es absoluta. La Tierra gira *realmente* en el espacio absoluto.

Berkeley atacó esta última afirmación argumentando que si en el Universo no hubiera más que un cuerpo, el concepto de movimiento –uniforme o de otro tipo– carecería de significado. «Si no hubiera más que un globo», escribió Berkeley, «ninguno de sus movimientos sería concebible.» Seríamos incapaces de determinar si gira o no. Berkeley proseguía: «Supongamos que existen dos globos, y nada corpóreo a su lado.» En esas circunstancias podemos dar sentido al concepto de movimiento relativo de los globos que se acercan o se alejan uno de otro, pero de todos modos «la imaginación no puede aún concebir un movimiento circular de los dos globos en torno a un centro común». Por otra parte: «Supongamos que se crea el firmamento de las estrellas fijas; de pronto, a partir de la idea de acercamiento de los globos a las diferentes partes del cielo puede concebirse el movimiento (de revolución).»

Pese al éxito de la mecánica newtoniana, esos sentimientos de Berkeley permanecieron vivos y recibieron eco dos siglos más tarde en Mach, que se negó a trazar una distinción fundamental entre movimiento relativo uniforme y no uniforme, proclamando que «los movimientos acelerado e inercial [es decir, uniforme] dan el *mismo* resultado». Pero ¿cómo podía Mach reconciliar su creencia de que incluso los movimientos acelerados, como la rotación, son puramente relativos, con la existencia de fuerzas inerciales, como los efectos centrífugos responsables de que un cuerpo que gira se abulte en el ecuador? Después de todo, Newton había lanzado un reto bien explícito a todos aquellos que dudaban de la existencia del movimiento absoluto: «Los efectos que distinguen el movimiento absoluto del relativo son las fuerzas centrífugas... Porque en un movimiento circular que es puramente relativo no hay tales fuerzas.»

Mach aceptó el reto y argumentó que si la rotación es meramente relativa a las estrellas "fijas", entonces las fuerzas centrífugas experimentadas por un cuerpo que gira deben ser *causadas* por las estrellas. La hipótesis de Mach conduce nada menos que a la afirmación de que la inercia tiene su origen en las lejanas profundidades del Universo. Si aceptamos esta explicación de la inercia, podemos desechar el espacio absoluto de Newton y considerar que todo movimiento es relativo. Esta línea de argumentación, conocida en la actualidad como principio de Mach, ha ejercido una extraña fascinación sobre varias generaciones de físicos. Ha levantado también fuertes críticas. El mismo Lenin la atacó.

¿Es operativo el principio de Mach? El primer problema es explicar la naturaleza del vínculo que hace que las lejanas estrellas produzcan efectos inerciales en un cuerpo en la Tierra o en cualquier otro objeto del Universo. Un indicio nos lo ofrece el hecho de que la fuerza centrífuga produce la misma sensación que una fuerza gravitatoria. Uno de los planes para una futura estación espacial es una estructura en forma de rueda diseñada para girar en torno a su eje a la velocidad precisa para simular una "*g*" en su periferia. Esto se basa en la idea de la "gravedad artificial". El íntimo parecido entre las fuerzas centrífuga y gravitatoria lo comprendió tanto Galileo como Einstein. De hecho, uno de los principios básicos de la teoría general de la relatividad es que, a nivel local, las dos fuerzas *son* idénticas. Es, pues, natural tener en cuenta el campo gravitatorio del Universo para explicar la fuerza centrífuga y otras fuerzas inerciales.

¿Cómo puede producir inercia la gravedad de las estrellas? Una posible idea es suponer que un cuerpo que gira envía alguna especie de influencia gravitatoria que reciben las estrellas. Las estrellas se alteran ligeramente y generan su propio efecto gravitatorio que actúa de vuelta sobre el cuerpo que gira. La reacción produce lo que llamamos una fuerza centrífuga, pero esta fuerza es realmente un efecto gravitatorio de origen cósmico. La contribución de cualquier estrella determinada a la fuerza centrífuga tiene que ser enormemente pequeña, debido a las grandes distancias implicadas, pero el número de estrellas es tan enorme que el efecto acumulativo puede ser importante. Es una fascinante conjetura. ¡Cada vez que "dejamos el estómago atrás" son las remotas galaxias, a centenares de millones de años luz de distancia, las que están tirando de él!

El problema con esta simple explicación es que, de acuerdo con la teoría de la relatividad, una alteración gravitatoria no puede viajar más rápidamente que la luz. Incluso a la velocidad de la luz se necesitarían muchos millones de años para que el "eco" gravitatorio de un cuerpo que gira regresara a él. Pero sabemos que los efectos centrífugos ocurren instantáneamente, tan pronto como un cuerpo empieza a girar.

Einstein creyó encontrar un modo de superar el problema del lapso de tiempo formulando el principio de Mach como parte de sus investigaciones cosmológicas. Extrañamente, la idea sólo funcionaba si el Universo es curvo. Y no solamente curvo, sino con el tipo de curvatura que lo hace espacialmente cerrado (una hiperesfera). Un espacio infinito y sin límites no encajaba. Ello dio lugar a un extenso y confuso debate, que continúa aún hoy en día, respecto a hasta qué punto la teoría de la relatividad general de Einstein debía incorporar el principio de Mach.

En 1949, el matemático y lógico Kurt Gödel descubrió una solución a las ecuaciones del campo gravitatorio de Einstein que describe un Universo en rotación. El modelo de Gödel no representa necesariamente el Universo real, pero es, de todos modos, una posibilidad lógica dentro de la teoría de Einstein. Según el principio de Mach, un Universo en rotación es imposible, porque ¿en relación a qué girará todo el Universo?

Por otra parte, algunos de los efectos que predice la relatividad general poseen un distinto sabor machiano. Uno de ellos fue mencionado por Einstein en su carta a Mach. Supongamos que las fuerzas de la inercia sobre un cuerpo son debidas a la acción gravitatoria de la restante materia del Universo. El efecto predominante procederá obviamente de la materia situada a gran distancia, ya que allí es donde se concentra la mayor parte. Sin embargo, los cuerpos más cercanos ejercerán también un pequeño efecto. Einstein invitó a Mach a considerar un cuerpo encerrado en un pesado caparazón de materia, caparazón que gira en relación a las estrellas fijas. Si las ideas de Mach son correctas, el marco de referencia respecto al cual debe medirse el movimiento del cuerpo encarcelado es una especie de promedio asociado con todo el resto de materia del Universo, y al calcular este promedio el caparazón esférico no puede ser excluido. Su contribución al marco general de referencia cósmico será evidentemente muy pequeña, pero no cero. Su valor puede obtenerse a partir de la teoría. El cálculo muestra que, como Mach hubiera esperado, la rotación del caparazón genera, de hecho, una pequeña fuerza de inercia. Esta fuerza actúa sobre el cuerpo situado en su interior e intenta hacerlo girar.

Sorprendentemente, tales efectos pueden ser observables en la realidad. Consideremos, por ejemplo, las experiencias de un giroscopio en órbita en torno a la Tierra. El movimiento del giroscopio se ve afectado por la curvatura espacial de la Tierra, y a medida que la Tierra gira, se "retuerce" la curvatura espacial. Esto tiene el efecto de retorcer también el giroscopio. El efecto es muy pequeño –se necesitarían millones de años para que el giroscopio diera una vuelta completa sobre sí mismo–, pero es posiblemente detectable con la tecnología actual si colocamos el giroscopio en una caja protectora para eliminar otros trastornos no gravitatorios como el viento solar. Un proyecto de este tipo ha sido considerado por el profesor William Fairbank de la Universidad de Stanford, de quien ya hablamos en el Capítulo 8 en relación con el experimento de los quarks libres.

En cuerpos de mayor masa, el efecto de "arrastre" de una curvatura espacial en rotación puede ser más pronunciado. El caso más extremo es el de un agujero negro en rotación, donde un objeto cercano puede ser arrastrado con una violencia tal que ninguna fuerza en el Universo podría detenerlo. Esta acción espectacular se designa a menudo en la literatura popular con el término de "vórtice espacial" en torno al agujero.

Es probable que el principio de Mach no pueda ser verificado experimentalmente. ¿Cómo determinar si el ecuador de una Tierra en rotación en un Universo vacío se abultaría, cuando no podemos vaciar el Universo para averiguarlo? Por otra parte, es posible imaginar un experimento en el cual el principio sea refutado. Si pudiéramos determinar, con la ayuda de mediciones muy precisas, que el Universo gira en sentido absoluto, entonces el principio de Mach quedaría desacreditado.

Una rotación cósmica absoluta señalaría un eje preferido en el espacio, y cabría esperar que esta dirección privilegiada se manifestara por sí misma en la disposición de la materia y la energía del Universo. Se sabe que la radiación calórica cósmica es uniforme en todas direcciones, al menos en una parte sobre diez mil, y a partir de ello puede establecerse una cota estricta a toda posible rotación cósmica. De hecho, se puede demostrar que el Universo no puede haber girado sobre sí mismo más que unos pocos grados en toda su historia. Así, al menos con un alto grado de exactitud, el movimiento del Universo parece encajar con el principio de Mach.

SEÑALES DEL FUTURO

Como muchos científicos profesionales, son un aficionado a la ciencia ficción. Hace un par de años leí la novela de Gregory Benford *Cronopaisaje*. Imaginen mi sorpresa cuando, al poco de empezar el libro, me encontré con un personaje llamado Paul Davies, un físico con un interés apasionado por el tiempo que declaraba con autoridad que es posible enviar señales al pasado. Su consejo es tomado en serio, y el protagonista intenta comunicarse con un científico de una generación anterior a fin de salvar al mundo de la catástrofe.

Mi inesperada presencia en un libro de ficción se debió a mi gran interés por la naturaleza del tiempo. Me sentí fascinado por primera vez por la idea de enviar señales al pasado tras escuchar una conferencia de Fred Hoyle celebrada en la Royal Society de Londres cuando yo era estudiante. Hoyle dijo que las famosas ecuaciones del campo electromagnético de Maxwell, que describen la propagación de las ondas electromagnéticas, encerraban la posibilidad de que estas ondas pudieran viajar hacia atrás en el tiempo.

Podemos comprender esta sorprendente conclusión mediante una analogía con las ondas de agua normales. Si arrojamos una piedra a un estanque tranquilo, las ondas creadas se alejarán del punto de alteración y morirán en las paredes del estanque. Estas ondas son fáciles de producir. Por otra parte, nunca encontramos estructuras organizadas de ondas que aparezcan en las paredes de un estanque y converjan en el centro. Sin embargo, los procesos físicos que controlan las ondulaciones son perfectamente reversibles. Cada porción de onda puede moverse hacia atrás. Pese a ello, sólo el tipo de ondas que se alejan del centro son producidas espontáneamente en la naturaleza. Es cierto que se pueden generar artificialmente ondas convergentes, por ejemplo arrojando horizontalmente un anillo en la superficie del estanque, pero esto es mucho más difícil de conseguir que la producción de ondas que avanzan hacia el exterior. ¿Por qué?

El carácter unidireccional de las alteraciones de las ondas se extiende a todo tipo de movimiento ondulatorio e imprime en nuestro Universo una "dirección temporal", es decir una distinción entre pasado y futuro. Si filmáramos las ondas de un estanque y pasáramos la película al revés, el engaño sería manifiesto. En el caso de las ondas electromagnéticas, como las ondas de radio, la idea de una estructura coherente de ondas que convergen en un punto parece absurda. Comoquiera que las ondas de radio pueden propagarse hasta los límites del Universo, la aparición de una estructura convergente sería producto de alguna enorme conspiración cósmica en la cual las ondas acudieran del espacio infinito en todas direcciones, exactamente al ritmo adecuado.

Debido a la conexión entre el movimiento ondulatorio y la dirección del tiempo, pensamos que las ondas que se alejan van hacia el futuro, mientras que las ondas que llegan o convergen están temporalmente invertidas, es decir, van hacia el pasado. Las primeras se llaman ondas "retardadas", puesto que llegan después de haber sido enviadas, mientras que las últimas reciben el nombre de "avanzadas", puesto que llegan antes de su transmisión. Desde Maxwell, se ha creído que las ondas electromagnéticas avanzadas son *posibles* –están permitidas por la lógica de la teoría–, pero son físicamente tan ridículas como el viaje por el tiempo y deben ser descartadas.

La mayoría de los científicos se han limitado a rechazar las ondas avanzadas como fuera de lugar, sin preguntarse por qué el Universo las excluye tan tajantemente. Notables excepciones fueron John Wheeler y Richard Feynman. A finales de la Segunda Guerra Mundial publicaron un intrigante ensayo donde intentaban explicar por qué las ondas electromagnéticas retardadas son la norma y exploraban la posibilidad de que existieran ondas avanzadas (ondas procedentes del futuro). Wheeler era por aquel entonces un físico nuclear que había trabajado en la fisión del átomo con Niels Bohr y Enrico Fermi, mientras que Feynman era un estudiante que, poco después, conseguiría un gran éxito al formular la EDC y recibir el premio Nobel.

Wheeler y Feynman decidieron investigar qué ocurriría en un mundo donde las ondas avanzadas y retardadas existieran en un mismo plano de igualdad. En este hipotético universo, un transmisor de radio enviaría señales tanto al pasado como al futuro. Cabría pensar que estas circunstancias darían lugar a conclusiones absurdas, pero Wheeler y Feynman demostraron que no tenía por qué ser así.

Consideremos el destino de las fastidiosas ondas avanzadas que abandonan el transmisor y viajan por el espacio retrocediendo en el tiempo. A la larga, esas ondas tropezarán con materia, en la forma de partículas cargadas eléctricamente, quizá como tenue gas en el espacio intergaláctico. Las ondas pondrán estas cargas en movimiento, las cuales a su vez generarán ondas secundarias de la misma frecuencia, pero la mitad de ellas retardadas y la mitad avanzadas. La parte retardada de esas ondas secundarias viajará hacia delante en el tiempo, creando un débil eco en el transmisor en el instante de la transmisión original. Obtendremos así un complejo entramado de alteraciones y ecos que saltan hacia delante y hacia atrás en el espacio, y hacia delante y hacia atrás en el tiempo.

Aunque el eco de una partícula cargada será inconcebiblemente pequeño debido a su gran distancia del transmisor, si el Universo contuviera tantas partículas que fuera opaco a las radiaciones electromagnéticas, el efecto acumulativo de todos los ecos tendría la misma potencia que la señal original. Un análisis más detenido muestra algo aún más extraordinario. El eco, que atraviesa la onda avanzada original en cualquier lugar del espacio, se encuentra exactamente desfasado con respecto a ella. Esto tiene el efecto de cancelar completamente la onda adelantada por interferencia destructiva. ¡Todas las señales enviadas al pasado son exactamente canceladas por sus propios ecos! Así pues, Wheeler y Feynman llegaron a la conclusión de que, en un Universo opaco, sólo habría ondas electromagnéticas retardadas, aunque cada partícula cargada radiara simétricamente y a la vez ondas avanzadas y retardadas.

El sorprendente resultado del análisis de Wheeler y Feynman es consistente porque, en su teoría, la actividad electromagnética de cualquier partícula cargada no puede separarse del resto del Universo. La ondas producidas en un lugar no pueden separarse de los ecos que ellas mismas inducen y que proceden de las más distantes regiones del Cosmos. Más aún, dado que las señales avanzadas pueden propagarse hacia atrás en el tiempo, no hay ningún retraso en el regreso del eco (éste era el problema respecto al "eco" gravitatorio necesario para producir una fuerza de inercia). De este modo, cualquier humilde aparato transmisor de radio se convierte literalmente en un acontecimiento cósmico.

EL TODO Y SUS PARTES

La teoría de Wheeler y Feynman es machiana en cuanto intenta vincular lo local y lo global en un entramado de influencias y nos permite comprender los sistemas físicos individuales sólo mediante las adecuadas referencias a la totalidad. La teoría es especulativa, pero parece razonable admitir que la ausencia de ondas avanzadas en la naturaleza requiere en definitiva una explicación cosmológica, y que la dirección del tiempo es de origen cosmológico. De este modo, el hecho de que el mundo que nos rodea presente una clara distinción entre pasado y futuro es un ejemplo del vínculo que existe entre lo grande y lo pequeño, entre el todo y sus partes.

Es posible que haya otros vínculos de este tipo. El monopolo magnético proporciona otro ejemplo posible. Como vimos en el Capítulo 9, cuando Dirac investigó originalmente los monopolos magnéticos, encontró que el valor de la carga magnética de un posible monopolo está ligada por las leyes de la electrodinámica cuántica a la unidad fundamental de carga eléctrica, la del electrón. Así, la existencia de un solo monopolo magnético en todo el Universo obliga a la carga eléctrica de cada electrón a ser la que es. En consecuencia, la carga de un electrón cercano puede depender de la existencia de un monopolo magnético al otro extremo del Cosmos.

En los últimos años se ha prestado mucha atención al papel de la física cuántica en el establecimiento de vínculos entre las partes y el todo. Una elocuente exposición del tema nos la ofrece David Bohm en su libro *La totalidad y el orden implicado*, donde escribe: «La teoría cuántica posee un tipo fundamentalmente nuevo de relación no local, que puede ser descrito como una conexión no causal entre elementos distantes.»

Bohm presenta una analogía entre el orden del Universo cuántico y el orden de un holograma. Un holograma es un dispositivo para codificar información acerca de una imagen. La escena codificada puede reconstruirse en forma de imagen tridimensional proyectada con luz láser. La información sobre la escena está almacenada en una placa fotográfica, pero en una forma irreconocible por el ojo humano. De hecho, la información se almacena codificándola mediante la interferencia de dos rayos láser, y el proceso es generalmente muy complejo. Tan sólo puede ser recuperada recurriendo de nuevo a los láseres. En una placa fotográfica convencional, cada rasgo de la imagen proyectada tiene su contrapartida en un lugar de la placa; existe una correspondencia unívoca entre las partes de la placa y las partes de la imagen. Un holograma es algo completamente distinto. Cada rasgo de la imagen se halla codificado a lo largo de toda la placa fotográfica. La diferencia se hace obvia si iluminamos sólo un fragmento de la placa. La imagen recreada permanece intacta, aunque algo degradada en calidad, ya que hay aún información disponible y sin utilizar en la otra porción de la placa. Algo totalmente distinto sucede con una placa convencional, donde una iluminación parcial produce una imagen proyectada carente de algunas de sus partes.

Otros autores, como Fritjof Capra en *El Tao de la Física* y Gary Zukav en *Los Maestros Danzarines Wu Li*, han hecho hincapié en el paralelismo entre la física cuántica y el misticismo oriental, con su énfasis en la unidad de la existencia y las sutiles relaciones entre el todo y sus partes.

La visión holística del mundo que nos ofrece la física de los cuantos surge en gran medida del carácter no local de los estados cuánticos, como ya vimos en el Capítulo 3. Recordemos que en el experimento de Einstein, Podolsky y Rosen, dos partículas permanecen íntimamente vinculadas aunque estén muy separadas entre sí. En una situación tal no es posible considerar que cada partícula existe por separado en ausencia de la otra.

Más generalmente, podemos considerar que una partícula cuántica posee una propiedad bien definida, como posición o movimiento, tan sólo dentro del contexto de alguna disposición experimental especificada en la cual disponemos de un aparato paramedir tal propiedad. Tiene sentido, por ejemplo, hablar de una "partícula en un determinado lugar" tan sólo si forma parte de un complejo sistema diseñado para medir su posición. En ausencia de un contexto de medición, hablar de la localización de la partícula carece por completo de sentido. Así, pues, podemos definir la posición de una partícula cuántica solamente dentro del marco de un sistema macroscópico de medida que contenga en su interior incontables millones de millones de otras partículas cuánticas. La posición de la partícula es realmente un concepto colectivo u holístico.

Hay aquí un vínculo sutil entre la realidad del mundo microscópico y el mundo macroscópico cotidiano. En última instancia, no podemos separar la realidad cuántica de la estructura de todo el Universo, y así el estado de una partícula en especial es significativo tan sólo cuando es considerado en el contexto de la totalidad. Los mundos microscópico y macroscópico se hallan interconectados, y nunca podrán ser separados.

La idea de que en el Universo hay un orden no causal, holístico, no se originó con la moderna física. La astrología, por ejemplo, es un intento de discernir un orden cósmico en el cual los asuntos de los seres humanos se hallen reflejados en la organización de los cielos. El psicoanalista Carl Jung y el físico cuántico Wolfgang Pauli propusieron un principio de conexión no causal que llamaron sincronicidad. Compilaron datos en favor de un orden omnipresente en el cual acontecimientos en apariencia independientes se producen en conjunción de una forma significativa. Algunos de tales acontecimientos son casos documentados de extraordinarias coincidencias, mucho más allá de las expectativas del azar. Un relato popular de esas ideas nos lo ofrece Arthur Koestler en su libro *Las raíces de la coincidencia*.

Hay un elemento de paradoja en todas estas ideas, que recuerda al Zen y también a los "extraños bucles" discutidos por Douglas Hofstadter en su libro *Gödel, Escher, Bach*. El todo sostiene a las partes, que a su vez constituyen el todo. Necesitamos al Universo antes de que podamos dotar de realidad concreta a los átomos que constituyen el Universo. ¿Qué "es primero", los átomos o el Universo? La respuesta es "ninguno de los dos". Lo grande y lo pequeño, lo global y lo local, lo cósmico y lo atómico, se apoyan mutuamente y constituyen aspectos inseparables de la realidad. No podemos tener lo uno sin lo otro. La vieja y ordenada idea reduccionista de un Universo que no es más que la suma de sus partes ha sido completamente desacreditada por la nueva física. Existe una unidad en el Universo, que va mucho más allá de una mera expresión de uniformidad. Es una unidad que proclama que sin todo no se puede conseguir nada.

14. ¿Un plan cósmico?

UN UNIVERSO RACIONAL

Steven Weinberg escribió en una ocasión: «Cuanto más comprensible nos parece el Universo, más falto de propósito nos parece también.» Weinberg es uno de los físicos teóricos más importantes del mundo y probablemente ha hecho más que nadie en su generación para unificar la física. Coarquitecto de la teoría unificada de las fuerzas débil y electromagnética, Weinberg es capaz de inspeccionar buena parte de la física y la cosmología modernas con su mirada experta y extraer una muy razonada conclusión. Su observación es análoga a muchas otras efectuadas por científicos de hoy, que infieren de sus investigaciones que el Universo no posee ninguna finalidad discernible y parece ser un enorme accidente sin significado.

Curiosamente, otros científicos, a partir del mismo conjunto de principios y con los mismos datos técnicos, llegan a conclusiones completamente distintas. Algunos, como Erwin Schrödinger, admiten con desconcierto: «No sé de dónde vengo, ni adónde voy, ni quién soy.» Para ellos, la naturaleza es demasiado sutil, demasiado profunda. Quizás arañemos la superficie de la realidad, pero nunca podremos alcanzar las vastas e insondables profundidades de misterio que yacen más abajo. Todo lo que podemos esperar es sondear algunos de los principios que rigen el Cosmos y maravillarnos ante la belleza de todo ello. El alcance de nuestra visión es demasiado reducido para permitirnos resolver los profundos problemas del sentido y el propósito.

Unos pocos científicos, sin embargo, son más osados, más positivos. Conceden fácilmente que nuestro conocimiento de las obras de la naturaleza es limitado y tentativo, pero son optimistas respecto al éxito final en la búsqueda de las leyes auténticamente fundamentales que rigen el Universo. John Wheeler ha escrito: «Un día se abrirá una puerta y aparecerá el rutilante mecanismo central del mundo en toda su belleza y simplicidad.»

Incluso hay otros que están dispuestos a mantener que el "rutilante mecanismo central" está casi a nuestro alcance. Stephen Hawking dio una conferencia titulada "¿Se halla a la vista el fin de la física teórica?" en ocasión de su toma de posesión de la Cátedra Lucasiana en la Universidad de Cambridge, un puesto que en su tiempo había ocupado Newton. Hawking argumentó que la supergravedad nos ofrece, por primera vez, la posibilidad de una teoría unificada de la naturaleza en la cual todas las estructuras físicas y todos los procesos son descritos por un único principio matemático. Tal logro, razonó, representará la culminación de la ciencia física. Podremos pensar que la nueva teoría no es simplemente otra aproximación en el interminable camino a la verdad, sino la propia verdad. Entonces tendremos la misma confianza en esta definitiva ley de la naturaleza que la que ahora tenemos en las reglas de la aritmética.

Pocos físicos estarían dispuestos a ir tan lejos, pero muchos se han sentido profundamente inspirados por la notable armonía, orden y unidad de la naturaleza que los recientes adelantos han puesto al descubierto. Están tan impresionados por el modo como las leyes de la naturaleza encajan entre sí que tienden a creer que hay algo detrás de ello; en una expresiva frase de Fred Hoyle, «El Universo es una obra planeada.»

¿Cómo han llegado los científicos a tales conclusiones? En el capítulo anterior se han ofrecido datos en favor de una profunda unidad de la naturaleza. El estudio de la cosmología ofrece pruebas apremiantes de la unidad; la misma disciplina no existiría si no se pudiera hablar del "Universo" como sistema integrado.

Pero los datos van más allá de la unidad. Cada avance en física fundamental parece poner de manifiesto una nueva faceta del *orden*. El éxito mismo del método científico depende de que el mundo físico se rija por principios racionales que, por esta razón, pueden ser desvelados por una investigación racional. Lógicamente, el Universo no tiene por qué ser así. Podemos concebir un Cosmos donde reine el caos; donde, en lugar del comportamiento ordenado de materia y energía, se desarrolle una actividad arbitraria y aleatoria. Las estructuras estables, como átomos, personas o estrellas, no tienen por qué existir. Pero el mundo real no es así. Es ordenado y complejo. ¿No es esto en sí mismo un sorprendente hecho ante el que maravillarnos?

¿Cómo es posible, entonces, que algunos científicos como Weinberg lleguen a la conclusión de que el mundo carece de finalidad? Pienso que se trata en parte de un caso de incapacidad de ver el bosque a causa de los árboles. Un científico profesional está tan ocupado en desenmarañar las leyes de la naturaleza que olvida cuán notable es que estas leyes existan. Puesto que la ciencia presupone leyes racionales, el científico raras veces se para a pensar en el hecho de que esas leyes existen. Del mismo modo que un aficionado a los crucigramas supone implícitamente que hay una solución al jeroglífico que tiene ante sus ojos, en general el científico no cuestiona el hecho de que haya respuestas racionales a sus preguntas científicas.

La actitud del "¿Y qué?" ha impregnado toda la sociedad tecnológica occidental. Incluso los no científicos aceptan sin pensarlo la ordenada actividad del Cosmos. Saben que el Sol saldrá a la hora prevista cada mañana, que una piedra caerá infaliblemente hacia abajo y no hacia arriba, y que los dispositivos y máquinas a su alrededor funcionarán correctamente mientras no sufran algún fallo mecánico. La racionalidad, confianza y orden que se desprende del mundo físico se dan por sentados. Es un hecho tan normal en la vida que raramente provoca ningún sentimiento de maravilla.

LA ARMONÍA DE LA NATURALEZA

Además de la unidad y el orden, los físicos se sienten profundamente impresionados por la inesperada armonía y coherencia de la naturaleza. Tradicionalmente, la física se ha dividido en varias ramas independientes, como la mecánica, la óptica, el electromagnetismo, la gravedad, la termodinámica, la física atómica y nuclear, la física del estado sólido, etc. Esas divisiones bastante artificiales ocultan la elegancia con que esos temas encajan entre sí. No hallamos, por ejemplo, que las leyes de la gravedad entren en conflicto con las del electromagnetismo o de la física del estado sólido. En muchos casos, esta consistencia no se manifiesta completamente, sino que sólo se revela tras un cuidadoso análisis. Un buen ejemplo, próximo a mi propia área de investigación, lo ofrece la segunda ley de la termodinámica. Aunque originalmente, a mediados del siglo XIX, esta ley se aplicó a un conjunto limitado de procesos relacionados con las máquinas térmicas, pronto se vieron sus múltiples aplicaciones y ahora es el regulador de la actividad natural de mayor generalidad que conoce la ciencia. La segunda ley gobierna el intercambio ordenado de energía y materia entre sistemas y prohíbe utilizar la misma cantidad de energía una y otra vez para un propósito útil como accionar una máquina.

En pocas palabras, la segunda ley establece que el desorden nunca dará lugar espontáneamente al orden. Más exactamente, esta ley rige los intercambios de la naturaleza en términos de una cantidad llamada entropía, que es, en líneas generales, el grado de desorden de un sistema físico. En lo que respecta a motores, la entropía está relacionada con la cantidad de energía útil disponible. En cualquier proceso, perdemos el control de parte de energía, que se disipa en el entorno. Cuando la energía ordenada se desordena de este modo, aumenta la entropía. La segunda ley impide que la entropía total de un sistema se reduzca. Ni siquiera la máquina más eficiente puede evitar que el calor se malgaste por la fricción.

Podría suponerse que la variedad y complejidad de los procesos naturales es tan grande –las formas de la energía y la materia y la naturaleza de su actividad constituyen legión– que podremos hallar por lo menos un caso de violación de la segunda ley. No es así. Por muchos nuevos tipos de materia o interacciones que surgan, siempre están obligados a doblegarse a la segunda ley.

Tomemos, por ejemplo, la gravedad. Es un tema que parece no tener ninguna conexión directa con la termodinámica. Sin embargo, un curioso experimento imaginario ideado por Hermann Bondi revela lo contrario. (En lo que sigue he rediseñado ligeramente el aparato.) La figura 29 muestra un balancín hecho de rígida fibra óptica. A cada extremo de la fibra hay una esfera que contiene un único átomo, apropiadamente elegido, y las superficies externas de la varilla se protegen de la luz con un recubrimiento de plata. Supongamos inicialmente que el átomo de la esfera de la izquierda ha sido excitado. Puesto que posee más energía que el átomo de la derecha, pesará más, y así la gravedad intentará mover el balancín hacia abajo por la izquierda y hacia arriba por la derecha. La fuerza de este movimiento puede utilizarse para accionar una dinamo que alimente a una máquina. A la larga la varilla alcanza una inclinación máxima que, para mayor eficiencia, será vertical, con el átomo excitado en la parte inferior (fig. 29[*b*]). La máquina se detiene en este punto.

Hasta ahora, no ha ocurrido nada digno de mención. Pero recordemos que los átomos excitados son inestables y acaban cayendo a un estado de menor excitación emitiendo fotones. Cuando esto le ocurra al átomo excitado de la esfera inferior, un pulso de luz ascenderá por la fibra y, cuando alcance la esfera superior, excitará el átomo contenido en ella, haciéndolo más pesado que el átomo inferior. En consecuencia, la varilla se desequilibrará de nuevo y volverá a girar sin detenerse hasta que el átomo excitado se halle de nuevo abajo y el no excitado arriba. Durante este proceso se obtiene más energía. El ciclo completo se repite *ad infinitum*.

Aunque las fuerzas que aquí actúan son minúsculas y la energía resultante no puede ser calificada de sensacional, en principio el dispositivo parece capaz de generar cantidades ilimitadas de energía sin gasto alguno, a condición de que estemos dispuestos a aguardar el

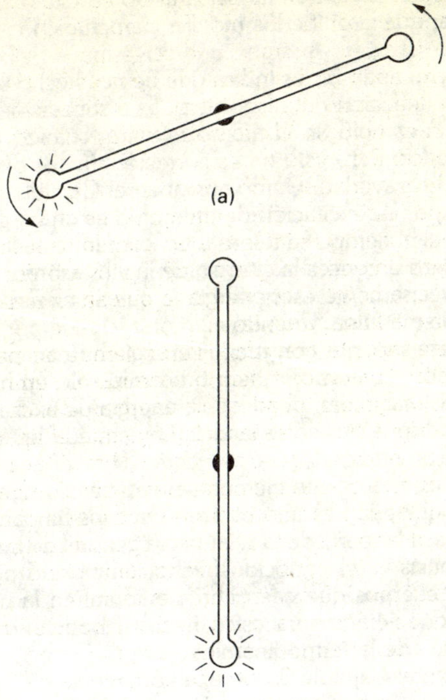

Figura 29. *¿El móvil perpetuo?* La varilla que se apoya sobre su centro es una fibra óptica con una bola en cada extremo, cada una de las cuales contiene un átomo. (*a*) Si el átomo de la izquierda es excitado, pesa más, y la varilla empieza a inclinarse. En principio, puede obtenerse energía de este movimiento. (*b*) A la larga, la varilla alcanzará una posición de reposo vertical, con el átomo excitado (el más pesado) al fondo. Más tarde, el átomo puede desexcitarse y emitir un protón, que ascenderá por la fibra para excitar el átomo en la esfera superior. Esto da lugar a un desequilibrio, que obliga a la varilla a girar de nuevo, permitiendo obtener más energía. Si se prescinde de los efectos de la gravedad sobre el tiempo, este dispositivo viola aparentemente las leyes de la termodinámica al proporcionar una fuente ilimitada de energía.

tiempo suficiente (o que construyamos muchos aparatos). Es una versión moderna del *móvil perpetuo*, tan ardientemente buscado por los inventores medievales como respuesta perfecta a la crisis de la energía. Un dispositivo tal entra en conflicto con la segunda ley de la termodinámica, que prohíbe los *móviles perpetuos*. Pero ¿dónde está el fallo?

Un cuidadoso análisis nos indica que hemos hecho una suposición implícita sobre la acción del dispositivo. Esta suposición es que no se produce ningún cambio en el átomo excitado cuando pasa del lugar superior al inferior. Pero esto no es correcto. Hemos olvidado uno de los efectos de la gravedad. Como vimos en el Capítulo 2, la gravedad retarda el tiempo. La excitación de un átomo es una especie de vibración; así pues, si el tiempo se retarda, también lo hace la frecuencia de la vibración. Pero entonces la energía de la vibración se reduce ligeramente, y es precisamente esta energía la que se extrae del dispositivo para accionar la máquina. Cuando el fotón asciende por la fibra óptica, llegará a la parte superior con menos energía que antes y, o bien será incapaz de excitar el átomo, o bien producirá sólo un nivel menor de excitación. Tras unos cuantos ciclos, la energía de excitación será despreciable y el dispositivo se detendrá. La segunda ley de la termodinámica triunfa de nuevo.

Al discutir este intrigante ejemplo, Bondi señaló que el retraso del tiempo por la gravedad es uno de los principios fundamentales sobre los cuales se basa la teoría de la relatividad general de Einstein. Una de sus consecuencias es el conocido hecho, enunciado por Galileo, de que todos los cuerpos que caen libremente sufren la misma aceleración. Si no conociéramos ya estos hechos, podríamos deducirlos a partir de una ley de la termodinámica.

Vimos ya en el Capítulo 3 que una coherencia similar entre gravedad y mecánica cuántica permitió a Bohr salvar el principio de incertidumbre de Heisenberg de un ataque de Einstein. ¡Qué maravillosos ejemplos de la coherencia de la física!

Hará unos quince años, los físicos creyeron que habían tropezado finalmente con un sistema físico tan extraño que escapaba a las limitaciones de la segunda ley de la termodinámica. Este sistema era el agujero negro.

La primera investigación sistemática de las propiedades termodinámicas de los agujeros negros la emprendió en los años 70 Jacob Bekenstein –que ahora está en la Universidad Ben-Gurion del Negev y entonces era un estudiante graduado en Princeton– siguiendo una sugerencia de Robert Geroch, de la Universidad de Chicago. Bekenstein concibió un "experimento imaginario" en el cual una caja llena de radiación calórica se aproximaba lentamente a la superficie (conocida como horizonte) de un agujero negro, donde era abierta y su contenido sacrificado al agujero, tras lo cual la caja se retiraba de nuevo a una distancia segura (fig. 30).

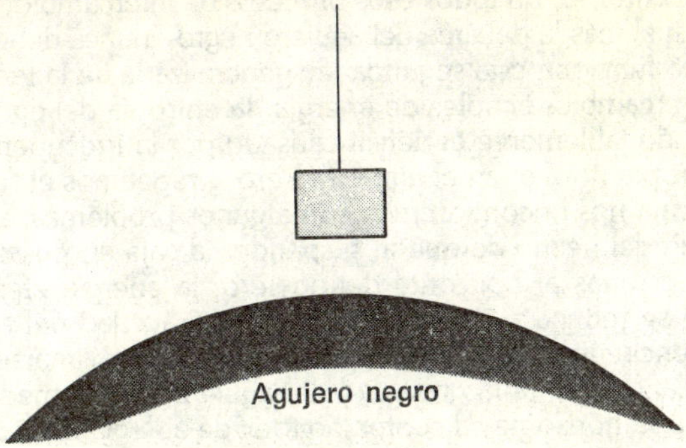

Figura 30. Una caja llena de radiación calórica se baja lentamente hasta la superficie de un agujero negro, donde se abre una trampilla y la energía calórica se vierte al agujero. Parece haber una contradicción con la segunda ley de la termodinámica, puesto que el agujero engulle la entropía del calor pero no su energía, que se extrajo gradualmente en razón del trabajo efectuado al hacer bajar la caja.

La pérdida aparentemente irreversible de calor en el agujero negro reduce la entropía de los alrededores, y Bekenstein conjeturó que el agujero mismo debía contener entropía que aumentaba al devorar el calor de la caja, salvando así la segunda ley. Al darse cuenta de que toda energía sacrificada incrementa inevitablemente el tamaño del agujero negro, concibió la idea de que el área del horizonte del agujero (aproximadamente el área de su superficie) es una medida de su entropía.

Esas especulaciones se asentaron sobre firmes cimientos en 1974, cuando Stephen Hawking, de la Universidad de Cambridge, anunció el resultado espectacular de un nuevo análisis matemático. Hawking aplicó la teoría cuántica, normalmente reservada para átomos y moléculas, al tema de los agujeros negros, y se encontró con la primera de una larga lista de sorpresas. Descubrió que los agujeros negros no son negros en absoluto, sino que están rodeados por un halo de radiación calórica. Siendo consecuencia de una teoría esencialmente atómica, la radiación Hawking es importante solamente para minúsculos agujeros de dimensiones nucleares, pero dota a todos los agujeros de una nueva forma de entropía que confirma la suposición original de Bekenstein: el área del agujero es lo que cuenta. La energía puede entrar en el agujero desde fuera y, si se produce la radiación de Hawking, puede llegar a regresar al entorno. En todos esos procesos de intercambio, la entropía total –la usual más la del área del agujero negro– nunca debe disminuir.

¿Cómo funciona esta segunda ley generalizada de la termodinámica? En intercambios simples de energía, la entropía del agujero negro absorbe indudablemente el déficit causado por la irrecuperable pérdida de entropía normal en el agujero. Pero si repetimos el "experimento" de la caja nos encontraremos con algunos problemas. Los problemas surgen del hecho de que al suspender la caja en posiciones cada vez más cercanas al horizonte del agujero, la energía efectiva de su contenido se reduce a causa de la enorme gravedad del agujero. La razón se encuentra en el trabajo efectuado al aproximarse la caja al agujero. Tan fuerte es la gravedad del agujero que, a medida que se aproxima a su horizonte, el contenido total de energía de la caja (incluida la contribución de su masa en estado de reposo, calculada mediante $E = mc^2$) se reduce a cero. De ello se deduce que si se abre la caja y su contenido se vierte al agujero, la energía depositada será sustancialmente menor que la que contenía originalmente.

No es difícil darse cuenta de la importancia de este déficit de energía. El tamaño de un agujero negro está determinado por su contenido total de energía: añadámosle energía, y aumentará proporcionalmente. La entropía del agujero depende también de su tamaño, es decir, del área del horizonte. En consecuencia, al añadirle energía se eleva la entropía del agujero. El problema con el experimento de la caja es que el déficit de energía mencionado comporta una menor elevación de la entropía del agujero. Bekenstein descubrió que si la caja se abre muy cerca del horizonte, la energía calórica efectiva es tan reducida que no puede adquirir suficiente entropía del agujero negro; es decir, suficiente para compensar la entropía vertida al agujero con la radiación calórica. Se viola la segunda ley y se abre el camino a la construcción de un *móvil perpetuo*.

Tras un análisis concienzudo de la situación, William Unruh, de la Universidad de la Columbia Británica, y Robert Wald, de la Universidad de Chicago, hallaron la solución del problema. La esencia de la argumentación de Unruh y Wald es que una de las influencias cruciales sobre la caja –los aspectos cuánticos del agujero– no fue tomada en cuenta. Desde cierta distancia, el agujero parece envuelto en radiación calórica debido al efecto de Hawking. Aunque si el agujero es grande la temperatura es tan pequeña que puede despreciarse, la temperatura *efectiva* que experimenta la caja suspendida sobre él aumenta progresivamente a medida que se acerca al horizonte.

El aumento de la temperatura efectiva puede interpretarse heurísticamente como sigue. El aumento de la curvatura temporal causada por la gravedad del agujero hace, con mucha imprecisión, que el tiempo discurra más y más lentamente a medida que nos acercamos al agujero, llegando a detenerse por completo en el horizonte; todo ello relativo, por supuesto, a un reloj distante. La radiación calórica, consistente en ondas, contiene incontables relojes naturales –las pulsaciones ondulatorias–, que se ven forzados a tictaquear cada vez más frenéticamente en el dilatado tiempo de las profundidades para llevar el paso con sus contrapartidas superiores y mantener el equilibrio térmico. Las frecuencias más altas corresponden a temperaturas más altas. Así, en un campo gravitatorio, el equilibrio térmico implica no uniformidad de temperatura. Como sea que la radiación de Hawking posee precisamente este carácter de equilibrio, es de esperar que esté más caliente cerca del agujero.

Armados con ello, Unruh y Wald descubrieron pronto que el comportamiento de la caja suspendida se altera drásticamente. Para confinar su propia radiación calórica, la caja tiene que poseer paredes altamente reflexivas. Pero la misma propiedad que mantiene su propia radiación sirve también para alejar la radiación de Hawking. En consecuencia, a medida que la caja desciende, horada una cavidad en la envoltura de calor que rodea el agujero y el desplazamiento resultante de la radiación empuja la caja hacia arriba, exactamente del mismo tipo que el desplazamiento del agua mantiene un bote a flote. Aunque es probable que si Arquímedes lo oyera se revolvería en su tumba, aquí se invoca su celebrado principio.

La fuerza de flotación experimentada por la caja altera toda la competición entre energía y entropía, ya que el peso efectivo de la caja se reduce progresivamente con la profundidad y, en consecuencia, el trabajo efectuado por el descenso disminuirá también. De ello se deduce que el déficit de energía al abrir la caja no será tan grande como se suponía. De hecho, cuando la caja haya descendido lo suficiente, el aumento de la temperatura será capaz de neutralizar por completo el peso del contenido de la caja. No se obtiene ninguna ventaja haciendo descender la caja más allá del punto de neutralización. Cuando se abra la caja y su contenido se sacrifique, la energía vertida al agujero será mínima si el vaciado se efectúa en el punto de neutralización. Unruh y Wald demostraron que esos efectos son suficientes para salvar la segunda ley de la termodinámica, ya que establecen un máximo al déficit de energía adquirido por la caja durante el descenso.

Lo que ocurre si la caja desciende por debajo del punto de neutralización es algo más espectacular. Llegará un momento en que la creciente fuerza ascensional será capaz de sostener todo el peso de la caja; si cortamos la cuerda, ¡la caja flotará en el baño de calor del agujero!

Algo aún más sorprendente ocurrirá si colocamos una caja vacía en el punto de neutralización y allí la abrimos: instantáneamente se llenará de radiación a alta temperatura procedente de la envoltura de calor que recubre el agujero. Esta energía calórica puede ser retirada y utilizada. Al hacerlo, habremos extraído literalmente energía del agujero (fig. 31).

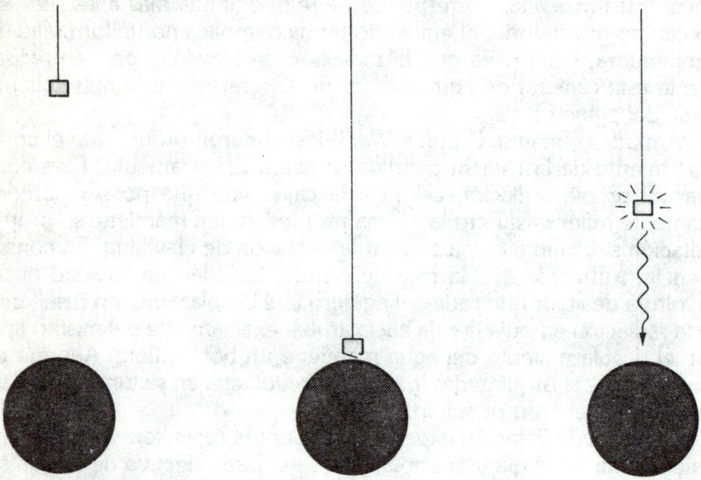

Figura 31. Extracción de energía de un agujero negro. Una caja vacía se acerca al agujero. Se abre una trampilla, permitiendo que la caja se llene de la intensa radiación calórica que acompaña al agujero. Luego la caja se retira y se utiliza la energía calórica. La energía se paga con un flujo de energía negativa que la parte inferior, reflexiva, de la caja emite hacia el agujero negro. Esto reduce la energía (y en consecuencia la masa y el tamaño) del agujero. Así, se extrae efectivamente la energía encerrada en la masa del agujero.

Esto puede parecer totalmente paradójico sin el concepto de "energía cuántica negativa", porque en último término la energía debe originarse en el propio agujero negro, y sin embargo nada, incluida la energía, es capaz de escapar de un agujero negro. De todos modos, puede demostrarse que la energía que aparece en la caja ha sido adquirida, no por extracción directa del agujero, sino inyectándole energía negativa. Este flujo de energía negativa hará que el agujero se encoja un poco para pagar el calor de la caja. De todos modos, el agujero puede ser realimentado dejando caer en él una cantidad equivalente de masa de desecho. Así pues, tenemos a nuestra disposición, en principio, un dispositivo para convertir cualquier materia indeseada en energía calórica.

No estamos sugiriendo que el descubrimiento de Unruh y Wald vaya a resolver los problemas energéticos del mundo, ni siquiera que corresponda remotamente con la realidad. La caja suspendida de una cuerda es una fantasía, un experimento imaginario diseñado para poner a prueba la validez de las leyes de la física. Pero esto no elimina su importancia. Si los principios básicos de la termodinámica, la teoría cuántica, y la gravedad no son compatibles, ni siquiera en una situación imaginaria, entonces nos vamos a ver obligados a abandonar al menos uno de ellos. El hecho de que sean consistentes en unas circunstancias tan exóticas, nos da gran confianza en la validez universal de esas leyes fundamentales.

La moraleja de esta fábula es que en el agujero negro intervienen tres ramas completamente distintas de la física: la gravedad, necesaria para la formación del agujero; la mecánica cuántica, que hace que el agujero resplandezca y emita radiación calórica; y finalmente la termodinámica, que regula el intercambio de energía entre el agujero y su entorno. A primera vista, parece haber una discordancia. El agujero negro parece violar la segunda ley de la termodinámica. De hecho, no es así, pero no lo descubrimos hasta tener en cuenta la física cuántica. Las tres ramas de la física se apoyan mutuamente, incluso en un sistema tan extraño como un agujero negro. Además, la coherencia entre estas disciplinas tan distintas sólo se revela de una manera sutil, tras un cuidadoso examen de algunos efectos infrecuentes (como el fenómeno de la flotación de la caja) que no son obvios a primera vista.

El agujero negro es, pues, un buen ejemplo de cómo la física se articula coherentemente, a veces por las razones más sutiles. Si no conociéramos la mecánica cuántica y tuviéramos sólo las leyes de la gravedad y los agujeros negros a nuestra disposición, hubiéramos llegado a la conclusión de que algo estaba mal. Quizá nos hubiéramos visto obligados a inventar el fenómeno de la radiación de Hawking, y a partir de ahí obtener las reglas de la física cuántica.

GENIO NATURAL

Se cuenta que Newton construyó un elaborado modelo de relojería del sistema solar. Cuando alguien observó lo ingenioso que había sido al construir un mecanismo tan complicado, Newton respondió que Dios tuvo que haber sido mucho más ingenioso al construir el original.

¿Quién no se siente impresionado ante la ingeniosidad del mundo natural? La naturaleza es sorprendentemente ingeniosa en su modo de hacer funcionar las cosas. La saga de la superfuerza es un ejemplo clásico de mecanismo ingenioso. Consideremos el asunto de las simetrías de estimación y de la obtención de fuerzas para conservar la simetría bajo transformaciones generales. Una madre naturaleza menos ingeniosa hubiera puesto las fuerzas directamente, "a mano".

Contemplemos la unificación de las fuerzas. ¡Cuán ingenioso y elegante que todas las fuerzas necesarias para edificar nuestro complejo e interesante mundo sean generadas a partir de una única superfuerza! De nuevo, la naturaleza podría haber elegido el método más burdo de darnos directamente cuatro fuerzas. ¡Como si ya no fuera suficiente! El hecho de que la estructura de campos de estimación sea exactamente, matemáticamente hablando, la necesaria para describir el mundo en términos de la geometría pura de once dimensiones –una estructura única con inesperadas y muy específicas propiedades matemáticas– parece un milagro.

Tan milagroso es lo que la naturaleza ha incluido como lo que ha excluido. Las cuatro fuerzas son precisamente las necesarias para edificar un mundo de modesta complejidad. Sin la gravedad, no sólo no habría galaxias, estrellas o planetas, sino que el Universo no hubiera surgido: porque la noción misma de Universo en expansión y la idea de que el *big bang* es el origen del espaciotiempo se hallan arraigadas en la gravedad.

Sin el electromagnetismo no habría átomos, ni química, ni biología, ni calor ni luz procedentes del Sol. Si no hubiera fuerza nuclear fuerte los núcleos no existirían, y por tanto no habría átomos ni moléculas, ni química ni biología, y ni el Sol ni las estrellas podrían generar calor y luz a partir de la energía nuclear. La fuerza débil juega también un papel crucial en el modelado del Universo. Si no existiera, las reacciones nucleares del Sol y las estrellas no se producirían, y probablemente no habría las supernovas y así los elementos pesados, necesarios para la formación de la vida, serían incapaces de permear el Universo. La vida sería imposible. Cuando recordamos que estos cuatro tipos de fuerzas, cada uno de ellos vital para generar las complejas estructuras que hacen nuestro Universo tan activo e interesante, proceden de una única superfuerza, la ingeniosidad nos sobrecoge por completo.

Igualmente notable es que, si bien las cuatro fuerzas son necesarias para constituir un mundo complejo e interesante, la naturaleza no ha decidido "jugar sobre seguro" y utilizar un par más para mayor tranquilidad. Esta sorprendente economía –sólo lo suficiente para hacer el trabajo, y no más– hizo preguntar al físico matemático inglés Euan Squires: «¿Vivimos en el más simple posible de los mundos interesantes?» Squires llegó a la conclusión de que no se puede construir un Universo que permita el tipo de química que da origen a la vida a partir de fuerzas y campos de una naturaleza más simple que la que percibimos realmente.

La física está llena de tantos ejemplos de ingeniosidad y sutileza que podrían dedicarse volúmenes enteros a su discusión. Una ilustración final bastará, espero, para convencer al lector de que la naturaleza es, de hecho, extraordinariamente lista. El ejemplo ilustra también los temas de la unidad, orden y armonía.

Es imposible concebir un mundo ordenado sin cierto grado de permanencia. Si el mundo cambiara erráticamente de un momento a otro, reinaría el caos. Queremos tener la seguridad de que el coche que hemos estacionado continuará estacionado, de que los muebles permanecen donde los hemos puesto, de que la Tierra no saldrá disparada hacia el espacio interestelar, y así sucesivamente. La propiedad de la materia de "quedarse quieta" es tan básica en nuestra experiencia que raras veces pensamos en ella. El mundo sería realmente horrible si los cuerpos fueran de un lado para otro por su propio impulso, sin que ningún agente los moviera.

Podemos generalizar estas observaciones ya que sabemos que un cuerpo sólo puede ser estacionario dentro de un marco de referencia. Más generalmente, un cuerpo se moverá en línea recta, sin aceleración, si no se le aplica ninguna fuerza. Este hecho elemental está encarnado en las leyes del movimiento de Newton. Con las mismas palabras de Newton: «La descripción de líneas rectas... sobre las que se funda la geometría, corresponde a la mecánica.» Queremos preguntar ahora cómo un cuerpo consigue este milagro, tan vital para el orden del mundo. ¿Cómo sabe qué camino debe seguir? ¿Cómo descubre lo que es una línea recta?

La respuesta hay que buscarla –créanlo o no– en los efectos cuánticos y, en particular, en la naturaleza ondulatoria de las partículas cuánticas. Es un tema que hemos abordado ya en el Capítulo 4. Hace ya mucho tiempo que se sabe que los rayos de luz viajan también en línea recta. De hecho, hay una correspondencia muy íntima entre el movimiento de un cuerpo material y el movimiento de un rayo de luz, incluso en circunstancias más complicadas, cuando hay fuerzas presentes y los caminos son curvos. En esencia, ambos se ajustan a lo que podríamos denominar el principio de indolencia: se mueven de modo que su actividad total sea mínima. (El nivel de actividad puede definirse con precisión en términos matemáticos.) En cierto sentido, tanto el rayo de luz como el cuerpo material siguen ambos el camino más "fácil" disponible. Recordemos que una línea recta es la distancia más corta entre dos puntos. Sin embargo, la luz consiste en ondas, mientras que un cuerpo material es una partícula discreta o una colección de partículas.

Esta unidad de principio entre ondas y partículas sugiere una profunda armonía de la naturaleza con respecto al movimiento. Pero el modo como la naturaleza consigue que el cuerpo material se mueva en línea recta es muy ingenioso. A nivel cuántico, una partícula no sigue en absoluto una trayectoria precisa, y mucho menos una línea recta. Por el contrario, su movimiento es confuso y caótico. ¿Cómo podemos construir el ordenado movimiento en línea recta de un cuerpo macroscópico a partir del caótico comportamiento cuántico de sus átomos componentes? Aquí, la naturaleza parece convertir un pecado en virtud. Como explicamos en el Capítulo 2, una partícula va de *A* a *B* "tanteando" simultáneamente todos los caminos posibles; recordemos cómo, de alguna manera, el protón pasa a la vez por las dos ranuras en el experimento de interferencia de Young. Podemos imaginar que una partícula como el electrón explora todos los caminos que conectan el punto de partida con el punto de llegada (fig. 32). Por un principio de democracia, cada camino contribuye por igual a la onda total que representa al electrón y que indica la probabilidad de que llegue a un cierto destino.

En este estadio, la naturaleza ondulatoria del electrón juega su papel. Como hemos visto en la página 26, cuando las ondas se superponen se producen fenómenos de "interferencia". Si las ondas están en fase se reforzarán, si están desfasadas se cancelarán. Cuando una amplia colección de ondas se superponen aleatoriamente, el efecto es una cancelación en masa. Esto es precisamente lo que ocurre con todos los caminos sinuosos que sigue el electrón. Las ondas asociadas con ellos se aniquilan entre sí por medio de la interferencia destructora. Los únicos caminos que se salvan son aquellos cuyas ondas se hallan todas en fase, reforzándose en vez de cancelarse. Un reforzamiento de este tipo solamente ocurre a lo largo del camino recto y en una breve franja a cada lado. De ahí que lo más probable es que la partícula siga el camino más corto disponible. La probabilidad de que una partícula vague de forma indeterminada alejándose de la línea recta depende de su masa. En el caso del electrón, el movimiento es altamente errático y mal definido, pero una partícula más pesada es menos aventurera. En lo que respecta a un cuerpo grande, como una bola de billar, las desviaciones de la línea recta son infinitesimales. Así es como se recobra la trayectoria en línea recta de la mecánica clásica. El origen del ordenado comportamiento de los cuerpos macroscópicos puede descubrirse en la física cuántica que en definitiva los sustenta.

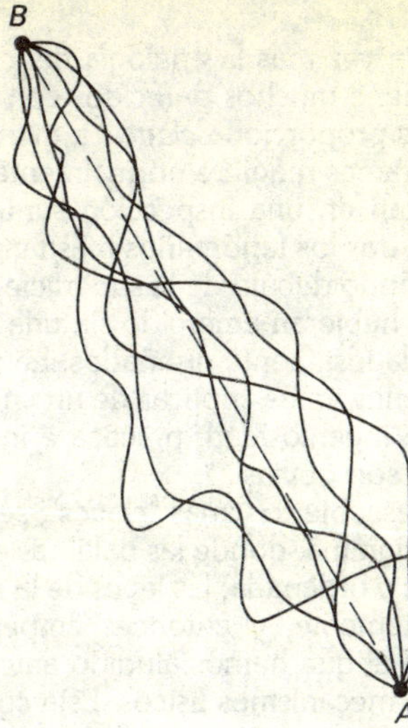

Figura 32. ¿Cómo "sabe" una partícula cuál es el camino recto entre *A* a *B*? La teoría cuántica nos da la respuesta. La partícula "tantea" simultáneamente todos los caminos posibles entre *A* y *B*. Debido a la naturaleza ondulatoria de la materia cuántica, la interferencia produce cancelaciones ondulatorias en todas partes excepto en la región del camino recto (línea discontinua). Así pues, de acuerdo con la interpretación probabilista de las ondas cuánticas, los caminos más probables son los que se concentran en las inmediaciones de la línea recta. Solamente a nivel atómico observamos alguna desviación significativa de la línea recta, la trayectoria clásica.

FINALIDAD EN EL UNIVERSO

Una reacción común entre los físicos ante los notables descubrimientos del tipo discutido más arriba es una mezcla de deleite ante la sutileza y elegancia de la naturaleza, y de estupefacción: «Nunca hubiera pensado en hacerlo de este modo.» Si la naturaleza es tan "lista" que explota mecanismos que nos sorprenden con su ingeniosidad, ¿no podemos concluir que existe un plan inteligente tras el Universo físico? Si las mentes más preclaras sólo pueden desentrañar con penas y trabajos las profundas obras de la naturaleza, ¿cómo puede suponerse que estas obras no son más que un accidente fortuito, un producto del ciego azar?

Consideremos una vez más la analogía del crucigrama. Descubrir las leyes de la física tiene muchos parecidos con resolver un crucigrama. La naturaleza nos proporciona *claves*, a menudo crípticas, y solucionar algunos crucigramas requiere normalmente ciertas sutilezas. Las leyes no se manifiestan en una inspección sumaria del mundo. Más bien se hallan ocultas tras los fenómenos más familiares y sólo pueden ser descubiertas hurgando debajo de la superficie. Las leyes de la física atómica o nuclear no hubieran emergido sin una tecnología especial y sin experimentos cuidadosamente diseñados. La naturaleza nos ofrece algo parecido a las definiciones crípticas de un crucigrama. Descifrarlas requiere considerable ingeniosidad, práctica e inspiración, porque las respuestas raramente son obvias.

Cuando se han descubierto varias "claves", se vislumbra un esquema. Como en un crucigrama, donde las palabras se entrecruzan en una disposición coherente y ordenada, las leyes de la naturaleza también se entrecruzan coherentemente, y entonces empezamos a discernir el notable orden natural al que hemos aludido anteriormente. El mundo es una conjunción de mecanismos físicos. Esta conjunción no produce un desordenado montón de efectos, sino una armonía cuidadosamente organizada.

En el caso del crucigrama, nunca se nos ocurrirá suponer que las palabras encajan por mero accidente, que la sutileza e ingeniosidad de las definiciones son simples hechos sin significado o el producto del intento de nuestras propias mentes de hallar algún significado a una información sin sentido. Sin embargo, encontramos con frecuencia esta clase de argumentos al hablar del milagro de la naturaleza, que es abrumadoramente más sutil e ingeniosa que cualquier crucigrama. Sí, pues, no dudamos que el orden, la coherencia y la armonía de un crucigrama indican que es producto de una mente ingeniosa e inventiva, ¿por qué se expresan tales dudas en el caso del Universo? ¿Por qué es tan apremiante la existencia de un plan en un caso y no en otro?

En el siglo XIX, los teólogos partían con frecuencia del orden y la armonía de la naturaleza para argumentar en favor de la existencia de un diseñador sobrenatural. Uno de los más claros exponentes de esta línea de argumentación fue William Paley, que se sirvió de una analogía entre los mecanismos naturales y un *reloj*. Paley nos invitaba a que abriéramos un reloj y, tras examinar su intrincado mecanismo de engranajes, concluyéramos razonablemente que había sido diseñado con un propósito bien definido por alguna mente inteligente. Comparando el reloj con los muchos y muy extraordinariamente refinados mecanismos de la naturaleza, como la ordenada disposición de los planetas en el sistema solar o la compleja organización de los seres vivos, Paley declaraba que los indicios de un proyecto inteligente eran mucho más evidentes aún que en el caso del reloj.

Pese a su superficial atractivo, la argumentación de Paley –y muchos intentos subsiguientes de deducir la existencia de un plan en las obras de la naturaleza– ha sido muy atacada por filósofos y científicos. Tres de las impugnaciones que se esgrimen todavía son las siguientes: que imponemos orden en el mundo para darle un sentido; que el argumento es falaz; que todo orden en la naturaleza es producto del ciego azar y no de un plan.

Primero: imponemos orden en el mundo para darle un sentido. Con esto se afirma que la mente humana se siente inclinada a descubrir conexiones en medio de un amasijo de datos, una cualidad que presumiblemente nos confiere ventajas evolutivas. Constantemente nos las habemos con complejas informaciones que el cerebro tiene que organizar para que podamos servirnos de ellas con efectividad. Las famosas constelaciones, con las cuales nuestros antepasados organizaron la distribución aleatoria de las estrellas en diseños coherentes, es un buen ejemplo de cómo la mente percibe un orden donde no lo hay. No existe la Osa Mayor, ni Virgo, ni Escorpión; hay solamente puntos de luz distribuidos al azar.

Sin embargo, el argumento no es del todo convincente cuando se aplica a la ciencia. Hay formas objetivas de determinar la existencia de un orden en un sistema físico. El orden de los organismos vivos, por ejemplo, no es una invención de nuestra imaginación. Cuando llegamos a la física fundamental, las leyes de la naturaleza encuentran su expresión en estructuras matemáticas que a menudo los matemáticos conocen mucho antes de su aplicación al mundo real. La descripción matemática no se inventa para ofrecer una pulcra descripción de la naturaleza. Muchas veces, el modo como encajan el mundo y una estructura matemática particular resulta ser una completa sorpresa. El orden matemático no *emerge* hasta después de analizar el sistema físico.

Un buen ejemplo nos lo ofrece la descripción en once dimensiones de las fuerzas de la naturaleza. El "milagro" matemático de que las leyes que rigen las fuerzas son expresables en términos de propiedades geométricas de un espacio multidimensional debe ser considerado como algo sorprendente. El orden no ha sido impuesto, sino que se ha manifestado tras largos análisis matemáticos.

Ningún físico creería seriamente que su objeto de estudio es un revoltijo desordenado y carente de sentido y que las leyes de la física no representan ningún progreso auténtico en nuestra comprensión. Sería absurdo suponer que toda la ciencia no es más que una invención artificial de la mente y que su relación con la realidad no es mayor que la que hay entre la constelación de Piscis y un pez.

La segunda refutación es que el argumento es falaz. A veces se objeta que la existencia de un plan en el Universo se basa en la llamada falacia del razonamiento *a posteriori*.

Consideremos, por ejemplo, el siguiente pasaje del libro *Vida más allá de la Tierra*, de Gerald Feinberg y Robert Shapiro:

«Un geógrafo inclinado a la predestinación puede llegar a maravillarse ante el perfecto encaje que se da entre el río Mississippi y su valle. Fluye exactamente en la dirección correcta y tiene exactamente las curvas y afluentes necesarios para asegurar el drenaje de las aguas desde el centro de Estados Unidos hasta el golfo de México. A lo largo de su curso, pasa convenientemente junto a cada muelle y bajo cada puente. El geógrafo intentará reemplazar hipotéticamente el Mississippi por el Amazonas. Sobreponiendo el Amazonas al mapa de Estados Unidos, observará inmediatamente que avanza de oeste a este. Esto creará problemas, ya que tendrá que fluir atravesando montañas. Pero aunque colocara el río en la dirección "adecuada", observaría muchas dificultades. Nueva Orleans quedaría inundada por el amplio delta amazónico y un gran número de carreteras y ciudades se verían sumergidas. Acabaría concluyendo que el Amazonas no era apto, pero que el Mississippi lo era perfectamente, para su propósito.

Restrinjamos un poco más la situación. Supongamos que el geógrafo no supiera de otros sistemas fluviales pero hubiera estudiado extensamente el Mississippi. Observaría que cualquier cambio importante en la forma del río ocasionaría daños y dislocaciones y llegaría a la conclusión de que su forma actual es la única posible para un sistema geológico en funcionamiento. Si hay otros ríos, éstos deberán poseer la misma configuración general.»

Una crítica semejante se encuentra en un reciente artículo de Ralph Estling en el *New Scientist*:

«Tras al argumento en favor de lo sobrenatural o superinteligente se halla el principio antrópico, el darse cuenta de que el Universo es tan *exactamente* el tipo de Universo adecuado para el hombre que debemos meditar sobre los miles de coincidencias que son absolutamente esenciales para que el hombre, o la vida misma, existan. Una ligera variación en sólo una de estas miles de coincidencias esenciales hubiera alterado drástricamente, quizá por completo, el Universo físico. Sin embargo, desde las más finas constantes estructurales que dictan las fuerzas gravitatoria, electromagnética, y nucleares fuerte y débil, hasta los prerrequisitos biológicos básicos, descubrimos que el Cosmos en general, nuestro Sol en particular, y sobre todo la Tierra, están tan minuciosamente sintonizados a *nosotros*, que la conclusión parece ineludible: Dios, o algún otro ser del mismo nombre, lo hizo así pensando en nosotros. Es, insistimos, demasiada coincidencia, demasiado milagro, para decir que se trata de una pura e innecesaria casualidad.»

Esos autores llaman certeramente la atención hacia los peligros de razonar *a posteriori*, pero no debemos llegar a la conclusión de que este procedimiento siempre es falaz. En algunos casos funciona a la perfección. De hecho, empleamos constantemente este tipo de razonamiento en la vida diaria sin caer en errores. Paley estaba en lo cierto al afirmar que un reloj es producto de un plan. Lo importante es saber evitar el uso indiscriminado del razonamiento *a posteriori*.

¿Cómo determinar cuándo el razonamiento *a posteriori* no es aplicable en relación al orden del mundo? El criterio fundamental es distinguir entre dos formas completamente distintas de orden. Esto me lleva a la tercera objeción contra el plan: que todo orden en la naturaleza es producto del ciego azar y no de un plan.

Esta poderosa objeción es indudablemente correcta en muchos casos, y fue en gran parte responsable del abandono del argumento en favor de un plan por los teólogos. Sin embargo, a menudo se aplica indiscriminadamente, sin distinguir entre dos significados muy distintos del concepto de "orden".

"Orden" significa a veces *organización compleja*, como la de los organismos vivos. Consideremos, por ejemplo, el ojo humano. Este delicado e intrincado mecanismo parece estar exquisitamente diseñado con la finalidad de darnos la visión. La disposición del cristalino y la retina está perfectamente ordenada para cumplir con los principios de la óptica. Los muchos millones de células que constituyen el ojo y el nervio óptico se hallan altamente especializadas para cumplir una función particular y para cooperar con sus vecinas de un modo controladamente ordenado. Una colección de células al azar, sin hablar de una colección de átomos al azar, jamás conseguiría el "milagro" de la visión.

Los biólogos no niegan el increíble nivel de adaptación desplegado por el ojo o por otro órgano cualquiera. Sin embargo, no suponen que el ojo ha sido diseñado de antemano y montado por medios sobrenaturales. La teoría de la evolución nos ofrece una explicación perfectamente satisfactoria de cómo llegó a existir el ojo humano. Las huellas de los fósiles y la anatomía comparada nos proporcionan una imagen detallada de cómo un órgano complejo como el ojo puede desarrollarse estadio tras estadio a lo largo de muchas generaciones, en respuesta a la presión evolutiva. Los cambios genéticos aleatorios –el producto del ciego azar– generan todo tipo de posibilidades, y aquellas que presentan ventajas al organismo son seleccionadas por la naturaleza en lucha constante por la supervivencia. Una especie explorará un gran número de posibles alteraciones antes de hallar, por accidente, aquella que mejorará su adaptación al medio.

Una organización compleja puede, pues, surgir espontáneamente, sin necesidad de ningún plan ni diseño previos. Pero el éxito de tales procesos depende, sin embargo, de la existencia de un conjunto, con lo cual quiero dar a entender una amplia colección de sistemas semejantes. En el caso biológico, los miles de millones de organismos y los millones de generaciones que han existido a lo largo de la historia de la Tierra constituyen un conjunto. El enorme yacimiento de genes similares proporcionados por la multiplicidad de organismos permite a la naturaleza "experimentar" con todo tipo de alternativas hasta que, por casualidad, aparece una mutación favorable. Entonces la selección aísla esta mutación y la "fija" en la reserva genética. La acumulación de innumerables y pequeños cambios ventajosos establece, en lenta progresión, mecanismos tan complejos como el ojo.

En oposición al concepto de orden como organización compleja, está el orden responsable de la simetría y la simplicidad. Este tipo de orden puede ser tanto espacial como temporal. Un buen ejemplo del primero nos lo ofrecen los cristales. En un cristal, los átomos se unen en una disposición regular, formando una simple estructura geométrica con un alto grado de simetría. Esta estructura atómica subyacente se refleja en las formas simétricas que los cristales tienden a desplegar, como los cubos de los cristales de sal. Esta simetría atómica es, en último término, responsable de las formas regulares de los copos de nieve. Un segundo ejemplo de orden espacial es la disposición del sistema solar, donde unos planetas casi esféricos giran en órbitas casi esféricas en torno a un casi esférico Sol.

En estos dos ejemplos, el origen del orden espacial se encuentra en las simetrías de las leyes de la física que controlan los sistemas en cuestión. Muchos sistemas físicos poseen estados estables que despliegan un alto grado de simetría y simplicidad. Por supuesto, queda aún por explicar cómo llegaron los sistemas a tales estados. Una razón es que los estados complicados tienden a ser inestables. El estado de menor energía del átomo de hidrógeno, por ejemplo, es esféricamente simétrico, mientras que la mayor parte de los estados excitados no lo son. Análogamente, la forma de equilibrio de un cuerpo fluido que gravita (sin rotación) es una esfera perfecta. Hemos visto que es una ley universal de la naturaleza que todo sistema físico busque sus estados de menor energía. Si un sistema se origina con un exceso de energía (es decir, se encuentra en estados excitados), hay todo tipo de mecanismos para despojarlo de ella. Más pronto o más tarde se asentará en el estado de menor energía, que es generalmente el más simple. Por esta razón, el orden espacial es un rasgo común del mundo. Es importante, sin embargo, recordar que debe su origen al orden espacial contenido en las leyes de la física. Si, por ejemplo, la fuerza de la gravedad fuera más complicada, y dependiera tanto de la orientación de dos cuerpos como de su separación, los planetas seguirían órbitas mucho más erráticas.

Hablemos ahora del orden temporal. Éste se ejemplifica en la regularidad de muchos procesos naturales: el tic-tac de un reloj, las vibraciones de un átomo, el esquema del día y la noche, del verano y el invierno. De nuevo, el origen de estas regularidades se encuentra en las leyes de la física, que permiten con frecuencia un comportamiento *periódico*. El movimiento periódico, u oscilación, es quizá el ejemplo de orden más extendido en física. Las oscilaciones ondulatorias se hallan en el centro de todo movimiento cuántico; las ondas electromagnéticas llevan calor y luz por todo el Universo; los planetas, estrellas y galaxias implican a objetos que se mueven en órbitas periódicas a través del espacio.

Además del movimiento ordenado de los cuerpos materiales, hay un tipo de orden temporal que está implícito en la noción misma de ley de la naturaleza, y que a menudo se da por sentado. El hecho de que existan leyes implica una cierta coherencia del mundo a lo largo del tiempo. En sus mínimos términos, esta coherencia es simplemente que el mundo sigue existiendo. Más aún, las leyes no cambian de época a época (no serían leyes si lo hicieran). La Tierra sigue hoy una trayectoria elíptica en torno al Sol como lo ha hecho durante millones de años.

Ni el orden espacial ni el temporal son un rasgo incidental del mundo; ambos proceden de las propias leyes. Son las *leyes*, más que las estructuras físicas reales, las que encapsulan la sorprendente ordenación del mundo. Esas leyes son doblemente notables en el sentido que permiten *tanto* el orden de la simplicidad espacial y temporal *como* el orden de la organización compleja. El mismo conjunto de leyes que originaron las formas simples de los cristales permiten sistemas tan complejos e intrincados como los organismos vivos. Podemos ciertamente imaginar un Universo donde las leyes estén construidas de tal modo que permitan los esquemas de comportamiento simples, como los movimientos regulares de los planetas, pero que no admitan estructuras mucho más complejas, como los polímeros y el ADN. Parece realmente extraordinario que leyes tan simples como las de la física moderna permitan la variedad y complejidad del mundo real. Sin embargo, éste es precisamente el caso.

¿HAY UN SENTIDO TRAS LA EXISTENCIA?

Es interesante preguntarse cuán improbable es que las leyes de la física permitan la existencia de estructuras complejas. ¿Hasta qué punto deben estar "sintonizadas" estas leyes?

En un famoso artículo publicado en *Nature*, los astrónomos británicos Bernard Carr y Martin Rees llegaron a la conclusión de que el mundo es extraordinariamente sensible a los más diminutos cambios de las leyes físicas, tanto que si el conjunto de leyes que tenemos se alterara de alguna forma, el Universo se volvería irreconocible.

Carr y Rees descubrieron que la existencia de estructuras complejas parece depender muy sensiblemente de los valores numéricos que la naturaleza ha asignado a las denominadas constantes fundamentales, los números que determinan la escala de los fenómenos físicos. Entre estas constantes se hallan la velocidad de la luz, las masas de las distintas sustancias subatómicas, y un cierto número de constantes de "acoplamiento" como la unidad elemental de carga, que determina la intensidad con que varios campos de fuerza actúan sobre la materia. Los valores numéricos reales de estas magnitudes determinan muchos de los grandes rasgos del mundo, tales como el tamaño de los átomos, los núcleos, los planetas y las estrellas, la densidad de materia en el Universo, la vida de las estrellas, e incluso la altura de los animales.

Muchas de las estructuras complejas observadas son producto de una competición o equilibrio entre fuerzas contrapuestas. Las estrellas, por ejemplo, aunque superficialmente en reposo, son en realidad un campo de batalla de la interacción entre las cuatro fuerzas. La gravedad intenta aplastar la estrella. La energía electromagnética lucha contra ella creando una presión interna. La energía necesaria se libera en los procesos nucleares legislados por las fuerzas débil y fuerte. En esas circunstancias, cuando se produce una competencia fuertemente interconectada, la estructura del sistema depende delicadamente de la intensidad de las fuerzas, de los valores numéricos de las constantes fundamentales.

El astrofísico Brandon Carter ha estudiado con detalle el campo de batalla estelar y ha descubierto que hay una delicadeza casi increíble en el equilibrio entre gravedad y electromagnetismo en el interior de una estrella. Según los cálculos, variaciones en la intensidad de cualquiera de las fuerzas de sólo una parte en 10^{40} desencadenaría una catástrofe en una estrella como nuestro Sol.

Muchas otras estructuras físicas importantes son altamente sensibles a alteraciones menores en la intensidad relativa de las fuerzas. Por ejemplo, un pequeño incremento en la intensidad de la fuerza nuclear fuerte podría haber causado que todos los núcleos de hidrógeno en el Universo se consumieran en el *big bang*, dejando un Cosmos desprovisto de su más importante combustible estelar.

En mi libro *El Universo accidental* he llevado a cabo un estudio comprensivo de todos los "accidentes" y "coincidencias" que parecen ser necesarios para que las importantes estructuras complejas que observamos en el Universo existan. La absoluta improbabilidad de que esas oportunas concurrencias sean el resultado de una serie de afortunados accidentes ha hecho que muchos científicos estén de acuerdo con la afirmación de Hoyle de que «el Universo es una obra planeada».

El ejemplo supremo de organización compleja en el Universo es la vida; por ello, la pregunta de hasta qué punto depende nuestra existencia de la forma exacta de las leyes de la física adquiere un interés especial. Los seres humanos requieren condiciones muy especiales para su supervivencia, y casi cualquier cambio en las leyes de la física, incluidas las más insignificantes variaciones en los valores numéricos de las constantes fundamentales, eliminarían la vida tal como la conocemos. Algo más interesante, sin embargo, es preguntarse si tales cambios insignificantes harían *cualquier* forma de vida imposible. Responder a esta pregunta es difícil debido a la ausencia de una definición de vida generalmente admitida. Si aceptamos que la vida requiere al menos la existencia de átomos pesados como el carbono, podremos establecer límites muy estrictos a algunas de las constantes fundamentales. Por ejemplo, la fuerza débil, que es la fuerza impulsora en las explosiones de las supernovas que envían los elementos pesados al espacio interestelar, no podría variar mucho en intensidad y seguir haciendo estallar las estrellas.

El resultado de esos estudios parece ser que muchas de las estructuras físicas importantes, incluidos los organismos vivos, dependen crucialmente de la forma exacta de las leyes de la física. Si el Universo hubiera sido creado con leyes ligeramente distintas, no sólo nosotros (ni nadie más) no estaríamos aquí para verlo, sino que es dudoso que hubiera ninguna estructura compleja en absoluto.

A veces se objeta que si las leyes de la física fueran distintas, lo único que ocurriría es que las estructuras serían distintas, y que aunque la vida tal como la conocemos tal vez fuera imposible, alguna otra forma de vida podría muy bien emerger. Sin embargo, no se ha hecho ningún intento por demostrar que las estructuras complejas son en general un producto inevitable, o incluso probable, de las leyes físicas, y hasta ahora todos los datos indican que muchas estructuras complejas dependen muy delicadamente de la forma presente de estas leyes. En consecuencia, es tentador creer que un Universo complejo sólo es posible si las leyes de la física son muy parecidas a las de ahora.

¿Debemos concluir que el Universo es el resultado de un plan inteligente? La nueva física y la nueva cosmología nos hacen una tentadora promesa: la que de que tal vez seamos capaces de explicar cómo surgieron todas las estructuras físicas del Universo, automáticamente, como resultado de procesos naturales. En tal caso ya no tendríamos ninguna necesidad de un Creador en el sentido tradicional. De todos modos, aunque la ciencia pueda explicar el mundo, aún tendremos que explicar la ciencia. Las leyes que permiten que el Universo surja espontáneamente parecen responder a un plan extremadamente ingenioso. Ahora bien, si la física responde a un plan, el Universo tendrá una finalidad, y los resultados de la física moderna me inducen a pensar intensamente que esta finalidad nos incluye a nosotros.